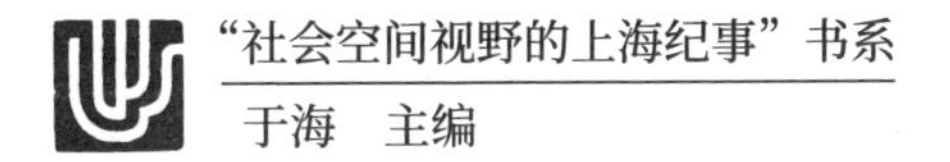

共享水岸

苏州河两岸工业遗产纪事

Sharing Waterfront

Suzhou Creek Industrial Heritage Narrative

朱怡晨　著

同济大学出版社 · 上海
TONGJI UNIVERSITY PRESS · SHANGHAI

图书在版编目（CIP）数据

共享水岸：苏州河两岸工业遗产纪事 / 朱怡晨著
.-- 上海：同济大学出版社，2022.12
（社会空间视野的上海纪事书系 / 于海主编）
ISBN 978-7-5765-0353-1

Ⅰ.①共… Ⅱ.①朱… Ⅲ.①城市—工业建筑—文化
遗产—研究—苏州 Ⅳ.① TU27

中国版本图书馆 CIP 数据核字（2022）第 156337 号

国家自然科学基金项目《“共享建筑学”的时空要素及表达体系研究》（编号：51978468）。

共享水岸：苏州河两岸工业遗产纪事

朱怡晨　著

出 品 人　金英伟
责任编辑　由爱华　金　言　　责任校对　徐春莲　　封面设计　张　微　　版式设计　朱丹天

出版发行　同济大学出版社 www.tongjipress.com.cn
（地址：上海市四平路 1239 号　邮编：200092　电话：021-65985622）
经　　销　全国各地新华书店
印　　刷　上海市崇明县裕安印刷厂
开　　本　710mm × 1000mm　1/16
印　　张　18
字　　数　360 000
版　　次　2022 年 12 月第 1 版
印　　次　2022 年 12 月第 1 次印刷
书　　号　ISBN 978-7-5765-0353-1
定　　价　88.00 元

“社会空间视野的上海纪事”书系

总序

于海

上海研究是国际显学，但从来是上海历史研究一枝独秀，从20世纪50年代以来，高品质的佳作不断面世，不乏后来被尊为经典的作品。题材广泛，无所不包，如族群（《上海苏北人》）、政治（《上海罢工》）、经济（《中国资产阶级的黄金时代》）、色情业（《上海妓女》《危险的愉悦》）、租界（《清末上海租界社会》）等。上海以港兴市，在第一次鸦片战争后迅速崛起为中国最繁荣的通商口岸，历史的地理品性格外凸显，透过五花八门的历史主题，我们不难发现一条空间化的叙事逻辑。日本作家村松梢风以小说《魔都》一书成名，“魔都”也成为上海人自我认同的城市名号。上海何以被称为“魔都”？在笔者看来，因为上海的“魔性”。魔性来自哪里？来自因租界而形成的两个不同性质的空间共存于上海的局面，“这‘两个不同性质的空间’（即租界和县城）相互渗透、相互冲突的结果，使上海成为一座举世无双的‘兼容’的都市，由此而产生了种种奇特的现象”[1]。一本20世纪30年代用英文出版的上海旅游指南上赫然写道：“上海是一个充满了美妙的矛盾与奇异反差的国际大都会。她俗艳，然而美丽；虚荣，但又高雅。上海是一幅宽广壮阔、斑驳陆离的画卷，中国与外国的礼仪和道德相互碰撞，东西方的最好与最坏在这里交融。”[2]但有时说奇特、奇异还远远不够分量，当时名义上上海还是清王朝的辖地，“但实际上它已经成为一个特殊的‘国际社会’；中、英、法三方都无法在此实行全面的管理，这也使得上海的政治束缚较少，专制、钳制较弱，大大有利于贸易和经济的自由发展”[3]。上海城市空间的中心与边缘的权力格局，正是在租界与华界的历史划分中形成的，并一直延续至今。把上海发展的地理基因讲得最为直白的是美国学者墨菲，笔者已在著述中多次引用，这里不妨再做一次文抄公：

> 上海的经济领导地位在地理上的逻辑，很可能会证明比任何政治论据更加强大有力，更加令人信服。大城市不会偶然地出现，它们不会为一时的狂想所毁灭。地理上的事实曾经创立了上海。[4]

地理学家明白,“针尖上不会发生什么”,地理的事实创立了上海,也创造了上海的族群。韩起澜关于“苏北人不是在苏北的人,而是在上海才成为苏北人”的断言,清楚地表明族群的形成不只是一个社会的叙事,更应是一个社会地理的叙事。

以上从海外上海学的历史文本引出的话题,指向的正是本丛书标榜的“社会空间视野的上海纪事”。“上海纪事”既是纪事本末,更是当代叙事,本丛书立志以上海研究的历史经典为范,聚焦今日上海,创出当代的都市“竹枝词”。“社会空间视野”(Social Spatial Perspective, SSP)是理论、是方法,这一为马克思主义地理学所创并强调的观点,可由法国学者列斐伏尔的一段话来表述:

生产的各种社会关系具有一种社会存在,但唯有它们的存在具有空间性才会如此;它们将自己投射于空间,它们在生产空间的同时将自己铭刻于空间。否则,它们就会永远处于“纯粹的”抽象,也就是说,始终处于表象的领域,从而也就始终处于意识形态。[5]

社会关系的空间性存在,可视为“社会空间视野”的要义;而空间实在的社会性塑造,也是SSP的题中应有之义。这两句合起来,构成我们对本丛书主题之方法论的理解。本丛书或将延续经年,但无论前景如何,我们的主题必须体现上海研究的社会空间取向,以下丛书的选题说明本丛书的学术旨趣。

例一是上海工人新村纪事。在原有80平方千米建成区的外缘兴起的工人住区,既是当代上海的一个空间事件,也是社会主义上海的一个社会事件;工人新村的居民不是通过市场走入新村的,而是在模范员工的竞争中由代表国家意志的单位选拔出来,成为新村居民的。一场体现新社会政治和道德标准的社会分层,与表征国家主人翁身份的空间地位,通过工人新村结合起来。在上海人的记忆中,第一个工人新村——上海曹杨一村,就是优越住宅和优越社会地位合一的同义词。历经六十年变迁,今日的劳模二代,仍然住在曾经荣耀的父母留给他们的新村里;昔日的模范住宅已经破落,因为新村作为具有“红色基因”的文物,需要整体保护,从而失去通过城市更新带来住房改善的机会。他们可称为此轮社会变迁的“落伍者”。除了研究者外,甚至没有人听闻“劳模二代”的说法,他们这一代人,完全没有了与其父母匹配的社会地位和声望。通过工人新村的纪事本末,我们不难一窥六十年来社会分层的消息。

例二是上海商街主题。提到商业,稍稍熟悉上海历史的,马上会在脑际跳出“以港兴市”四个字，这分明说，地理和商业是上海繁盛的两大因素。上文提到的墨菲，除了说地理逻辑比任何政治论据更强大，还说商业的重要性更甚于工业[6]；但墨菲所言的商业，全在埠际和国际贸易，并无坊间的零售商业，现代上海兴起于通商，若不谈社区商业，说商业为上海发展动力就不全面。上海开埠时人口约 20 万，100 年后约 500 万。学界公认，人口规模为上海崛起的关键，但若没有城市零售商业的跟进，数百万的移民无法安顿，日益扩张的城区亦无法玩转。玩转外滩的，或是中外银行的大亨和交易所的高手，但让上海这座中国最大移民城市运转起来的却是密布在其大街小巷的零售店铺和生活在弄堂里的普通上海人；移民、商铺、商居混合的街坊格局，这是百多年前移民落脚上海的故事，不也是今日移民落脚上海的故事？如果套用列斐伏尔空间三重性概念：第一，商街是一个结构化的空间（Structured Space），这是指商业和居住在空间构造上的内在勾连，是商居一体的社会空间，其商铺的创设本就源自社区生活的日常需要，而商铺的创业者多半也是社区的居民。这样，商街并非一列浅浅的、单纯的商业店面，而是商居交织的网络并发生稠密互动的社会空间。第二，商街是一个家居的空间（Lived Space），家居性不仅让商业获得持续的购买需求，也为“居改非”提供了新增商铺所需的空间资源，关键是上海的社区商业原本就是起源于住区。正是由于起源于生活的空间，所以不仅昔日能有兼具就业和居住的经济型的里弄开店，而且也使今日的商铺创业成为移民落户上海的方便途径。最后，商街是一个想象的空间（Imaged Space），社区商街不仅具有物理的（商居混合）和社会的（生活世界）维度，同样也具有想象的和象征的维度。例如，无论是对业主还是对消费者或游客，田子坊都是一个充满文化意涵和象征价值的景观地，而非单纯的商街，因为对业主来说，他们清楚他们的生意一半卖的是东西，一半卖的是空间，确切地说是被想象的空间；而对上海本地天性恋旧的中年以上的人士来说，田子坊就是安顿他们少年、青年记忆和弄堂情结的地方。

以上只是依据社会空间理论对本丛书的部分选题所做的简略分析，它无意取代城市研究的其他理论和方法，但我们愿意重温列斐伏尔的告诫，“低估、忽视或贬抑空间，也就等于高估了文本、书写文字和书写系统（无论是可读的系统还是可视的系统），赋予它们以理解的垄断权”[7]。必须强调的是，列氏说的空间，从来是勾连空间的社会性和社会的空间性的辩证论说。以列氏话语分析产业空间，能看到的绝非只是空间中的产业形态，更要关心空间的权力关系和互动格局。而如此这般的（产业）空间本身，也并非产业或机器的容器，社会空间视野的分析，恰恰是把重点从空间中的生产，转向空间本身的生产。以上海田子坊为例，空间的生产不只是创造了一个文创产业，更是生产出一组象征空间和空间叙事，不同的精英合力参与了这场空间语言的改写：艺术精英创造了一个田子坊的空间传奇，并以“田子坊”之名将一件俗事变成一个圣物；学术精英的话语则为田子坊建构一个意义丰富的叙事，正当性叙事——历史街区保护的正当性、文化产业发展的先进性。把田子坊只说成一个文创园区，是把它的意义狭隘了，确切地说，是把它的社会空间的多重面向丢失了。

我们的议论是从声誉卓著的上海历史学研究开始的，从时间的叙事，我们看到了空间的逻辑。但本丛书并非只是空间文本，“纪事”的标题已经显示我们的抱负，既是空间的，也是历史的。丛书的主题，已选的和待选的，无论是工人新村、商街、创意园区，还是娱乐空间、滨江岸线、里弄世界等，都力求以历史（纪事）为经，以场所（社会空间）为纬，以历史意识和空间敏感，来书写当代上海的春秋，美国学者苏贾下面的话，代表了丛书对“社会空间视野的上海纪事”的认知和定位：

存在的生活世界不仅创造性地处于历史的构建，而且还创造性地处于对人文地理的构筑，对社会空间的生产，对地理景观永无休止的构形和再构形：社会存在在一种显然是历史和地理的语境化中被积极地安置于空间和时间。[8]

---

1. 转引自熊月之、周武主编：《海外上海学》，上海古籍出版社，2004，第 317 页。
2. *All About Shanghai and Environs: The 1934–35 Standard Guide Book* (Shanghai: The University Press, 1935), p.43. 译文引自刘香成、凯伦・史密斯编著《上海 1842—2010：一座伟大城市的肖像》，金燕等译，世界图书出版公司，2010，前勒口。
3. 唐振常：《近代上海繁华录》，商务印书馆国际有限公司，1993，第 111 页。
4. 罗兹・墨菲：《上海：现代中国的钥匙》，上海社会科学院历史研究所编译，上海人民出版社，1986，第 249 页。
5. 转引自爱德华・W. 苏贾：《后现代地理学：重申批判社会理论中的空间》，王文斌译，商务印书馆，2004，第 194 页。
6. Rhoads Murphey: *Shanghai: Key to Modern China*, Harvard University Press, 1953, p.203.
7. 转引自包亚明主编：《现代性与空间的生产》，上海教育出版社，2003，第 93 页。
8. 苏贾：《后现代地理学》，第 16 页。

序　言

共享的此岸与彼岸

世上大多的水岸本来就是共享的，可以为人所用，为城所用。自从有了商业、航运和工业，水岸也成了一种重要的资产，从共享演变为专属，成为工商发展的动力和城市文明的印记。上海城中，苏州河畔，就有一段这样的百余年发展历程。工业建筑从兴盛发展，到停产搬迁，到保护利用，三十年，四十年，每一代人总能看到翻天覆地的变化。眼下，保护利用苏州河畔工业遗产已经成为共识，但是如何保护利用，却还非常值得讨论。

朱怡晨博士的《共享水岸：苏州河两岸工业遗产纪事》一书，就是提出工业遗产的保护利用，应该从共享的原则出发，为更多的主体所使用。书中记述了苏州河两岸现存60多个工业遗产的简况，提出了共享水岸的目标，以“历时性、渗透性、分时性、多元性、日常性”五个要素为评价标准，努力把工业遗产变为可以共享使用的城市公共景观。对此我非常同意。进入新世纪，进入信息时代，人人共享城市景观成为真正的可能。而城中滨水工业建筑，其进也勃，其退也忽，真正是城市发展的见证，又有庞大的尺度和特别的形态。倘若能真正成为人人可达，时时开放，全天候为不同的人所使用的城市空间，那么水岸就将成为我们理想的彼岸。

本书的主要内容脱胎于朱怡晨的博士论文《以共享为导向的滨水工业遗产更新研究——上海苏州河为例》，也从城市社会学角度着重增加了工业遗产的更新纪事。怡晨家学渊源，天资聪慧，为人至诚；从余游四年，成果颇丰。2017年12月，我们合作发表了一篇有意思的论文《迈向共享建筑学》，提出了“共享建筑学”（Sharing Architecture）的基本概念和主要类型，产生了相应的学术影响。我们还合作进行了共享建筑教学实验，城市更新设计实践等。在博士论文写作期间，我们曾反复讨论，相互补充，应该是做到了教学相长的。她还担任了我们

219研究团队的协调人，历时三年。2020年，她博士研究生毕业，进而从事博士后研究。在于海教授的主持下，在江岱等老师的支持下，这本书成为“社会空间视野的上海纪事”系列丛书中的一本，我自然感到十分欣喜。

希望本书的出版，能为达到共享水岸的彼岸作出贡献，也希望朱怡晨博士的学术研究不断取得更大的成就。

李振宇
2022年秋分，于上海听雨轩

前　言

本书聚焦上海苏州河两岸工业遗产的更新。从城市更新问题的三个维度而言[1]，本书的写作是从共享（sharing）作为城市空间使用和感知的现象与趋势出发，以苏州河工业遗产作为空间研究的对象，从社会空间视角（Social Spatial Perspective）探讨滨水工业遗产空间改造发生的动力，并最终提出基于共享的空间更新设计方法。

共享的岸线，是本书提出的愿景。共享是公共资源真正意义上的深度利用，其实质不在所有者的权益，而在于空间是否最利于"公共使用"。以黄浦江、苏州河为代表的上海岸线，虽然已被视为城市最具代表性的、被设计有公共功能且为公众开放的公共空间，但其公共性的表现，即被公众所使用的效率，仍有待分析和进一步探索。

苏州河两岸工业遗产纪事，是本书的论述基础。正如英国地理学者多琳·马西（Doreen Massey）所言，不存在纯粹的空间过程，也不存在任何无空间的社会过程。上海的岸线，从经济岸线转为景观岸线；从工厂、仓库、码头、单位垄断的封闭岸线，到由开发商为主导建设的部分群体私享的岸线，再到今天政府主导对全民开放的岸线贯通；这既反映了规划设计思想、城市理念演变带来的空间形态变化，也是生产关系变革下的社会空间演变。

滨水工业遗产应该是共享的城市景观。无论从形态学和类型学（Morphology and Typology）出发的苏州河空间形态分析，还是从社会空间视角出发的空间更新历程和社会空间演变，都是为了通过滨水工业遗产这一特殊的城市空间，更好地理解苏州河，理解城市遗产的过去、当下和城市的未来。然而，作为建筑设计及其理论学科方向出发的研究，对空间形态、设计创新的研究始终是建筑师关注的中心。归根结底，城市的故事发生在空间中，城市的更新体现在城市空间的推陈出新。因此，研究最后指向一系列基于"共享"的应对策略和方法，从滨水工业遗产切入，将"共享的城市景观"作为苏州河滨水工业遗产更新的目标，以整体提升滨水空间的公共价值，实现遗产保护与城市发展的平衡。

全文分六个章节。

第一章绪论，阐述研究的缘起、对象、目标、意义、前人研究，提出问题，简述苏州河滨水空间的时空特征。

第二章提出本书的假设：滨水工业遗产应成为共享的城市景观。从共享对城市景观的影响、城市景观与工业遗产的关系，以及滨水工业遗产作为城市景观的演进趋势三个方面进行论述，指出“共享”是滨水工业遗产更新的目标和方法。

第三、四章以苏州河为例深入分析，提出苏州河沿岸工业遗产的现状、困难和趋势。第三章对苏州河两岸工业遗产现状、特征进行分析，指出苏州河沿岸工业遗产面临的最大挑战在于对公共开放的严重不足。第四章从社会空间视角审视过去20年的时空演绎，阐述“共享”是苏州河工业遗产空间更新过程的必然和社会更新过程的可能。

第五、六章提出共享作为苏州河工业遗产更新的空间设计方法，提出滨水工业遗产共享性的五个维度，构建滨水工业遗产的共享性评价模型。

滨水工业遗产的共享性，可以通过历时性、渗透性、分时性、多元性和日常性五个维度进行评价。这既是对空间共享与否的评价依据，也是空间改造的突破方向。但不论空间如何演变，都离不开人，即空间改造的行动者和空间的使用者。全书最后也试图以共享作为一种空间改造的媒介，使不同主体的改造者和多元的使用者得以合作。但空间权利的让渡必然存在复杂曲折的过程。

作为空间改造者的一员，我相信共享会对滨水工业遗产的更新和城市遗产的活化利用提供新的视角和方法。作为城市的一员，我希望共享能够成为城市生活的一种可能。

---

1. 当前，学术界有关城市更新的众多理论，主要围绕城市更新问题的三个维度：城市改造发生的动力机制（Institutional and Motivation）、城市空间更新的设计形式（Form and Design）、城市空间的使用和感知（Space Use and Perception）。（张庭伟，2020）

目　录

第一章　绪论

一、缘起：滨水工业遗产与城市共享

城市空间资源是优质、珍贵的社会资源。滨水工业遗产不仅是城市文化的基因载体，更占据城市大量优质的滨水空间。在工业遗产保护已成为共识的今天，如何进一步将封闭、孤立的工业生产遗址转变为所有市民共享的生活岸线，是城市发展和遗产保护共同面临的挑战，也是本书写作的第一个动力。

由“共享经济”扩展的“共享城市”理念，带来“从所有到所用”、从“拥有”转向“使用”的空间组织方式，是在城市资源承载力有限的背景下，提升空间使用效率和品质的有效方法。如何借用“共享”的理念与方法，推动滨水工业遗产的更新设计方法，提升滨水空间利用效率，成为本书写作的第二个动力。

黄浦江和苏州河工业遗产带所构成的“T”形骨架，构成上海城市空间结构的典型特征。然而由于种种历史原因，苏州河沿岸开发建设之初并未考虑到滨河空间的整体公共利益。如今，苏州河约有40%的岸线为“私用”[1]，其中大部分住宅还是近30年兴建的；苏州河宽度为40～60米，本是中心城区适宜的尺度，却由于两岸开发强度过高，形成城市峡谷；苏州河临河不见河，防汛墙偏高、滨河建筑紧邻河岸、垂直通往腹地的通道偏少……黄浦江两岸45公里滨江岸线贯通后，为城市提供了大量由工业遗址转变而来的城市公共空间，相较之下本就缺乏公共水岸的苏州河，其沿岸的工业遗产却仍有多处在闲置或极低程度地供公众使用的情况。如何将苏州河沿岸工业遗产作为城市滨水空间更新的催化剂，促进城市发展和地区活力，成为本书写作的第三个动力。

本书正是从共享的空间组织方法和滨水工业遗产更新的大背景切入，在苏州

1. 数据来源于《多元协同下城市之脉的明日探索》一文。（H+A 华建筑，2019a：85）

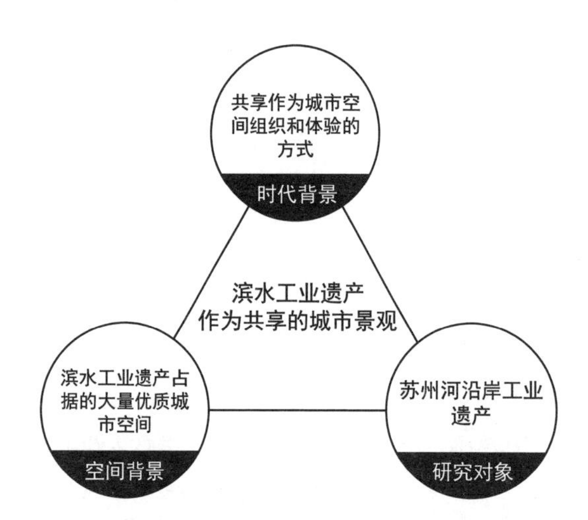

图1-1　以共享为导向的滨水工业遗产更新设计研究

河滨水工业遗产的调查研究基础上，剖析苏州河工业遗产社会空间的演变，论述如何将共享的理念运用到滨水工业遗产更新设计的实践，以创造全体市民共享的滨水城市景观，推动城市建成遗产的可持续发展（图1-1）。

二、苏州河滨水工业空间发展

1. 存量更新下的滨水工业遗产

1）作为空间资源的滨水工业遗产

工业遗产是城市转型中的重要空间资源，其独特的文化特征受到建筑师与政策制定者的青睐。吴良镛先生在《建筑遗产》创刊号的《寄语》中指出：“城市有机更新就像是细胞的再生，要保存遗传信息，不能随意改造。”[1]工业遗产，正是城市遗传信息的重要承载。

经历20世纪90年代以来“退二进三”进程，长三角地区城市工业用地逐渐成

1　吴良镛，2016.

为城市发展的新对象[1]。随着城市建设用地接近极限，上海在2014年提出进一步提高土地节约集约利用水平的政策，明确“总量管控，以盘活存量为主”的基本原则[2]。在此背景下，城市发展的重点开始转向城市更新和复兴——城市空间和城市功能的修补、城市生态的修复与改善。“以提高城市活力和品质为目的，以存量用地的更新利用来满足成为未来发展的空间需求”，是《上海市城市总体规划（2017—2035）》（简称“上海2035”）[3]中对城市发展方向的进一步诠释。

当前城市更新的城市设计主要包括四种类型：城市旧区及历史街区、郊区古城及古镇、风貌道路和滨水廊道等线性公共空间，以及工业区的转型更新[4]。可见，滨水工业遗产的更新，将成为城市存量优化的重要方向。而苏州河作为上海工业发展的源头，在黄浦江45公里滨水岸线已然贯通、对公众开放的大背景下，理应成为当下上海城市更新的重中之重。

2）共享改变城市空间的组织和体验

2016年，共享单车的兴起，将共享经济的概念带入人们的视野。共享经济追根溯源是指雷切尔·波兹曼（Rachel Botsman）于2010年提出的“从拥有权到使用权的转移”[5]，是消费模式和生活方式的转变，并以提升生活的效用与福祉为最终目的。共享城市是共享经济概念的扩展，是资源承载力有限的背景下社会发展的必然趋势，是城市可持续发展观的体现[6]。“为共享而设计”也应该成为未来城市空间发展的重要方向[7]。

在建筑学和城市研究中，“共享”既代表着空间的使用方式，更是一种空间交换价值的再生[8]。作为空间的共享，从古至今，一直存在。从传统的全民共享到不断发展的让渡共享，再到当代信息技术迅猛发展下的群共享，共享空间的

1　李振宇，孙淼，2017.
2　上海市人民政府，2014.
3　上海市人民政府，2018a.
4　王林，莫超宇，2017.
5　Botsman R, Rogers R, 2010.
6　McLaren D, Agyeman J, 2015.
7　诸大建，佘依爽，2017.
8　许懋彦，等，2016；张宇星，2016；李振宇，朱怡晨，2017.

形式在不断扩展。而作为提升空间交换价值的共享，则充分体现了“从所有到所用”、从“拥有”转向“使用”的空间组织方式。使用权的切分和转让，使得不同形式空间的使用门槛降低，空间的营造、组织和管理可以将使用者纳入，从而进一步提升空间的使用效益和空间品质。

信息技术的颠覆性发展，使得城市和建筑的认知方式开始发生迅速改变。从体验者的角度，城市景观的体验不仅仅是实体空间的“在场”，更重要的是虚拟空间的分享与互动。由此，人们对空间的认知和体验方式也发生巨大的变化，并最终影响到空间形式的塑造。

“共享”理念下的经济模式、空间使用方式，以及行为方式的转变，将推动城市更新的存量优化，促进空间资源的优化利用，并影响21世纪城市滨水区的升级与更新。以“共享”为驱动的滨水工业遗产更新研究，将成为城市更新背景下，保护和利用工业遗产、实现水岸复兴的基础。

3）苏州河工业遗产的公共价值亟待提升

工业遗产多以城市中的河道、铁路、道路作为纽带，相互关联、相互影响，在城市中形成一种独特的“工业景观”[1]。工业遗产是城市景观的构成要素，是城市工业文化的承载。滨水区又是城市公共空间的重要构成。滨水工业遗产应当成为城市景观提升的重要组成。

进入后工业时代，滨水及河岸成为城市展示自我的最佳舞台，几乎所有的全球性城市，包括伦敦、纽约、悉尼、新加坡等，都无一例外，致力于将滨水区从工业遗址转变为公共场所，让河流回归人们身边。滨水河岸的更新已然成为当代城市发展的全球趋势。

中国工业遗产本身价值不同于作为工业文明起源的发达国家工业遗产，因此在现阶段采取完全地保留与利用是行不通，也是不被市民所接受的[2]。中国的工业遗产更新需要寻求更加符合国情的意义和价值。

“上海2035”提出了“卓越的全球城市，令人向往的创新之城、人文之城、

1　王建国，戎俊强，2001.

2　孙蓉蓉，孔祥伟，俞孔坚，2007.

图1-2　20世纪40年代的苏州河与今日的苏州河
资料来源：澎湃新闻http://m.thepaper.cn/wifiKey_detail.jsp?contid=5206433&from=wifiKey（左）；自摄于2019年10月（右）

生态之城”的发展愿景[1]，并将黄浦江、苏州河（简称“一江一河”）作为上海建设“卓越的全球城市”的代表性空间和标志性载体，致力于将“一江一河”打造成为具有全球影响力的世界级滨水区[2]。正如“一江一河”对苏州河的展望：“拓展聚焦保护对象，重点加强对于里弄建筑和工业遗产的保护利用；活化利用四行仓库分库、福新面粉厂等历史建筑，植入公共功能；布局多层次文化高教设施等，将把苏州河打造成更具内涵的文化水岸。”[3]（图1-2）苏州河滨水工业遗产的更新需要寻求新的模式。

2. 苏州河滨水空间的时空特征

苏州河是上海的母亲河，具有丰富的人文资源和滨水景观，是特大城市中稀有的城市空间资源。苏州河具有代表性的时空特征，是本书选取其作为研究滨水工业遗产共享性的原因。

1）苏州河沿岸的空间特征

苏州河中心城段全长约21公里，经虹口、黄浦、静安、普陀、长宁、嘉定六

1　上海市人民政府，2018a：19.

2　上海市人民政府，2019b.

3　上海市人民政府，2018b.

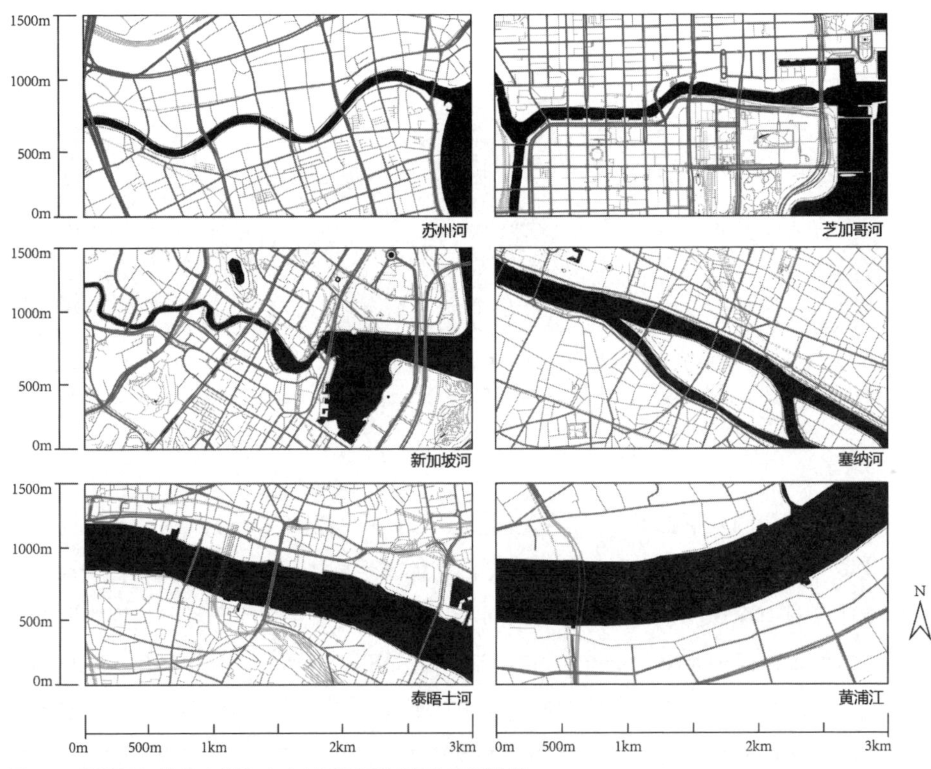

图1-3　苏州河与其他大都市中心城区重要河流的尺度比较

区。其空间特色可以归纳为河窄、湾紧、桥多、楼密、路近，是特大城市中心城区空间资源紧张的体现（图1-3）。

苏州河平均宽度为40～60米，相比黄浦江的平均宽度400米，是一个适合两岸联动的尺度，但也意味着河岸与滨河建筑之间的空间更是狭窄。苏州河在中心城区湾多且密，仅在普陀区段14公里内，划出大大小小约18个湾，被称为“苏州河十八湾”。当前苏州河21公里内约有23座机动车混行桥梁和6座慢行桥，垂河通道密度约为700米/条。但根据“一江一河”规划，苏州河未来的垂河通道密度的目标是内环内不少于120米/条，内外环间不少于200米/条[1]。

1　上海市规划和国土资源管理局，2018：29-30.

2）苏州河沿岸空间的历史演变

近代上海整体的都市空间，在港岸的发展、转换历程中渐趋成形[1]。应该说，上海真正具有近代意义的城市空间就是形成于以外滩为中心的租界区，这个区域的发展过程也代表着整个上海近代化的进程[2]，即“租界由城外野郊逐渐城市化而后又一再向外扩展并又不断再逐渐城市化的过程”[3]。但同样，由于在1949年前相当长的时期中，上海的城市管理处于“三界四方”[4]各自为政的畸形状态，导致城市建设缺乏总体规划。“局部有序，全局无序”[5]，“理应作为城市空间主要发展轴线的苏州河由于位于租界的边缘，却仅仅变成运输航道及排水道”[6]。因而，也导致近代苏州河滨水区城市空间演变具有阶段性、不连续性、不平衡性和异质化的特征[7]。

（1）1845年，上海开启城市化序幕

1845年，英国强行“租用”苏州河南岸沿黄浦江一带，建立英租界，由此开始上海近代城市化的序幕。1849年，美国人在苏州河北岸设立美租界。苏州河入江一段成为英美租界的分界线（直至1863年英美租界合并），苏州河西段则成为英租界和华界的分界线。1854年，第一座跨越苏州河两岸的桥梁——外白渡桥建成后，苏州河上相继建成多座桥梁，两岸往来开始加强。1858年，外滩的东西向道路的逐步扩展，带动了苏州河南岸外滩至河南中路一段道路的修建，使得河岸线固定下来。从苏州河口到西藏路桥之间的苏州河两岸高楼大厦林立，是经济发达的区域。外滩附近陆续新建大型洋行和西式风格的外国领事馆，至今仍是上海城市景观的重要组成。

1899年，公共租界扩张，苏州河南岸的租界西界伸到了“小沙渡”[8]，即今

1　张鹏，2008：138.

2　刘开明，2007：13.

3　伍江，1993：31.

4　即华界、公共租界、法租界和美国、英国、法国、中国四方（郑时龄，1998）；张仲礼也提出过“三界两方”，即华界、公共租界、法租界，以及中方和外方（张仲礼，1990：27）。

5　张仲礼，1990：27.

6　郑时龄，1998.

7　刘志尧，2000：36.

8　现在的江宁路桥到镇坪路桥之间多沙滩，被叫作“小沙”，在现在的西康路桥设有渡口，为“小沙渡”。1899 年公共租界扩张后，“小沙渡”成为公共租界与华界在苏州河南岸的分界处。

天的西康路桥。北岸的租界西界则在今天的西藏路桥附近。租界南岸岸线长，北岸短；南岸租界的城市发展速度相对北岸华界地区较快。也因此，苏州河在很长的一段时间内，既是行政区划的分界线，也是人们心理上对两岸城市经济、景观认知的分界线。

（2）《马关条约》之后工业的迅猛发展：工厂林立，污染出现

1895年《马关条约》的签订，使输入上海的外国资本激增。苏州河沿岸开始了近代工业大规模发展的时期。受第一次世界大战影响，美、日等新晋列强趁英、法等国无暇顾及之际，在华扩大投资规模。民族工业也得到了前所未有的发展空间：第一次世界大战后，以荣家资本为中心的茂新、福新集团面粉生产能力占全国所有粉厂的1/4[1]。同时由于1899年的公共租界扩张，使得沿苏州河北岸向西往沪杭甬铁路大为延展[2]。因此，相比黄浦江沿线作为商贸交换的功能，苏州河更多承担着内河通衢的便利水运功能。沿河用地多建仓库、码头等，更加偏重生产性质。码头与制造业天然的联系使得沿河区域“仓栈、工厂林立”，成为城市扩展空间的先行者。20世纪20年代，苏州河金融仓栈约有20余家，包括金城银行仓库、四行仓库、交通银行仓库等，主要集中在北苏州路、光复路一带。

从长寿路以西到中山路桥以东的河岸，是上海民族纺织、面粉、化工、机械工业的发展地[3]。这一时期苏州河沿线出现的工业聚集地包括：1896年孙氏家族创办的“阜丰面粉厂”，以及随后而来福新面粉厂等民族企业所在的莫干山路工业区；1899年前后随江苏药水厂迁至小沙渡西的大量药水厂、砖瓦厂、石灰窑和工人搭建的棚户（即后来的药水弄）；1911年日本内外棉株式会社在沪西小沙渡创办的第一家纺织厂（即后来的国棉一厂）。小沙渡地区从此成为苏州河著名的工厂区和工人居住区[4]。

1　张仲礼，1990：81-83.

2　张鹏，2008：94.

3　郑伯红，汤建中，2002.

4　根据薛理勇《潮起潮落苏州河》一书，日本的内外棉株式会社（Home & Foreign Cotton Trading Co., Ltd.）创办于1887年，总部设在大阪。早期的“内外棉”在上海收购棉花，运回日本纺织成布，再销往中国或其他国家。1895年《马关条约》签订后，日本可在中国通商口岸投资建厂，1901年“内外棉”开始在上海及中国其他城市开设分店。1922年在上海有工厂11家，这些工厂大部分集中在小沙渡一带。（薛理勇，2019：92-96）

同时期在两岸兴建的工厂、厂区还包括1904年坐落于恒丰路、裕通路交汇的裕通面粉厂，1907年位于苏州河北岸金浙江路桥西侧的怡和打包厂[1]，1922年主体完工、位于苏州河北岸江宁路的“中央造币厂”，同年德商在北新泾地区的苏州河北岸建立上海酵母厂，1929年在苏州河南岸落成的天元化工厂，1934年迁至江宁路苏州河南岸（今梦清园）的上海啤酒厂[2]，等等。“苏州河西段开设的工厂门类众多，主要有纺织、印染、榨油、面粉、烟草、化工、造纸、印刷、橡胶、搪瓷、机器制造等，尤以轻纺、粮油为重。其中，不乏为沪上开办最早、最大或在各行各业中占有重要地位的著名企业”[3]。

工厂增加，人口快速增长，大量工业废水和生活污水排入苏州河，且当局疏于整治和管理，使得苏州河淤塞、污染严重。从20世纪20年代起，苏州河开始出现黑臭。

（3）战时破坏及战后发展：环境彻底恶化

1937年，侵华日军进军上海，苏州河北岸华界（原闸北区域）被日军狂轰滥炸，大片地区成为难民聚集的棚户区。大面积的废墟和大片的棚户区进一步加剧了苏州河水体的黑臭程度。

1938—1941年，上海租界相对中国其他地方较为平静，各地巨商、地主、官僚大批涌入租界，反而出现了畸形的“战时繁荣”。整个上海在此期间净增10多万人，迅速崛起成为一个工业城市[4]（图1-4）。然而太平洋战争的

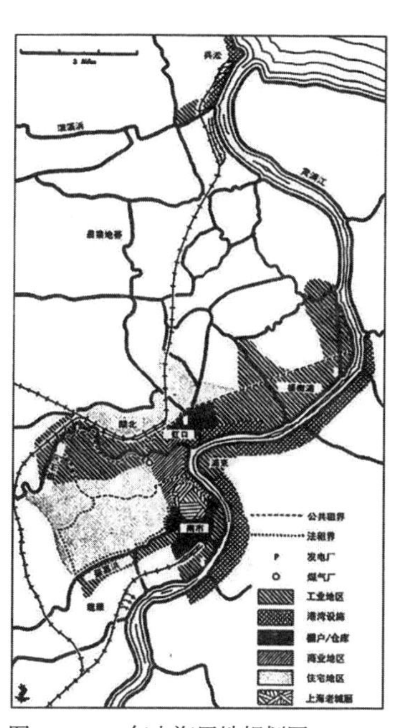

图1-4　1936年上海用地规划图
资料来源：罗兹·墨菲，1987：21

1　19世纪末，重新开办的怡和丝厂设有打包部。随着从上海出口的商品越来越多，1907年怡和洋行把打包部扩大为怡和源打包厂（Ewo-yuen Press Packing Co.），1917年改组为“怡和打包厂”（Ewo Press Packing Co.）对社会服务，成为中国创办最早的打包厂。（薛理勇，2019：178）

2　上海啤酒厂创办于1911年，原厂在今江宁路澳门路转角，新厂由邬达克设计于1933年，1934年落成。

3　郑祖安，2006：103.

4　张仲礼，1990：28.

爆发，日军对租界的物资管制、接管英美企业和行军管理，以及对上海交通的管控，使得租界的畸形繁荣结束，工业区进入动荡发展的状态。

1949年后，恢复战时被破坏的经济是城市发展的首要任务。第二产业成为城市的重中之重。“建设工业化的新上海”成为当时被提及最多的一句口号。1949年，苏州河两岸工厂密布，仅沪西工业区就有各类工厂1914家[1]。1949—1993年，仅苏州河畔的纺织厂为国家贡献的利税至少有400亿元人民币[2]。从恒丰路到周家桥10公里的河道两岸，聚集全市一半以上的纺织厂和90%的面粉厂。苏州河迎来了上海经济发展史上的“苏州河时代”。

工业发展的大量就业机会更是吸引了全国各地的移民。从20世纪50年代末至60年代初，在普陀、原闸北等沿河区域，改造了大量棚户区为工厂区和工人新村[3]。两岸防洪堤逐步修建，并在1962年和1975年先后两次全面加高加固[4]，岸地质量逐步得到改善。然而，防洪墙的增筑，使得河道环境与城市生活完全隔离开来。水域的单一功能、大量工业废弃物和生活垃圾的倾倒，使得苏州河终于成为鱼虾绝迹、臭气熏天的“臭水沟”。1978年，苏州河的污染带直达青浦的赵屯、白鹤，至此苏州河上海境内河段全部受到污染[5]。

（4）20世纪90年代起从失控到有序：工业格局转变和生态环境治理

20世纪90年代起的十余年，苏州河畔传统工业经历了前所未有的产业大调整和企业人员大转移。一方面苏州河的污染越来越严重，已无法承受传统工业的排放压力；另一方面随着上海城市的扩展和郊区卫星城镇的兴起，上海的工业布局也走向多元。1985年9月，国务院批准了苏州河河流污水工程的项目建议书。1988年8月，投资16.7亿元的苏州河河流污水工程正式开工[6]。1997年，上海市启动苏州河环境综合治理项目，为苏州河两岸工厂关停搬迁、土地出让、房地产开发、生态绿地建设拉开了序幕。

---

1 田安莉，2012：23.

2 田安莉，2012：90.

3 刘开明，2007：19.

4 刘云，1999.

5 田安莉，2012：51-52.

6 陈宗明，1998.

1998年，上海市政府制定颁布了《上海市苏州河环境综合治理管理办法》的专项法规。1999年12月，苏州河治理一期工程全面实施[1]。2002年，上海市政府更是将苏州河环境综合治理工程一期工程列为当年市府一号工程[2]。苏州河的污染得到一定程度的控制。

而随着水质的改善，苏州河滨水地区价值倍增。超高容积率的住宅建设将滨水岸线划为私人领地，河面宽度与两岸建筑高度不成比例，形成“峡谷效应”[3]。房地产开发与沿河景观环境、历史保护之间的矛盾随之而来。2002年8月《苏州河滨河景观规划》（沪府〔2002〕80号）[4]和2006年10月《苏州河滨河地区控制性详细规划》（沪府〔2006〕104号）[5]出台，市政府部门开始真正介入苏州河的滨河形态控制过程[6]，明确提出控制滨河建筑高度和退界、苏州河滨河空间对公众的开放以及滨河历史文化风貌的保护。滨河房地产开发开始得到控制，公共绿地也列入有序的建设之中。

吸取内环内滨河地带开发失控的教训之后，内外环之间的再开发，在启动之时就按照《苏州河两岸（内外环间）结构规划》控制，并制定了公共开放岸线全地区贯通的规划目标[7]。苏州河南岸长宁区内形成大型居住片区，以北的普陀区内则开启由长风工业区向长风生态商务区的转变。

（5）“上海2035”：重新定位

2015年11月，上海市新静安区成立。原苏州河沿线地区终于从租界时期的行政边缘格局走向城市中心，成为新静安“一轴三带”空间结构中的重要组成[8]。2019年1月，为体现“上海2035”总体规划“创新、协调、绿色、开放、共享”理念，“一江一河”沿岸按照建设世界级滨水区的总目标，将黄浦江沿岸定位为

1　陆其国，2011.

2　邵健健，2007：14.

3　孙庭，2004：46.

4　苏州河滨河景观规划范围为：东起黄浦江，西至中山西路桥，河道全长13.3公里，两岸各1～2个街坊。（上海市人民政府，2002）

5　苏州河滨河地区规划范围为黄浦江以西、外环线以东苏州河两岸各1～2个街坊，涉及河道长度20.5公里，总用地面积约20.17平方公里。（上海市人民政府，2006）

6　金鑫，2009：56.

7　金鑫，2009：68.

8　莫霞，2017.

国际大都市发展能级的集中展示区，苏州河沿岸定位为特大城市宜居生活的典型示范区[1]。

苏州河的发展进入全新的时代。

可以发现，从上海开埠至今，苏州河两岸工业聚集地的空间格局变迁有五个阶段（图1-5）：

a）英美租界成立、合并、扩张塑造了苏州河内环段城市空间的格局；

b）20世纪初民族资本家和外商（尤其是日商）在苏州河中段，形成轻纺工业集中地；

c）1949年起，第二产业的大力发展，沿岸大型工业聚集地形成，苏州河污染严重；

d）20世纪末苏州河综合环境治理和沿岸工业转型，引发沿线房地产开发、生态绿地建设和基于工业遗存改造的创意产业带的形成；

e）新静安区成立后的城市格局变化以及“上海2035”“一江一河”规划愿景，推动从“城市锈带”转向“城市客厅”的城市发展形态。

苏州河的发展变迁与工业文明紧密相关。它的复兴也离不开苏州河两岸工业遗产的更新再生。

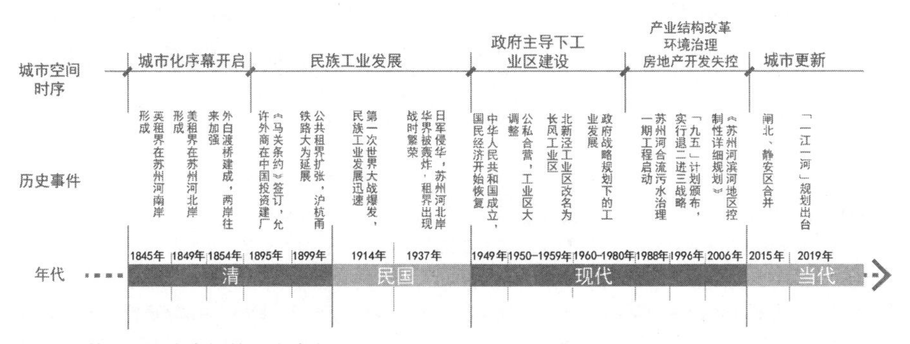

图1-5 苏州河沿岸空间的历史演变

---

1 上海市人民政府，2019a.

三、滨水工业遗产概念和范围界定

1. 滨水工业遗产概念

滨水工业遗产（Waterfront Industrial Heritage）是本书研究的重点内容。其中，滨水即靠近水岸（江、河、湖、海）的土地或城镇的部分，是工业遗产的空间限制。而“工业遗产”的概念则一直存在争议。

根据国际工业遗产保护委员会（The International Conservation Committee of Industrial Heritage, 简称TICCIH）在2003年通过的《关于工业遗产的下塔吉尔宪章》（*The Nizhny Tagil Charter for the Industrial Heritage*，简称《下塔吉尔宪章》）[1]给出的定义：“工业遗产是指工业文明的遗存，它们具有历史的、科技的、社会的、建筑的或科学的价值。这些遗存包括建筑、机械、车间、工厂、选矿和冶炼的矿场和矿区、货栈仓库，能源生产、输送和利用的场所，运输及基础设施，以及与工业相关的社会活动场所，如住宅、宗教和教育设施等。”

我国也曾有多位学者将Industrial Heritage译作“产业遗产”[2]。因为根据《下塔吉尔宪章》的定义，除了狭义的传统制造业代表的工业遗产以外，还应包括更广泛的工程、水利，以及“原始生产”相关的“考古遗址”。因此，“产业遗产”的概念相比“工业遗产”，内容更加完整。但为了在我国相关研究的起步阶段能够更加聚焦、突出重点，宁可将范围缩小一些[3]。随着2006年4月18日在江苏无锡通过了中国工业遗产保护历史上具有里程碑意义的《无锡建议》，“工业遗产”成为广泛接受的学术探讨议题。

同时需要指出的是，“工业遗产”的研究范围，除了纳入各级保护名录的“遗产”以外，还应包括一些尚未被界定为“文物”、未受到重视的工业建筑物及相关遗存[4]。原因有二：首先，国内外学者对工业遗产的概念仍有模糊之处，国际工业遗产保护委员会至今没有一个权威的工业遗产名录，“因为工业遗产

1　TICCIH，2003.

2　张辉，钱锋，2000；王建国，戎俊强，2001；阮仪三，张松，2004；邵健健，2005；王建国，蒋楠，2006；张松，2006.

3　刘伯英，2012.

4　参见《无锡建议》。

定义的界限不确定，理解不同就有不同的结果”[1]；其次，工业遗产保护与传统意义上文物保护的侧重点不同。工业遗产提倡保护性再生，为遗产找到恰当的用途，并且这些用途要能使得场所的重要性得到最大限度的保存与再现[2]。因此在实践中，存在大量并未达到“文物”重要性但仍然需要保存、适应性再利用的工业遗存，这些也是工业遗产研究不可回避的内容。

因此，本书认为广义的“滨水工业遗产”应包括以下内容：工业文明在滨水地区（包括河道、码头、桥梁等相关附属设施），以及近代以来受到水岸带动和发展起来的遗存，它们具有历史的、文化的、科技的、社会的、建筑的或审美的价值。这些遗存包括工业生产、运输、仓储的场所（建筑、构筑物、基础设施等），以及与工业相关的社会活动场所，如住宅、宗教和教育设施等建筑物和构筑物所在的地段，以及相关的工艺流程、数字记录、文化传统等物质和非物质遗产。

具体可以从空间、功能、历史三个方面理解。从空间位置上看，工业与水岸有着紧密联系，但不一定存在功能上的直接关系。从功能上看，包括利用水源进行生产，或依托水运进行原料和产品运输的工厂、仓库、市政等生产性企业，以及相关附属设施。从历史发展进程上看，滨水工业遗产不仅包括去工业化状态、原生产功能已退出，目前处于停滞、破败、闲置，或已转做其他用途的遗存，有些历经多年原功能仍在运转的、具有相应价值的工业、市政建筑或构筑物，也应纳入讨论范围。

需要指出的是，本书主要研究的是在城市空间场所的物质实体类工业建筑遗产，即在近现代工业发展过程中，具有历史积淀，处在城市滨水地区或与滨水有紧密联系的生产、仓储、交通运输、市政公用事业等景观、建筑物、构筑物及其所在的地段（图1-6）。

2. 苏州河滨水工业遗产研究范围

滨水工业遗产的空间特性使其不仅担负着文化遗产复兴的重任，同时也是塑造

1 刘伯英在 2016 年对 TICCIH 主席马丁的访谈。（刘伯英，2017）

2 王建国，戎俊强，2001；邵健健，2005；朱强，2007；罗彼德，简夏仪，2013；柳亦春，2019.

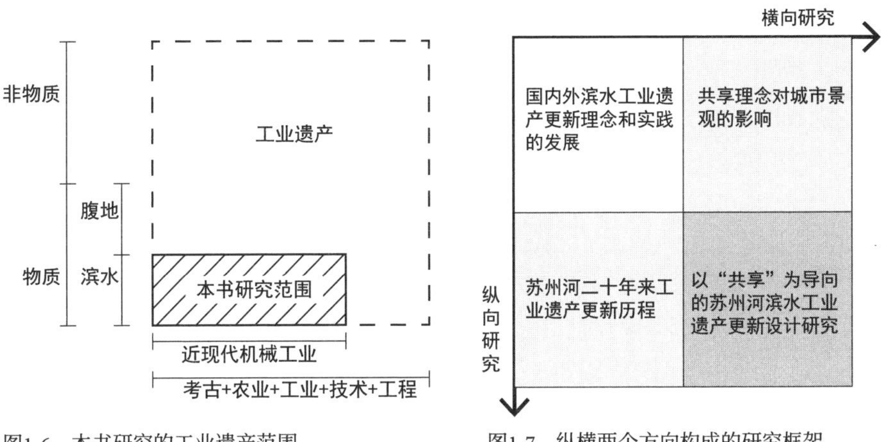

图1-6 本书研究的工业遗产范围

图1-7 纵横两个方向构成的研究框架

城市景观的重要空间载体。能否通过“共享”的理念与方法，以滨水工业遗产的更新带动滨水景观的塑造，重构城市公共空间，实现城市复兴，是本书研究的重要目标。

如何通过滨水工业遗产的保护与更新，促进城市建成遗产与城市发展的平衡，是本书的主要研究问题。在此基础之上，本书以苏州河作为研究对象，结合国内外滨水工业遗产更新设计的研究，以及共享理念对城市景观的影响，通过解决以下三个问题展开对滨水工业遗产的研究。

a）滨水工业遗产能否成为共享的城市景观？其共享性如何界定？

b）苏州河两岸工业遗产的现状及发展历程是什么？

c）能否提出以“共享”为导向的滨水工业遗产更新设计框架？

因此，本书在纵横两个框架内，研究滨水工业遗产更新的趋势、共享理念的发展对城市景观的影响、苏州河滨水工业遗产的现状及更新状态（图1-7）。在横向上包括理论与实践两个方面，即自20世纪60年代以来国内外滨水工业遗产更新的理论与实践，以及当代共享理念对滨水工业遗产更新的影响。纵向上针对苏州河两岸工业遗产现状调查、保护更新历程的历史研究，以及发展趋势的分析。

同时，对苏州河沿岸工业遗产的系统性梳理是本书的重要研究基础。本书对苏州河的调研范围包括：上海苏州河两岸，东至黄浦江，西至中环立交桥，南北两侧各外延至第一条主干道，即河岸两侧各一个街坊范围，总计65处工业遗存（图1-8）。其中，北岸24处、南岸41处（调研范围和对象的选取方法和依据，

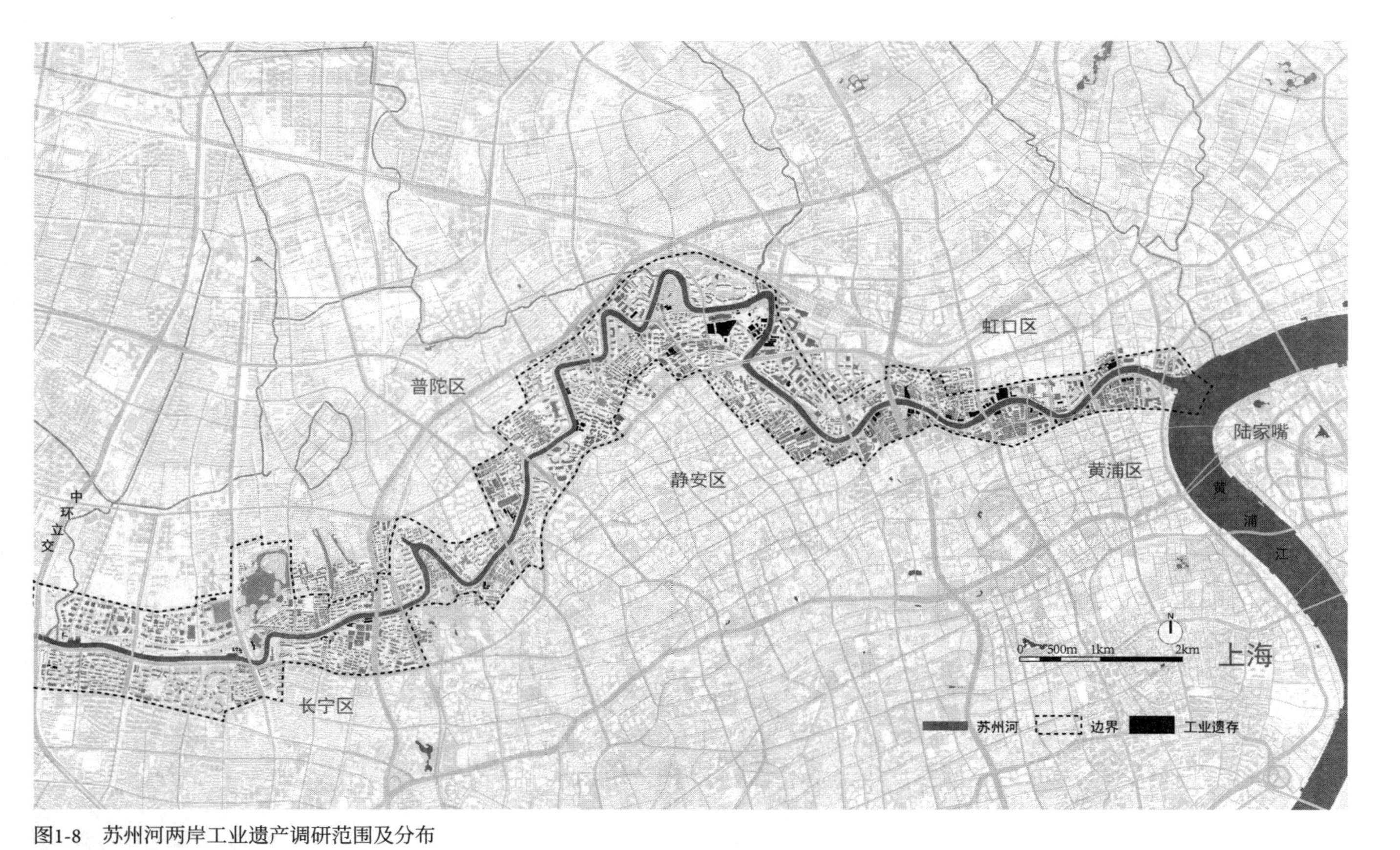

图1-8　苏州河两岸工业遗产调研范围及分布

资料来源：作者基于国家地理信息公共服务平台・天地图[审图号：GS(2022)3124号]处理绘制

详见第四章。工业遗存的具体分布及信息见附录A、附录B）。

四、滨水工业遗产更新相关研究

1. 国外滨水工业遗产更新研究

国外滨水工业遗产更新的研究与实践可以从工业遗产保护思想的演变和滨水工业区的再开发两个方面论述。

1）国际工业遗产保护方法的发展

（1）国际文件中工业遗产保护理念的转变

国际工业遗产保护领域的重要文件及章程共有三份[1]，即2003年7月通过的《下塔吉尔宪章》、2011年11月通过的《都柏林准则》（*Dublin Principles*）[2]，以及2012年11月在台北通过的《台北亚洲工业遗产宣言》（*Taipei Declaration for Asian Industrial Heritage*，简称《台北宣言》）。

《下塔吉尔宪章》是世界上公认的第一部致力于指导保护和保存工业遗产的国际公约，对工业遗产的定义、价值认定和立法保护提出指导性意见。该章程由国际工业遗产保护委员会发起，提交给国际古迹遗址理事会（ICOMOS）批准，并最终由联合国教科文组织（UNESCO）通过。而在2011年11月颁布的《都柏林准则》在工业遗产的定义上，一方面强调了工业遗产的环境整体性，即在工业建筑、构筑物的基础上，将保护范围进一步扩展到区域和景观；另一方面，除物质遗产外，明确提出工业遗产中“无形遗产”的维度，即工业流程、技术工艺知识、工作和工人组织，以及相关的社会和文化传统。

《下塔吉尔宪章》和《都柏林准则》是TICCIH对工业遗产的定义做出明确

1 国际工业遗产保护委员会官网的运营规则和协议中，共有四份文件。除上述三份保护章程文件外，另有一份国际工业遗产保护委员会与国际古迹遗址理事会的合作备忘录（ICOMOS/TICCIH Memorandum of Understanding），明确两者的合作框架。（国际工业遗产保护委员会官网 http://ticcih.org/about/）

2 《都柏林准则》全称为《国际古迹遗址理事会 - 国际工业遗产保护委员会联合准则：工业遗产、构筑物、区域和景观的保护》（*Joint ICOMOS-TICCIH Principles for the Conservation of Industrial Heritage, Sites, Structures, Areas and Landscapes*），在 2011 年 11 月举办的第 17 届国际古迹遗址理事会全体大会上获得通过。

阐述的两份国际文件。从定义的演变可以看出（表1-1），国际工业遗产的研究视角已经从“静态遗产”走向“活态遗产”。

表1-1 国际文件中“工业遗产”的定义比较

文件名称	关于工业遗产的《下塔吉尔宪章》	《都柏林准则》
发表时间	2003 年	2011 年
定义	工业遗产是指工业文明的遗存，它们具有历史的、科技的、社会的、建筑的或科学的价值。这些遗存包括建筑、机械、车间、工厂、选矿和冶炼的矿场和矿区、货栈仓库，能源生产、输送和利用的场所，运输及基础设施，以及与工业相关的社会活动场所，如住宅、宗教和教育设施等	工业遗产包括遗址、构筑物、复合体、区域和景观，以及相关的机械、物件或档案，作为过去曾经有过或现在正在进行的工业生产、原材料提取、商品化以及相关的能源和运输的基础设施建设过程的证据。 工业遗产分为有形遗产，包括可移动和不可移动的遗产，无形遗产的维度，例如技术工艺知识、工作组织和工人组织，以及复杂的社会和文化传统，这些文化财富塑造了社群生活，给整个社会和全世界带来了结构性改变

《台北宣言》强调了工业遗产的多样性，是TICCIH第一次在亚洲举办的大会上通过的。从框架上看，宣言近一半的文字在描述亚洲工业遗产保护的普遍价值。这也是在之前世界工业遗产地理分布过于集中的情况下，为展现遗产的多样性和“遗产普遍价值”的多层次性所做出的努力。

除了这三部工业遗产领域的国际文件以外，在遗产保护领域还有多个相关文件，对工业遗产保护起到指导作用。其中，国际古迹遗址理事会澳大利亚国家委员会所制定的《巴拉宪章》（*Burra Chapter*），对工业遗产保护的方法和实践提供了重要的技术指导。《巴拉宪章》所定义的“适应性再利用”(adaptive reuse)指的是对某一场所进行调整使其容纳新的功能，而这个功能对于现有建筑与空间必须是恰当的。“‘适应性再利用’关键在于为某一建筑遗产找到恰当的用途，这些用途使该场所的重要性得以最大限度地保存和再现，对重要结构的改变降低到最低限度，并且使这种改变可以得到复原。”[1]在工业遗产保护的实践中，“寻找恰当的用途”以达到动态的保护，成为工业建筑改造一个非常重要的前置

1 《巴拉宪章》于 1979 年首次通过，并定期更新，以反映对文化遗产管理理论和实践不断发展的理解。当前版本于 2013 年获得通过。（Australia ICOMOS, 2013）

性条件。《巴拉宪章》为文物建筑寻找“适应性再利用”的方式，在工业遗产保护中得到广泛的推广。

2011年《关于城市历史景观的建议书》(*Recommendation on the Historic Urban Landscape*)获联合国教科文组织大会通过，是教科文组织35年来首次发布的关于历史环境的指导性文件[1]。历史性城镇景观（Historic Urban Landscape，简称HUL）的概念在2005年5月通过的《维也纳保护具有历史意义的城市景观备忘录》(*Vienna Memorandum on “World Heritage and Contemporary Architecture - Managing the Historic Urban Landscape”*)[2]中首次提出，强调物质景观和社会演变的关系，使遗产保护逐渐从对历史城市作为视觉对象的专注，转向对历史环境的兴趣，引导人们认识到人与土地的同生共息关系，以及人在社会中的作用。

作为城市遗产保护的概念和新视角，HUL的价值体现在历史城市结构多样性所体现的文化分层。而作为一种方法，它的目的是处理城市遗产保护与城市当代发展相互平衡且可持续的关系。在尊重不同文化背景的价值和传统基础上，将保护建成环境的政策和实践纳入更广泛的城市发展中的工具，将城镇保护的方法定位为“如何平衡管理空间的当代变化”[3]。

工业遗产往往与自然环境、建成环境和社会经济情况紧密相关，且工业活动又进一步对当地的社会、经济、文化进行再塑造。因此，工业遗产是不同历史景观“层积”的结果。因而HUL的理念与方法，对工业遗产的可持续保护有着重要的指导意义[4]。

（2）国外工业遗产更新的相关著作

工业考古学家麦克·斯特拉顿（Michael John Stratton）对19世纪和20世纪工业建筑遗产的研究做出重要贡献。1997年他积极推动在约克大学举办“保护与使用工业遗产”(Conserving and Using Industrial Buildings)会议，并与威尔士亲王合作起草“通过遗产更新”（Regeneration through Heritage）的倡议。他在

---

1 上一次相关文书是1976年《关于历史地区的保护及其当代作用的建议》(《内罗毕建议》)(*Recommendation concerning the safeguarding and contemporary role of historic areas, Nairobi Recommendations*)。

2 UNESCO, 2005.

3 Bandarin F, Van Oers R, 2012.

4 张文卓，韩锋，2018.

2000年出版的《工业建筑：保护与更新》（*Industrial Buildings: Conservation and Regeneration*）一书重点阐述工业建筑遗产保护更新的策略方法，提出基于“保护—商业利益”关系为基础的改造理念，探讨建筑遗产保护与内城更新之间的平衡，并强调了工业遗产数据库对遗产保护的推动。文中还专门讨论巴尔的摩、波士顿滨水工业区再生对英国的启发，并对伦敦道克兰地区、利物浦阿尔伯特码头、卡迪夫、格拉斯托等地的滨水码头、仓库的更新设计进行论述[1]。他的相关著作还包括与彼得·伯曼（Peter Burman）合作的《保护铁路遗产》（*Conserving the Railway Heritage*）、与麦克·亨特（Michael Hunter）合作的《保护过去：遗产的崛起》（*Preserving the Past*：*the Rise of Heritage*）。

卡罗尔·贝伦斯（Carol Berens）作为建筑师和开发商，在《工业遗址的再开发利用：建筑师、规划师、开发商和决策者实用指南》（*Redeveloping Industrial Sites*：*A Guide for Architects, Planners, and Developers*）一书中，通过北美和欧洲的诸多工业遗址再开发利用的案例，提出工业遗址再开发的动力在于靠近城市中心区的优良区位；优势在于工业建筑的空间改造可行性和工业美学的可识别性；并提出应通过跨学科和多方参与，从规划、政策、环境和资金四个方面，建立一套再开发的策略体系。贝伦斯重点剖析了商业、住宅和混合用途的开发，认为这是更具普适性的模式。在保护工业遗址的同时，发掘其独特性以达到品牌推广效应，从而促进城市社区的重新定位，以更好地回应社区需求及经济竞争力[2]。

库若里(Irene Curulli) 通过研究工业废弃地的改造，以及其具有的美学的、文脉的、历史与记忆、公共空间和土壤修复在再利用中的含义，提出关于工业遗产和废弃景观的“感知的再造”（Sense of Remaking）和“场所塑造”(Place Making)的研究框架。她认为这种感知需要通过设计强化，以重新唤起居民对社区的记忆，从而激发对城市的认同和自豪，而这对于旧工业区的复兴至关重要[3]。库若里同时研究如何通过水岸的生态设计吸引公众，从而促进滨水工业废

1 Stratton M, 2000：14-18；122-133.

2 Berens C, 2011.

3 Curulli G I, 2014.

弃区的更新，如2018年对美国俄勒冈州维拉米特尔运河转型的讨论[1]以及荷兰工业运河滨水区在转型过程中面临的挑战。

由杜埃（James Douet）主编的《工业遗产重启：TICCIH工业遗产指南》（*Industrial Heritage Re-tooled: the TICCIH Guide to Industrial Heritage*）一书，从遗产价值与含义、理解遗产证据、发挥遗产潜力、分享与享受、教与学五个角度，探讨如何更好地发挥工业遗产的潜力[2]。书中收录了33篇工业遗产保护领域专家的论文，这些论文来自2010年TICCIH在纽约举办的研讨会，该书也是当前TICCIH官方推荐的关于工业遗产保护与再利用最为完整的论著。

以上几部著作主要从工业建筑遗产的角度出发，探讨工业建筑遗产保护的意义、价值和策略。而从景观视角出发的工业废弃地更新的相关理论，本书将在第二章论述。

2）西方滨水工业区更新的探索

滨水工业区的更新涵盖了大量城市、社会、经济、规划、建筑、景观、历史保护的议题。早期文献多从历史视角研究单个城市滨水区从工业时代到后工业时代的转型，例如布滕维瑟（Ann L.Buttenwieser）对曼哈顿水域从17世纪到20世纪80年代的规划和开发研究[3]；20世纪90年代末的文献开始以多个国际城市作为研究对象，试图通过滨水工业区更新与城市中心区复兴的成败，反思城市规划和城市设计理念；而自2010年后，基于可持续发展的韧性城市（Resilient City）理念，以及当代建筑师和景观建筑师在城市滨水废弃地、滨水工业建筑再利用的创作，促进滨水工业区的更新向更富有弹性的城市景观的方向发展。

代尔夫特理工大学教授汉·迈耶（Han Meyer）以研究三角洲地区（Delta Regions）和城市港口区（Port Area）转型而闻名。根据其博士研究发表的《城市与港口：港口城市的转型伦敦、巴塞罗那、纽约、鹿特丹》(*City and Port : Transformation of Port Cities-London, Barcelona, New York, Rotterdam*)在回顾20世

1　Curulli G I, 2018.

2　Douet J, 2016.

3　Buttenwieser A, 1987.

纪60年代以来全球滨水区复兴的基础上，以伦敦、纽约、巴塞罗那和鹿特丹转型为例，认为城市规划师和设计师应充分认识功能空间中的文化因素，对城市大型基础设施，如港口区转型所起到的决定性意义[1]。在第六章“基础设施的城市化”中，迈耶特别探讨80年代以来城市设计对基础设施与城市公共空间关系的方法演变：从明确分隔到相互依存。在迈耶看来，滨水区的重建已经成为专业人士获取、交流最新城市设计理念的平台。

哈佛大学教授理查德·马歇尔（Richard Marshall）编著的《后工业城市水岸》（*Waterfront in Post-industrial Cities*）一书，是对20世纪60年代至21世纪这40年间，世界各地滨水工业区更新项目最具综合性的探讨与回顾[2]。马歇尔认为滨水工业区的更新不仅仅是城市滨水地带历史记忆的延续和人们对滨水空间资源利用的展望，更是一部微缩的城市建造理论的探索与实践。滨水工业区的再建设可以看作是新的城市建设范式的实验，是对城市复杂性，尤其是公正性、公平性和公共性缺乏问题的回应。滨水工业区的重建，往往意味着城市中心活动的重新定位，是修复都市中心与边缘水岸并重新建立联系的机会，也是城市形象重新建立、经济投资和中心城区复兴的重要引擎。

马歇尔在书中不仅收录了对具有世界影响力的案例的重新审视，如伦敦、纽约、多伦多、波士顿、悉尼等，更探讨了当时仍在面临各种挑战、更具地方特色的新兴案例，如毕尔巴鄂、哈瓦那和上海。其中，马歇尔以哈瓦那和阿姆斯特丹作为对比案例，分析探讨城市历史地段保护与发展的协调。他特别指出，阿姆斯特丹的多方主体参与和对历史水岸中当代建筑创作的极高宽容度，是阿姆斯特丹获得成功的关键。巴里·肖（Barry Shaw）在城市工业水岸演化的分析中，认为从20世纪60年代到21世纪滨水工业区的更新经历了四次浪潮，意味着城市空间资源在不同层面的有效利用：①以巴尔的摩内港更新为代表的第一代滨水工业区更新，是以旅游业为动力，重塑城市滨水区形象，从而带动城市中心区的复兴；②以伦敦道克兰为代表的第二代滨水工业区更新，由大型城市开发公司主导，通过有效地利用土地更新，鼓励新型工商业发展，创造有吸引力的投资环境；③以

1 Meyer H, 1999.

2 Marshall R, 2004.

利物浦、卡迪夫为代表的第三代滨水区更新，以“遗产引导城市再生”策略促进衰退严重的传统工业城市复兴；④以阿姆斯特丹东港为代表的第四代滨水工业区更新，则以社会保障为首要目标，在高强度开发下实现极为丰富的个性化、艺术化空间环境，并兼顾社会融合、滨水环境、公共利益等多方面的平衡[1]。肖指出，21世纪的水岸更新不仅是经济复兴的动力，也应为城市居民日常聚会和文化活动提供重要的场所。

2004年由哈佛大学教授亚历克斯·克里格（Alex Krieger）撰写，经美国城市土地研究所（Urban Land Institute, 简称ULI）出版的《城市滨水空间转型》（*The transformation of the urban waterfront*）一书，从城市更新的视角，提出滨水空间转型的十条原则[2]。其中第五条到第九条从滨水空间的活力出发，指出成功的滨水空间不仅仅是水陆交界线和旅游目的地，更应该具有日常生活与居住功能、跨越物理和心理障碍从而保证其公共属性，强调城市腹地和水岸之间的联动，创造出城市最具活力的区域。

2005年纽约现代艺术博物馆（The Museum of Modern Art, 简称MoMA）举办的“地形起伏：构建当代景观”（Groundswell: Constructing the Contemporary Landscape）的展览中，通过23个当代景观设计项目，诠释公共空间设计中的创造力和批判性思考。策展人彼得·里得（Peter Reed）认为，近年来几乎每一个重要的景观设计，都涉及对废弃或退化土地的改造或再生利用[3]。因此，展览中呈现的许多当代景观作品都建立在工业废弃地的基础上，通过地形重塑或生态重构，由过去荒废的土地成为既具有历史文化意义又富有当代创造力的公共空间。

2010年杰恩·史派克（Jayne O. Spector）在其硕士论文《从船坞到滨海大道：滨水区重建中的工业遗产》(*From Dockyard to Esplanade: Leveraging Industrial Heritage in Waterfront Redevelopment*)中，通过对北美和英国城市滨水工业区更新的案例研究，指出早期的滨水区更新是经济市场力量与社会政治需求的反映。但

---

1 Shaw B, 2004.

2 Krieger A, 2004.

3 Reed P, 2005.

在经济成本测算、环保需求、文化遗产保护意识不断觉醒的背景下，滨水基础设施、工业建筑物或构筑物的保护与再利用，将成为今后滨水工业区的更新中愈发重要的因素[1]。

2010年纽约现代艺术博物馆和PS1当代艺术中心的常驻建筑师计划，召集五个跨学科团队，重新设计纽约和新泽西港海岸线的基础设施，以创造性的解决方案改善城市开放空间，应对全球气候变化导致的海平面上升。展览“上升的浪潮：纽约滨水区项目”（Rising Currents: Projects for New York’s Waterfront）以模型、工程图、装置展示的方式，宣告如何应对全球气候危机、提升城市空间应对灾害的能力，成为新一轮滨水工业区更新面临的挑战[2]。此次展览也是MoMA策划的“当代建筑议题”（Issues in Contemporary Architecture）系列展览的一部分。

2012年桑迪飓风（Sandy Hurricane）席卷美国，造成超过650亿美元的损失。重建工作组发起一场创新设计竞赛“按设计重建”（Rebuild by Design），邀请建筑师、规划师、景观设计师、工程师的跨学科团队，以创新的解决方案来应对灾后重建。这次竞赛大力促进各滨水城市，尤其是滨水社区面对气候变化的不确定性的弹性发展框架。同时也启动了一系列由滨水工业废弃地、滨水基础设施，转换为富有创造力、提升城市韧性的城市公共空间项目，如获得5.11亿美元投资的曼哈顿下城保护系统BIG U项目（由BIG建筑事务所主持设计）。

2. 国内滨水工业遗产更新研究

国内滨水工业遗产更新的理论研究与更新实践紧密相关，均起源于20世纪90年代末。研究的关注点可以分为三个阶段：①20世纪90年代末起，以案例研究为主的经验引进和实践探索；②从遗产保护视角出发的滨水工业遗产廊道构建和工业建筑遗产保护；③2010年之后，城市存量更新背景下的城市滨水工业遗产转型研究(图1-9)。

---

1 Spector J, 2010.

2 Bergdoll B, Nordenson G, 2011.

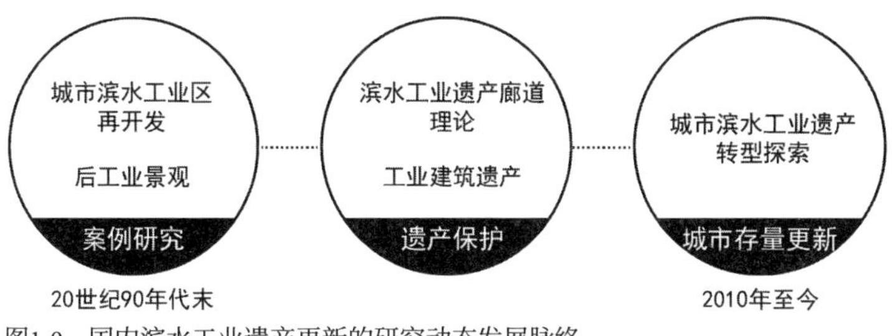

图1-9　国内滨水工业遗产更新的研究动态发展脉络

1）第一阶段：经验引进和实践探索

这一阶段有关滨水工业遗产的研究，主要为分布在城市滨水区再开发、后工业景观中的滨水景观。

（1）城市滨水区再开发研究中的滨水工业遗产更新

王建国、吕志鹏在2001年发表的《世界城市滨水区开发建设的历史进程及其经验》一文，是国内最早、最有影响力的关于城市滨水区开发建设的论述之一。通过案例分析，总体探讨世界滨水区开发建设的背景、动因、成功经验、失败教训，以及对我国的启示。指出滨水工业建筑的再利用，是滨水区开发建设的重要趋势[1]。而王建国、蒋楠在《后工业时代中国产业类历史建筑遗产保护性再利用》一文中，也特别提出滨水区域的工业遗存是城市景观地标的重要构成[2]。

张庭伟等人在2002年编著的《城市滨水设计与开放》，包含大量西方滨水工业区再开发的实践案例，是国内首本综合探讨滨水区开发的著作[3]。但其主要侧重滨水区的开发、策划、规划及设计理念，较少涉及遗产保护。

陆邵明是较早在城市滨水区的更新研究中结合工业遗产保护的学者。他对城市滨水码头区保护更新的研究中明确指出，工业景观是城市码头区再开发的价值所在[4]。在之后的研究中，他指出码头遗产是富有城市集体记忆的文化遗产，并提出城市更新语境下码头遗产的保护再生框架[5]。

1　王建国，吕志鹏，2001.

2　王建国，蒋楠，2006.

3　张庭伟，冯晖，彭治权，2002.

4　陆邵明，1999.

5　陆邵明，2010，2013.

（2）后工业景观设计领域中的滨水工业遗产更新

后工业景观设计领域中，也包含大量滨水工业遗产的保护与再利用研究。任京燕将“后工业景观设计”定义为“用景观设计的途径来进行工业废弃地的改造，在秉承工业景观的基础上，将衰败的工业废弃场地改造成为具有多重含义的景观”[1]。可见，后工业景观聚焦于工业废弃地的更新。其空间尺度远远大于工业建筑遗产更新的研究范畴，且生态修复是设计手法探讨不可回避的对象。

在此之后，不少学者针对后工业景观的定义、发展历程进行阐述[2]；对后工业景观经典滨水案例，如北杜伊斯堡公园、西雅图煤气厂公园等设计手法和设计思想进行分析[3]；以及对我国城市工业废弃地景观更新设计方法进行初步探讨[4]。其中，王敏的硕士论文《城市滨水区后工业景观设计研究》，将滨水工业区的更新机制与滨水特有的场地特征结合，是后工业景观视角下较为综合的针对滨水工业景观更新的论述[5]。

虽然上述后工业景观理论及设计研究，尤其是后工业公园设计的研究，包含大量滨水工业废弃地更新的案例。但多从景观、规划尺度出发，较少涉及工业建筑的保护与再利用。然而，后工业景观设计在公共空间体系的构建、设计实施的战略和技术手段，无疑是滨水工业遗产更新设计中的重要参考。

2）第二阶段：工业遗产保护与再利用

21世纪初的10年，是中国工业遗产研究快速发展的10年，工业遗产开始作为独立的学术概念出现。俞孔坚较早对工业遗产进行定义，并指出中国工业遗产保护与利用实践的四种模式：城市开放空间、旅游度假地、博览馆与会展中心、创意产业园[6]。2006年4月18日工业遗产日，《无锡建议》的颁布成为中国工业遗产保护从政府层面进行推动的开始。与后面相继出台的《北京倡议》（2010年）和

1 任京燕，2002.

2 贺旺，2004；胡燕，2014.

3 孙晓春，刘晓明，2004；刘抚英，邹涛，栗德祥，2007.

4 余丽娜，2007；章超，2008；胡燕，2014.

5 王敏，2015.

6 俞孔坚，方琬丽，2006.

《杭州共识》（2012年）成为中国工业遗产保护领域的三个里程碑式的文件[1]。在这一阶段，如何使更多的工业建筑遗产得到妥善地保护与再利用、保留城市发展印迹、延续城市发展的文脉，成为最紧迫和最重要的研究课题。

从尺度上看，滨水工业遗产的实践在三个层面展开。微观尺度是对具有特定历史，或建筑学意义的工业建筑物进行适应性再利用；也包括工业废弃地改造的后工业景观公园，如登琨艳对南苏州路水果仓库的改造、俞孔坚主持的中山岐江公园设计等。中观尺度是结合旧城改造的滨水工业地段的保护与改造，如上海徐汇滨江。宏观尺度是流域尺度的大规模区域复兴和社会转型，如京杭大运河工业廊道构建。

从2004年起，北大率先进入工业遗产廊道概念的研究，尤其是京杭大运河江南段工业遗产廊道的构建[2]。工业遗产廊道是将工业遗产作为其核心构成资源的线性遗产区域或文化景观，是针对大尺度文化景观保护的一种区域化的遗产保护途径[3]。通过建立“工业遗产廊道”以实现大运河工业遗产的整体保护与利用，为线性遗产的保护提供有力的范本。这也是针对区域尺度滨水空间较为成熟的理论和实践探索。在此基础之上，最近十年出现一系列针对流域尺度，或大运河沿岸中观和微观尺度的滨水工业遗产更新研究。如针对京杭大运河杭州段滨水工业遗产建筑群的景观空间解析研究[4]，以及杭州运河拱宸桥地段工业遗产如何在博物馆模式下实现城市记忆的有效延续[5]。

中观尺度的滨水工业的探讨和实践，主要围绕在世博会滨江工业遗产的改造更新。常青在上海东外滩的规划研究中，提出在纵深1.5公里左右的四条带状空间：亲水景观带、工业遗产博览带、研发带和生活带，是国内滨水区再开发中较早将旧城区的保护再生与工业历史资源的保护、城市产业转型和滨江景观资源相结合的实践探索[6]。俞孔坚对世博中心绿地和后滩公园中工业棕地的生态恢

1 刘伯英，2017.
2 朱强，2007.
3 俞孔坚，奚雪松，2010.
4 朱晓青，翁建涛，邬轶群，王竹，2015.
5 张环宙，沈旭炜，吴茂英，2015.
6 常青，魏枢，沈黎，董一平，2004.

复和工业遗产利用途径进行研究，认为基于生态设计原则、尊重场地的工业遗产再利用，是真正展现特大型城市环境危机意识和面对危机努力寻求解决途径的机会[1]。王珂、莫天伟对世博会“后滩”地段，原上钢三厂三座巨型钢结构厂房保留再利用的探索，是都市变迁背景下，探讨如何保留城市记忆并推动城市发展的尝试[2]。

对于微观尺度的滨水工业遗产实践和理论探索，主要体现在工业遗产形态分布、工业建筑的保护与再利用中。例如黄琪对近代上海工业遗存的研究指出，苏州河两岸和杨树浦是“工业老大”，近代几乎所有的工业聚集区都依靠黄浦江和苏州河，并指出工业密集区域内的发展“极不平衡”，“至1949年前苏州河北仅有16家，河南岸有70家”[3]。于一凡指出上海工业遗存具有分布分散、类型多样、数量大等特点，并且从空间分布上指出，占极大比例的沿黄浦江和苏州河狭长地带的连续带状分布工业遗产，是上海工业遗产保护更新的重点[4]。对上海工业遗存的普查工作，同时也体现在近代工业遗存保护与再利用的相关研究。例如，黄琪和顾承兵分别整理出针对上海中心城区和苏州河沿岸工业建筑的调查总表，以及其他学者在近十年来对工业遗产建筑再利用的实例调研[5]。

3）第三阶段：城市更新语境下的滨水工业遗产转型

2010年上海世博会的举办，为黄浦江两岸工业遗产的保护利用积累了一定的实践经验。城市建设与城市遗产保护的关系也进入反思的阶段。多位学者以世博滨江工业遗产改造为基础，探讨滨水工业遗产更新再利用在城市更新中的经验与教训。

例如，张鹏提出滨水工业建筑的保护，应坚持城市可持续发展的思想主线和主导者的公共性质。通过对工业遗产的开发，带动城市中心区的复兴[6]。左琰认

1 俞孔坚，2010.
2 王珂，莫天伟，2011.
3 黄琪，2008.
4 于一凡，2013.
5 张辉，等，2000；顾承兵，2003；黄琪，2008；汪瑜佩，2009；刘旎，2010；张健，刘伟惠，2007.
6 张鹏，2009.

为世博滨江工业建筑的保护与再利用，只重视建筑保护而缺乏历史地段的整体保护意识，拆多存少且原住民整体搬迁的旧区改造模式，对上海城市更新和发展没有太多的借鉴意义[1]。张强以杨浦滨江为研究对象，指出在遗产保护与文化景观保留的基础上，应最大程度利用滨水资源，将滨水腹地与水岸连接，形成网络化的公共空间体系[2]。张松以世博会会址、徐汇滨江两处重点地段的工业遗产再利用研究为基础，认为滨水工业遗产的再利用应当是当代城市可持续发展、城市存量更新的重要实践方向[3]。

2017年《城市建筑》举办“城市滨水工业遗产廊道转型研究”主题沙龙，提出城市滨水工业遗产从生产岸线向生活岸线的转型，是当代中国城市转型中的迫切需求与重要任务[4]。章明认为滨水工业遗产的转型，第一是场地挖掘，第二是开放融合，转变为开放共享的生活岸线；张松则认为相较于历史或艺术价值，滨水工业遗产价值在于景观资源，应该是可以呈现集体记忆、公共历史和社区相关的空间，而非与城市生活没有太多关系的高端文化艺术或博物馆式的工业构筑。

2017年年底上海市黄浦江两岸45公里滨水岸线公共空间实现贯通，带动了一系列滨江工业遗产更新实践和相关学术研讨（表1-2）。滨水工业遗产需要对城市和公众开放共享的高品质滨水公共空间诉求作出回应，城市码头应以积极的姿态融入城市生活，模糊功能型空间与日常性休憩空间的边界[5]。柳亦春对黄浦江沿岸4处工业遗产改造设计进行反思，认为滨水工业遗产更重要的是公共性的营造[6]。丁凡、伍江对全球化背景下后工业城市水岸复兴的机制研究，也支持这一观点，认为徐汇西岸的文化产业定位重塑了城市形象，但并未提供足够的产业和就业机会。滨水工业遗产为主的滨水空间缺乏市民日常活动的需求，城市更新语境下的工业水岸复兴应更加关注公众的利益[7]。

1　左琰，2011.
2　张强，2013.
3　张松，2015.
4　章明，于一凡，沈兵，等，2017.
5　章明，孙嘉龙，2017.
6　柳亦春，2019.
7　丁凡，伍江，2018a.

表1-2 上海近十年来部分滨水工业遗产保护与更新的实践

<table>
<tr><th>更新前</th><th>更新后</th><th>建成时间</th><th>主要设计单位</th><th>保护更新方式</th></tr>
<tr><td>浦东钢铁厂和后滩船舶修理厂</td><td>上海后滩公园</td><td>2010 年</td><td>土人景观</td><td>后工业景观公园</td></tr>
<tr><td>南市发电站</td><td>上海当代艺术博物馆</td><td>2012 年</td><td>同济原作工作室</td><td rowspan="4">工业建筑适应性再利用</td></tr>
<tr><td>上海第十七棉纺厂</td><td>上海国际时尚中心</td><td>2012 年</td><td>华建集团华东都市建筑设计总院</td></tr>
<tr><td>龙华机场飞机仓库</td><td>余德耀美术馆</td><td>2014 年</td><td>藤本壮介建筑事务所</td></tr>
<tr><td>上海飞机制造厂厂房</td><td>西岸艺术中心</td><td>2014 年</td><td>大舍建筑设计事务所</td></tr>
<tr><td>杨树浦工业区</td><td>杨浦滨江示范段</td><td>2016 年</td><td>同济原作工作室</td><td>后工业景观公园</td></tr>
<tr><td>四行仓库</td><td>四行仓库</td><td>2016 年</td><td>华建集团上海建筑设计研究院有限公司</td><td rowspan="3">工业建筑适应性再利用</td></tr>
<tr><td>上海船厂</td><td>船厂 1862</td><td>2016 年</td><td>隈研吾建筑都市设计事务所</td></tr>
<tr><td>老白渡煤仓</td><td>艺仓美术馆</td><td>2016 年</td><td>大舍建筑设计事务所</td></tr>
<tr><td>北票码头</td><td>龙美术馆西岸馆</td><td>2017 年</td><td rowspan="2">大舍建筑设计事务所</td><td>结合老煤料斗卸载桥的新建筑设计</td></tr>
<tr><td>上海民生码头</td><td>民生码头八万吨筒仓改造</td><td>2017 年</td><td rowspan="2">工业建筑适应性再利用</td></tr>
<tr><td>新华码头仓库</td><td>上海滨江道办公楼</td><td>2018 年</td><td>HPP</td></tr>
<tr><td>杨树浦工业区</td><td>杨浦滨江南段：毛麻仓库、船坞秀场、绿之丘、边园等</td><td>2016—2019 年</td><td>同济原作、致正建筑工作室、刘宇扬建筑事务所、大舍建筑设计事务所、大观景观等</td><td>工业建筑适应性再利用 + 后工业景观公园</td></tr>
</table>

可见，城市更新背景下的滨水工业遗产的保护更新，更加强调滨水空间的景观稀缺性、对普通市民的开放共享，以及对城市中心城区复兴的带动作用。这一趋势，也体现在《时代建筑》2017年第四期“水岸新生”的专辑中。例如，以21世纪美东三个海军码头社区的更新理念的演变为例，论述后工业水岸复兴与城市

腹地的更新在不同层面上的交互共享[1]。

而在《建筑学报》2019年第八期特辑“向水而生：黄浦江滨水建成环境的再造”和2020年第一期“城市空间的复合与生产：‘绿之丘’的探索与实践”板块中，这种趋势则更加明显。前者从浦江贯通工程宏观政策到微观操作各个层面，探讨城市与水岸共生的关系。后者从建筑学设计手法，建筑师在城市更新中应对土地变性、规划调整等政策约束时应具有的策略性介入和跨界能力，将滨水工业遗产作为城市公共的文化空间、促进城市公共性的基础设施来理解。滨水工业遗产是城市更新中平衡各方利益的载体，也应是城市、建筑、景观设计理论和方法突破的重要研究对象[2]。

3. 苏州河两岸工业遗产研究

1）基础研究

关于苏州河两岸工业遗存较为系统的出版刊物，较早见于《东方的塞纳左岸：苏州河沿岸的艺术仓库》[3]一书。其着重介绍了上海工业遗产保护的先锋苏州河艺术仓库群的缘起与变迁[4]。其次，上海交通大学出版社于2009年出版的《上海工业遗产实录》和《上海工业遗产新探》，阐述上海当时对近现代工业遗产的调查、评估方法，介绍和分析上海具有代表性的工业遗产[5]，其中就包含有大量苏州河两岸的工业遗存。由普陀区文化局和档案局（馆）等编制的《苏州河文化遗产图志（普陀段）》《回眸：苏州河工业文明撷影》则在第三次全国文物普查的基础上，对普陀区段的苏州河工业遗存提供较为翔实的历史资料。

描述苏州河及两岸建筑、桥梁、街坊的书籍纷繁（表1-3），其中有关工业遗存的线索繁多，难免存在信息的冲突或偏差（如建造年份和建成年份混淆

1　朱怡晨，李振宇，2017a.

2　崔愷，常青，汪孝安，柳亦春，张斌，袁烽，魏春雨，周榕，2020.

3　韩妤齐，张松，2004.

4　此书并未出现“工业遗存”或“工业遗产”的概念，与之相应的概念都以“产业遗产”出现。

5　《上海市工业遗产初探》统计出 290 处工业遗产，其中各级文物保护单位 26 处，市优秀历史建筑 67 处，登记不可移动文物 32 处；《上海市工业遗产新探》列出新发现的 215 处工业遗产。

表1-3　有关苏州河沿岸工业遗产的相关著作

序号	书名	时间	作者 / 编者 / 拍摄	论述视角
1	《东方的塞纳左岸：苏州河沿岸的艺术仓库》	2004 年	韩妤齐、张松	详尽介绍苏州河艺术仓库群的缘起与变迁，包括大量艺术家、建筑师访谈，以及对莫干山路 50 号的保护规划建议
2	《回眸苏州河畔建筑》	2004 年	薛顺生	苏州河沿岸历史建筑和工业建筑的图文介绍
3	《老上海工业旧址遗迹》	2004 年	娄承浩、薛顺生	
4	《空间的革命：一把从苏州河烧到黄浦江的烈火》	2006 年	登琨艳	登琨艳在保护历史建筑方面的自述
5	《上海历史上的苏州河》	2006 年	郑祖安	论述苏州河从 1843 年至今，由产业型、运输型为主的河流转变为生活型、生态型河流的变迁
6	《苏州河》	2006 年	陆元敏	摄影集
7	《苏州河：1978—2008》	2009 年	徐喜先	通过苏州河三十年的照片，反映苏州河沿岸城市面貌的变迁
8	《苏州河文化遗产图志（普陀段）》	2010 年	上海市普陀区文化局	苏州河普陀区段沿岸历史文化遗产图集
9	《苏州河治理》	2011 年	陆其国	纪实文学题材，记录苏州河环境治理
10	《传奇：苏州河十八湾》	2011 年	政协上海市普陀区委员会	图文介绍每个湾的历史人文，包含不少与民族工业相关的历史遗迹信息
11	《千年苏州河》	2012 年	娄承浩、薛顺生	以苏州河为线索，介绍上海近代城市的发展
12	《回到苏州河》	2012 年	田安莉	根据同名电视纪录片改编，以苏州河为载体，记录上海城市史、经济发展史和文化演变史
13	《回眸：苏州河工业文明撷影》	2015 年	上海市普陀区档案局（馆）、上海市普陀区文化局、上海市普陀区政协学习和文史委员会	第一本以苏州河沿线近代工业文明为主题的图书，收集大量图片、文字记载，以及苏州河两岸 30 家具有代表性的工业企业历史档案
14	《苏州河的儿女们》	2015 年	嵇启春	纪实文学，详尽记录长风工业区的转型发展，以及“一园十馆”的苏州河工业遗产保护计划

续表

序号	书名	时间	作者 / 编者 / 拍摄	论述视角
15	《海上清风：明信片上的苏州河》	2015 年	费滨海、沈国平	以老明信片为基础，图文并茂展示苏州河的历史面貌
16	《潮起潮落苏州河》	2019 年	上海市地方志办公室、薛理勇	苏州河历史文化发展的溯源

等）。因而，上述几部从遗产保护出发的档案书籍，为甄别厘清苏州河两岸工业遗存的历史演变，提供了极大的帮助。

此外，2003年同济大学顾承兵的硕士论文《上海近代产业遗产的保护与再利用——以苏州河沿岸地区为例》，其附录总表中列举出84处与工业（产业）相关的遗存，并系统总结苏州河沿岸工业遗产建筑的特征，成为之后研究苏州河乃至上海工业遗产保护的重要研究基础。相关基础研究包括邵健健的硕士论文《城市滨水历史地区保护研究——以上海苏州河沿岸为例》（2007年）、黄琪的博士论文《上海近代工业建筑保护和再利用》（2008年）等。此外，还有相当一部分硕博士论文选取苏州河沿岸部分工业遗产作为研究对象，例如对莫干山路工业区演进的研究[1]、M50创意园（简称M50）的保护更新[2]、上海啤酒厂的保护更新[3]。

另有一部分学位论文的研究虽是从滨水空间的景观环境、城市空间建设的角度出发，但也涉及苏州河沿岸城市空间近20年，尤其是2000—2010年间的巨大变化，成为研究苏州河沿岸空间格局演变的重要参考（表1-4）。此外，学术期刊中也有不少关于苏州河两岸工业建筑遗存保护实践项目的介绍，如四行仓库、M50创意园、华侨城苏河湾规划展示中心（原怡和打包厂）等，从中可以获取它们的历史变迁、改造思路和较为准确的图纸信息（平面、指标、结构形式等）（表1-5）。

1 代四同，2018.

2 吕梁，2006；邵健健，2007.

3 毛伟，2006.

表1-4 部分关于苏州河沿岸工业遗产、城市空间的相关硕士、博士论文

序号	论文名	时间	作者	学校
1	《近代上海苏州河滨水区城市空间的演变——兼论苏州河滨水区城市空间综合整治》	2000 年	刘志尧	同济大学
2	《上海近代产业遗产的保护与再利用——以苏州河沿岸地区为例》	2003 年	顾承兵	
3	《苏州河地段当代建筑改造与更新》	2004 年	孙庭	
4	《城市中心历史滨水地区景观保护与开发——以上海苏州河为例》	2004 年	丁枫	
5	《苏州河两岸产业遗产保护性再利用方式初探》	2004 年	胡招展	
6	《过程的意义——上海啤酒厂近现代工业建筑的保护与再利用》	2006 年	毛伟	
7	《产业建筑的新生——创意产业与产业建筑的结合》	2006 年	沈丽琼	
8	《创意产业介入下的产业类历史地段更新——以上海市“M50创意园”为例》	2006 年	吕梁	
9	《城市线性滨水区空间环境研究——以上海黄浦江和苏州河为例》	2007 年	刘开明	
10	《上海旧工业建筑再利用研究》	2007 年	刘伟惠	上海交通大学
11	《城市滨水历史地区保护研究——以上海苏州河沿岸为例》	2007 年	邵健健	同济大学
12	《上海近代工业建筑保护和再利用》	2008 年	黄琪	
13	《苏州河滨水地带再开发的转型过程研究》	2009 年	金鑫	
14	《上海苏州河（普陀段）沿岸产业空间结构演化研究》	2009 年	矫伶	华东师范大学
15	《上海工业遗产的再利用》	2009 年	汪瑜佩	复旦大学
16	《上海工业遗产建筑再利用基本模式研究》	2010 年	刘旎	上海交通大学
17	《基于上海工业建筑遗产再利用的创意产业园建筑空间研究》	2013 年	刘叶桂	
18	《上海莫干山路工业区的历史演进研究》	2018 年	代四同	上海社会科学院

表1-5　近年来发表在学术期刊中苏州河两岸工业遗产更新改造项目介绍的部分文章

编号	工业遗存改造	发表时间 / 期刊	作者	文章名
JA-01	上海总商会	2019 年：《H+A 华建筑》	H+A	《唤醒百年记忆：访华侨城（上海）置地有限公司》
		2019 年：《H+A 华建筑》	曹琳	《历史价值的理解与呈现——上海总商会保护修缮工程》
JA-02	新泰仓库	2017 年：《城市建筑》	柯凯建筑	《新泰仓库建筑改造》
JA-03	怡和打包厂	2013 年：《城市建筑》	柯凯建筑	《上海 OCT 华侨城苏河湾城市改造项目展示厅》
JA-08	四行仓库	2019 年：《H+A 华建筑》	刘寄珂	《“还原”血与火的抗战精神：四行仓库西墙弹孔砖墙复原设计探索》
		2018 年：《建筑学报》	唐玉恩、邹勋	《勿忘城殇——上海四行仓库的保护利用设计》
		2017 年：《建成遗产》	/	《四行仓库修缮工程》
		2016 年：《世界建筑》	唐玉恩、邹勋	《四行仓库保护与复原》
JA-10	创意仓库	2019 年：《H+A 华建筑》	邹勋	《多元“活化”，苏州河两岸如何从封闭内向走向开放共享：上海苏州河沿线近代仓储建筑遗产保护再利用研究》
		2006 年：《建筑学报》	刘继东	《创意仓库之深度设计》
JA-11	福新面粉厂一厂	2006 年：《建筑与文化》	/	《上海福新面粉厂改建》
PT-01	福新面粉厂三厂	2017 年：《工业建筑》	刘抚英、徐杨、陈颖	《上海、无锡近代面粉工业遗产典型案例研究》
HP-17	杜月笙粮仓	1999 年:《室内设计与装修》	登琨艳	《在乎空间与光的韵味——登琨艳上海设计工作室》
PT-04	上海啤酒厂	2006 年：《时代建筑》	黄一如、毛伟	《拆留之间——上海啤酒公司建筑修缮工程设计回顾》
PT-06	信和纱厂	2019 年：《时代建筑》	薛鸣华、王林	《上海中心城工业风貌街坊的保护更新——以 M50 工业转型与艺术创意发展为例》
		2005 年：《上海应用技术学院学报（自然科学版）》	徐峰、韩好齐、黄贻平	《苏州河南岸莫干山路地块历史产业建筑群概念性保护规划》
		2004 年：《新建筑》	韩好齐、徐峰、黄贻平	《上海近代产业建筑的保护性利用初探：以莫干山路 50 号为例》
PT-09	中华书局上海印刷所澳门路旧址	2011 年：《建筑与文化》	/	《“中华 1912”文化创意产业园落成》

注：本表格内的编号与附录B对应。

2）研究焦点

（1）从工业遗产保护出发，工业建筑保护与再利用的相关研究

侯方伟、黎志涛通过对苏州河艺术仓库背后的LOFT现象学研究，指出以LOFT为代表的文化产业发展，将促进产业类地段的复兴[1]。针对苏州河文化历史资源，旅游研究者提出苏州河沿岸文化景观带建设的建议，其中特别指出长寿路以西至中山桥以东原上海民族纺织业、面粉业的发祥地，应以民族产业发展为主线，建立产业博览型文化景观区[2]。从创意产业和工业建筑保护与再利用出发，众多学者提出，应将文化产业置入废弃的工业建筑与厂区，利用老厂区的区位优势、空间可适应性优势和独特的视觉识别性，完成都市工业园区的再升级[3]。

（2）以苏州河为研究对象的城市滨水空间环境提升

研究议题包括对苏州河滨水景观环境的系统性的优化提升意见[4]；针对苏州河2002—2006年住宅开发失控、大量工业遗存被拆除的现象，探讨如何通过视线通廊、滨水岸线可达性的方式来提升苏州河滨水空间。其中，岑伟、王珂、莫天伟等明确提出应挖掘滨水空间各种小尺度的可利用价值，编织进入城市已成熟的城市公共空间系统，使滨水空间重新成为城市的“正面”——一种与城市通达性、开放性、城市关联性紧密相关的界面[5]。而针对苏州河一河两岸城市设计国际竞赛的反思，莫霞从功能、空间、环境三个关键维度提出城市设计的实践性策略，从对经济的过分倚重到功能整合、转型发展，强化文化支撑下的保护更新，具体化地提升本土城市空间的人性化及多样化[6]。徐毅松通过对“上海2035”总体规划和“一江一河”沿岸建设规划编制工作的解读，明确苏州河沿岸建设已经逐步从单一的水质治理走向全面的景观环境提升。当前仍然存在中心城段岸线未实现贯通、跨河桥梁数量不足、腹地到滨河通道密度低、滨河缺乏公共场所和人性化设施等空间设计的挑战，其建设和后续运营机制也有待协同[7]。

1 侯方伟，黎志涛，2006.
2 郑伯红，汤建中，2002.
3 阮仪三，张松，2004；吕梁，2006；黄琪，2007；褚劲风，2009；薛鸣华，王琳，2019.
4 刘云，1999.
5 岑伟，王珂，莫天伟，2010.
6 莫霞，2017.
7 徐毅松，2018.

（3）全球城市愿景下苏州河沿岸更新历程、发展趋势和挑战

2015年上海城市空间艺术季期间，原闸北区苏河湾城市更新案例展就以“城市印记·水岸传奇”为主题，以华侨城苏河湾项目开发实践为主线，展现对上海总商会、怡和打包厂、银行仓库群等工业遗产修复和更新[1]。2019年上海城市空间艺术季13个案例实践展中，苏州河沿线就包括三个：虹口区实践案例展“城市蜕变：滨水空间、景观和社区的更新”、普陀区M50实践案例展“从水岸滨河到活力普陀”、长宁区苏州河实践案例展“乐水”。通过滨水社区更新、滨水工业街坊再生和滨水贯通，多视角呈现苏州河沿岸已经和即将开展的空间提升方案。

《时代建筑》2020年1月刊在城市空间艺术季专栏中，指出上海需要重视提升城市竞争的软实力，融合建筑、空间和艺术的总体艺术将作为国际大都市的文化策略[2]。而专栏中对“再生——水之魔力”为滨水空间主题展览的回顾，以及对主展区5.5公里滨水岸线的更新实践论述，强调滨水有机更新“重塑”“叠合”“共生”三要素[3]。滨水工业遗产的更新应该以“开放性”和“包容性”为导向，从而从身体、认知和精神上真正触发滨水工业遗产作为城市公共资源的公共性[4]。

《H+A华建筑》2019年4月发行的“苏州河沿岸复兴”专刊，从历史梳理、战略规划、城市设计、建筑空间、生态治理等角度，寻求苏州河沿岸可持续的发展与资源激活的途径。集中呈现近年来苏州河沿线正在进行的城市更新项目，以及“一江一河”愿景下的挑战，是当下对苏州河城市空间研究最为深入和全面的专辑。而《建筑学报》2019年8月特辑“向水而生：黄浦江滨水建成环境的再造”、《城市建筑》2017年9月的“城市滨水工业遗产廊道转型研究”主题沙龙、《H+A华建筑》2017年4月刊“浦江再生”，则在“上海2035”城市总体规划提出“迈向卓越的全球城市”的总体目标大背景下，探索“一江一河”如何打造与此相匹配的世界级滨水区的议题（图1-10）。

1　上海城市空间艺术季展览画册编委会，2016：229-243.

2　郑时龄，2020.

3　张海翱，李迪，2020.

4　秦曙，章明，张姿，2020.

图1-10 近年来建筑学术期刊有关上海滨水工业遗产更新的专刊

基于研究动态，可以总结出当下滨水工业遗产保护更新三条重要研究路径：①城市滨水区转型与再生中的遗产保护，通过工业遗产的可持续开发推动城市发展和社区复兴；②滨水工业建筑或构筑物的保护与再利用，挖掘滨水工业建筑的空间再利用可行性和工业美学的可识别性；③后工业景观设计中工业废弃地的修复与景观更新，包括滨水工业遗产廊道构建、气候危机下城市滨水基础设施、滨水工业废弃地的弹性发展。

关于苏州河沿岸工业遗产更新，当下的研究路径主要包括：①工业建筑的保护与再利用；②工业园区改造与创意产业发展的结合；③工业遗产作为文化遗产的一部分，成为苏州河景观整体提升中的战略策略。而近年来关于苏州河沿岸城市空间的研究，则呈现出从单一的景观环境治理提升，到城市更新背景下大都市滨水空间与城市中心区联动发展的趋势。

国内外相关研究尚存在一定的研究空隙，即在工业建筑保护更新、凸显城市文化历史基因的基础上，如何利用城市稀缺的滨水空间资源，进一步促进滨水区公共价值的提升，平衡城市更新中的各方利益，在遗产保护的同时促进城市的发展。这既是当下城市、建筑、景观设计和研究有待挖掘的重要方面，也是本书研究的方向与目标。此外，针对滨水工业遗产的研究，滨水工业遗产与其他工业遗产在空间特征、遗产价值和保护更新方式的区别，尚有不足。这也进一步凸显了研究的必要性。

4. 研究创新

本书的主要创新点在以下两个方面：

一是从共享的视角切入滨水工业遗产的更新研究，提出“共享的城市景观”应是滨水工业遗产的目标，论述滨水工业遗产共享性的核心维度并提出共享性的评价模型，作为后续研究的分析方法和设计指引。本书提出共享已是当代城市空间认知、组织和体验的重要方式，“设计结合共享”将是未来城市空间塑造的发展趋势（见第二章）。在此基础上，进一步针对滨水工业遗产这一特殊城市空间，提出共享性的五个核心维度，以及滨水工业遗产共享性的评价方法，并将此模型应用到苏州河沿岸工业遗产的分析上（见第五章）。共享性评价模型体现了滨水工业遗产的保护更新原则，并能转化为具体的设计指导。为滨水工业遗产更新过程中的评估、策划、设计、运营维护提出了一个具有可操作性的方案。

二是将苏州河沿岸滨水工业遗产的更新，从建筑单体的修缮保护扩展到城市整体更新的层面，从社会空间视角探讨滨水工业遗产空间改造发生的动力，并提出基于共享的空间更新设计方法。苏州河滨水工业遗产由于其独特的空间区位，它的更新不仅是对建筑本身功能或形态的简单构想，而是需要通过对城市整体形象、街区环境等内容的研究，进行充分的论证。本书认为单纯的建筑功能或使用的适应性再利用，并不能为工业遗产提供可持续的保护和运营支撑。当单体建筑的修缮融入苏州河整体工业文明水岸的构建，当苏州河工业遗产的景观意象需要与“一江一河”、全球城市卓越水岸的图景相匹配时，无论是政府、市场还是公众，都将成为空间重构的实践者和参与者。本书立论建立在苏州河沿岸工业遗产现状调研分析以及过去二十年更新发展的历史研究之上（见第三、四章），在城市尺度促进滨水工业遗存与城市腹地的融合，在建筑层面提出建筑空间形态的塑造方向，为综合性的城市设计和建筑设计方法提供重要参考，具有实践应用意义。

第二章
滨水工业遗产作为共享的城市景观

2017年上海城市空间艺术季主展览在浦东民生码头八万吨筒仓展开。外挂的玻璃扶梯是改造最大的亮点，使这座曾经的亚洲最大粮仓，变为黄浦江边靓丽的标志物和打卡地（图2-1）。城市空间艺术季的事件、明星建筑师的改造、浦东滨江贯通的基础设施升级，使这座多年来如同废墟般存在的滨水工业遗迹，成为极具震撼力且能被市民享用的城市景观。

图2-1　从杨浦滨江看民生码头
资料来源：自摄于2017年11月

滨水工业遗产并非一开始就被视为城市景观的存在。在很长一段时间里，工业遗存都被视为废墟、落后、怪物、丑陋，甚至是可怕的代名词。1970年景观设计师理查德·哈格（Richard Haag）在为西雅图煤气厂公园（Seattle Gas Works Park）的设计做准备时，曾将煤气厂的废弃场地改造作为一个设计挑战赛，面向全美景观专业大学生召集方案。而上交的130份方案中，没有任何一个方案将场地曾经的工业构筑保留下来[1]。即便如景观设计师伊丽莎白·迈耶(Elizabeth K. Meyer)在西雅图煤气厂公园建成25年后，仍然将她在公园的经历描述为“并不惬意，却充满愉快的痛苦[2]”(Not agreeable, but pleasurably painful)。这也从侧面反映，为何在相当长的一段时间内，无论专家学者如何奔走呼告，工业遗存也难逃被拆毁的命运。可见，单纯强调工业遗存的历史、记忆、文化，并不足以让曾经工业文明的成就被大众接受。工业遗存的更新需要创造新的价值。

本章提出全书的重要假设：滨水工业遗产可以成为共享的城市景观。

一、共享：21世纪城市空间的发展趋势

进入21世纪第二个十年，共享开始出现在各个城市宣言和主题文件中。2016年在厄瓜多尔基多召开的联合国住房和城市可持续发展大会（人居Ⅲ）提出的《新城市议程》（*New Urban Agenda*），宣告“人人共享的城市”愿景，认为未来的城市应该寻求促进包容性，确保所有居民可以平等地使用、享受城市和人类住区。“上海2035”总体思路中，明确提出“注重共享发展”，树立“创新、协调、绿色、开放、共享”的发展理念。2019年“世界城市日——上海论坛”以“创新、协同、共享”为主题，深入探讨城市发展的新方向、新规模和新内涵。首尔、巴塞罗那、伦敦等城市相继提出共享城市计划。

共享，似乎已是一种世界化的趋势。

1　作者根据 2015 年 9 月 10 日理查德·哈格在波士顿伊莎贝拉·加纳博物馆（Isabella Stewart Gardner Museum）的讲座现场记录。

2　Elizabeth K, 1998：5-28.

1. 共享影响城市空间的组织

“共享”的英文share，来自古英语scearu，含有切割、切削（cutting）的意思[1]。相比于参与（participate），共享通常意味着一个作为原始持有者授予他人部分使用、享用，甚至拥有的行为。共享既包括线下物品的分享，也包括在互联网上信息的传递和社交平台的实时分享。

1）信息技术促进城市空间共享化

共享的核心是从拥有权到使用权的转移[2]。在城市公共空间的研究中，凯文·林奇(Keven Lynch)早在1965年就提出公共空间所有权与使用权分离的想法，即私人所拥有的空间通过一些物质环境的改变，或者管理方式的改变，可以变为公共空间[3]。在纽约市1961年版的区划法规中，就正式提出了私有公共空间政策。而它的生产机制本质，就是在公共产品所有权和使用权分离的前提下，以政府为代表的公众利益和以开发商为代表的私人利益之间关于公共产品使用权的交易行为[4]。

需要指出的是，当前不少文献对“共享空间”的探讨，并未触及使用权责转换这一核心。其关注点仍然是中庭、前厅等建筑内部的公共空间或模糊空间。而本书提到的“共享”以及空间的“共享化”，更多探讨的是当前城市在双重驱动力——技术供给的智能化和人类需求的按需使用的即时化[5]——推动下对城市空间的影响。信息技术的颠覆性发展，一方面使得城市和建筑的认知方式开始发生迅速改变，另一方面也促进城市空间的生产与组织机制发生变化。

从空间认知角度，基于互联网的线上平台提供了各类实时、便捷的咨询和互动。虚拟空间发生的展示及其诱发的大众参与和互动，反过来成为实体空间的导览和索引。从网络获得信息并将体验反馈回网络，成为对空间认知不可或缺的一环。空间认知方式的改变又进一步促进空间体验和空间形态的变化(图2-2)。从

1 根据韦伯大辞典。

2 Botsman R, Rogers R, 2010；诸大健，2017；陈立群，2017.

3 Lynch K, 1995；张庭伟，2010.

4 Smithsimon G, 2008；张庭伟，等，2010.

5 龙瀛，2019.

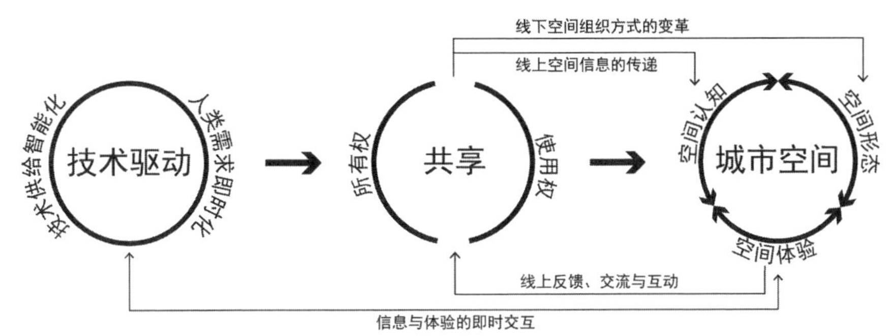

图2-2　信息技术发展、城市空间组织与共享体验互相促进的关系
资料来源：朱怡晨，李振宇，2021

技术供给的角度，按需使用的即时化更偏向使用权，而非所有权。这恰恰是城市“共享”的核心，即使用权与所有权分离，以降低不同形式空间的使用门槛[1]。

因此，以“共享”为导向的空间研究，应包括两个层面的探讨：①空间组织方式的讨论，即所有权与使用权脱离的情况下，城市空间的组织方式；②空间认知方式的改变，人们对空间体验转向虚实交互和即时分享的需求，推动空间形式产生新的变化。

2）共享对空间供给的影响

从城市空间的供给角度，共享应包括两种形式：①基于集中式权力供给的集体共享；②基于分散式权力供给的交互分享[2]。前者，就包括城市的“公共空间”：绝大部分由政府或私人所提供的一种集体共享的免费空间。

然而，这种公共空间的共享权力并非具有完全的自主性。大卫·哈维（David Harvey）曾指出，“公众不仅能够真正使用所谓的公共空间，而且有权力与建设用于社会化和政治行动的新的共享空间”[3]。信息技术的颠覆性发展，为后者的出现奠定了技术基础。因此，从建筑学的角度，建筑与城市空间的共享应包含三种类型：传统的“全民共享”、20 世纪兴盛的“让渡共享”和21 世纪

1　陈立群，2017.
2　张宇星，2016.
3　戴维·哈维，2014：X.

新兴的“群共享”[1]。其中，群共享就是在21世纪个人信息移动终端普及后，得到广泛的发展（表2-1）。

信息时代，共享空间的供给从集中式的国家开放空间，向分散式的互助空间发展；共享空间的范围从城市公共空间，向全球城市和互助社区的两个极限扩张；政府、机构和个人在不同的共享层面发挥不同的作用。国家政府在无条件开放的集体共享空间占据主导，而个人在群组层面的共享中发挥重大的能动性（图2-3）。

2. 共享作为城市发展的趋势

1）城市空间资源的有效利用

共享经济的出现，使经济发展与环境承载力之间的矛盾化解出现新的方案。雷切尔·波兹曼于2010年提出的从拥有权到使用权的转移[2]，即从拥有到使用、从拥有到可达，最终成为“我的就是你的，你的就是我的”的协作消费模式，被认为是共享经济的最早的溯源。她提出共享经济的三种模式：产品服务系统、再分配市场和协作生活方式。例如，产品服务系统（Production Service System）反映了越来越多的消费者只需接受产品的服务，却无需拥有它的商业模式，典型代表为共享出行Uber、Zipcar等。协作生活方式是将拥有共同利益或需求的人聚集在一起，分享或交换比如时间、空间、技能等无形资产，典型代表为共享办公WeWork。

共享城市是共享经济概念的扩展，由逐利的共享经济和非营利的共享社会有机整合、互相构建而成[3]。麦克拉伦（Duncan MyLaren）和阿吉曼(Julian

---

1 在《迈向共享建筑学》一文中，全民共享是在空间权属清晰的情况下，以部分或完全对外的姿态，面向所有市民开放。家庭生活的私密性和社会活动的公共性具有明确的分界。让渡共享意味着建筑向城市开放部分空间，将原属于建筑内人群使用的私密空间，让渡部分权利与全体市民。如骑楼、门廊、架空层等非正式公共生活的空间，以及如“私有公共空间”等城市空间政策。群共享则是小群体在一定范围之内实现自我组织、自我管理的空间构建，往往借助移动终端的技术支撑，如共享办公 WeWork 等。（李振宇，朱怡晨，2017）

2 Botsman R, Rogers R, 2010.

3 诸大建，佘依爽，2017.

表2-1　国内外部分共享空间的典型案例

类型	案例		
全民共享	纽约高线公园	杨浦滨江	奥斯陆歌剧院
让渡共享	纽约 POPS[1]	吉首美术馆	鹿特丹市场之家
群共享	共享办公 WeWork	好处 MeetBest	共享桌子

注：吉首美术馆图片来源于https://www.fcjz.com/archive/p/5ccfdfa69f6cf90015ccb03b，鹿特丹市场之家图片来源于李振宇，好处 MeetBest图片来源于何勇，共享桌子图片由郝雷拍摄，其他图片均为作者拍摄。

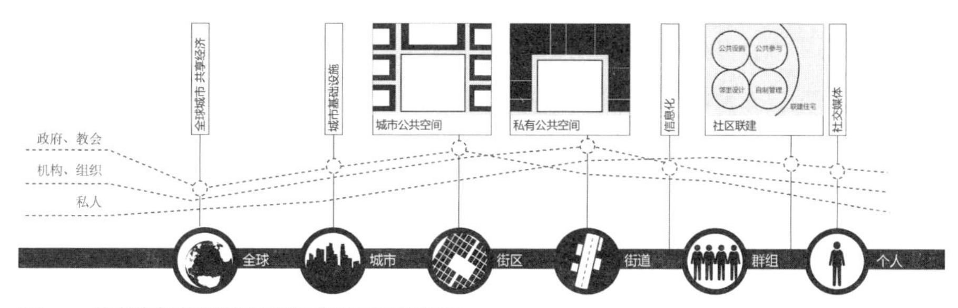

图2-3　共享空间的供给与空间应用层次的关系
资料来源：李振宇，朱怡晨，2017

1　POPS, Private Owned Public Space, 私有公共空间。

Agyeman)在《共享城市》（*Sharing Cities*）一书中，提出共享的二维矩阵模型：一个维度是商业与非营利，另一侧则是动力的内源性与外源性，由此出现四个象限，将共享从经济学的研究升华到城市社会研究中[1]。社会科学家尼尔森（Anitra Nelson）也进一步提出，共享居住将成为应对住房危机、环境不可持续和社会分裂巨大挑战的可行策略[2]。首尔市政府在2012年推出的“首尔共享城市”计划，旨在通过建立共享生态系统，以应对经济放缓、福利减少、社会隔离等一系列社会和城市问题[3]。此后，全球亦有不少城市成立“共享城市”的相关战略研究、试点区域或城市联盟。

可以说，共享经济产生的背景，是从以拥有为导向转向以使用为导向的消费社会的转型，也是存量时代资源有效利用的途径，是城市对可持续发展迫切需求的反映。

2）当代城市空间使用权与所有权的分离

西方研究者已经广泛认识到城市空间的公共性，已并非一项“非公即私”的二元属性，而是来源于城市环境中公共空间实际已经成为公共和私有领域的混合体[4]。由于越来越多的私人部门被鼓励向城市建设提供资金，这一过程使得公共空间规划设计和日常管理过程中产生了复杂的利益和权力分配。公共空间的商品化、私有化、模糊性等现象，成为围绕城市空间“公共性”“私有”与“公共”关系界定特征研究的关注焦点[5]。

在中国，私人部门在城市建设不断投资带来了大量的购物广场、开放广场、商业街等面向大众开放的空间。但这些空间在设计和管理上往往以消费为目的，也就是西方学者所说的“伪公共空间”（Pseudo-Public Space）[6]。在未来的一段时间内，城市建设开发对私人资本的依赖将继续增加，越来越多的市民将在商业综

---

1 McLaren D, Agyeman J, 2015：24-26.

2 Nelson A, 2018.

3 知识共享韩国，2017.

4 张庭伟，于洋，2010；Németh J, Schmidt S, 2011；王一名，陈洁，2016.

5 Benn S I, Gaus G F, 1983；Kohn M, 2004；Carmona M, 2010.

6 王一名，陈洁，2016.

合体和购物街等“公共空间”开展聚会、休闲和社交等活动。如何在促进商业发展良好投资环境的同时，保证市民应有的公共生活的权益，成为当代中国城市空间建设面临的挑战。

共享使得空间使用权与拥有权之间的分离能够得到有序利用，使空间能以一种更加公平、高效的方式为社会所用。这也使得建筑学一直倡导的功能混合和多元开放等先进理念变为可能。

3）使用/使用者的冲击：信息化带来的去中心化组织结构

信息化、互联网和移动终端的高速发展，进一步加快了城市空间的权责转换。移动互联网使人们获取、解读和利用信息的能力大大提升。因而在空间的使用上，大大降低了不同形式空间的使用门槛，如共享办公WeWork按小时计费的“闪座”服务[1]、好处MeetBest[2]对城市闲置空间的利用。又由于各种社交媒体和信息工具的出现，人的行为和观点可以及时交互，并通过互联网扁平化的结构进行传播和叠加——如大众点评、小红书等平台对建筑景观空间的点评——从而促进拥有共同兴趣的网络社群的形成，并最终反映到实体空间的运营和使用，如上海一见图书馆[3]。这种空间的组织和合作平台也能形成如社区治理组织、社区基金会等自发组织，让空间的使用者同时成为建设城市空间的强大力量。上海创智农园就是以种植为落脚点，实现以“使用者”为本的共建、共享的社区空间[4]。

4）遗产保护的挑战：城市遗产保护与开发矛盾的迫切需求

传统的城镇保护实践把重点首要放在城市中的建筑纪念物上。但随着城市化进程的加快，越来越多的学者已经提出，遗产（heritage）是一个过程而非一个

---

1 共享办公 WeWork 于 2019 年在上海开始推出“闪座”服务，即通过 WeWork 的微信小程序，可直接扫码出入 WeWork 的公共区域，按小时计费、手机支付，无需签订办公租赁合同，可免费使用 Wi-Fi 和公共区域茶水。

2 好处 MeetBest 成立于 2016 年 3 月，将城市中的老宅、商业中心等闲置空间改造为优质的社交场所，客户可通过微信小程序选择预定空间，按小时收费。

3 一见图书馆位于上海南昌路，通过互联网在线社群的运营方式，成为 2800 人线上会员的线下读书、交流空间，突破物理空间的限制，是以互联网社群构建方式营造实体空间的案例。

4 于海，2019：185-202.

既定的、完成的状态[1]。遗产的意义会随着时间的不同而变化，对不同的人群来说也会不同[2]。传统对待建筑组群、历史风貌区的方法，将它们从整体中分离出来，不足以保护城市整体的特征和特质，也不足以抵御城市碎片化和传统社区的衰落[3]。城市遗产保护与城市开发建设的平衡亟需新的管理范式。

对上海而言，现代建筑遗产的历史保护是一个持续性地重建上海与上海、上海与中国、上海与世界关系的动态过程[4]。2003年，上海在《上海市城市规划管理技术规定（土地使用建筑管理）》中首次引入容积率奖励政策，2015年在《上海市城市更新实施方法》中提出针对历史建筑保护的开发权奖励的规定[5]。容积率转移（奖励）是城市所有权/使用权权责转换的重要城市政策，也是让渡共享的重要体现。共享将成为城市遗产保护的重要策略。

3. 共享对城市景观的意义

共享的城市景观，可以理解为既是一种状态，也是一种方法。

在共享经济中，产品（服务）单位时间内的使用频率是判断产品（服务）共享性高低的标准。以此类推，城市空间被使用的频率，也可以作为判断一个城市空间是否共享的依据。若按照杰米·纳米斯（Jeremy Németh）和史蒂芬·斯密特（Stephan Schmidt）对于城市空间公共性的理解，“使用、使用者”既是一个定量的概念，即有多少人来使用这个空间，以及他们会用多少种方式来使用这些空间，等等；同时也是一个定性的概念，也就是空间中使用活动和使用者的多样性：有哪些社会群体在使用这个城市空间[6]。因此，作者认为，如何判断城市景观是否成为一种共享的空间状态，即判断空间能否支撑在最多的时间段内，吸引最多的人群来进行最丰富的活动。

1　Taylor K, 2016.

2　Uzzell D, 2009.

3　罗·范·奥尔斯，等，2012.

4　Lu Y, Li Y, 2019.

5　根据《上海市城市更新实施办法》第十七条（四）：“按照城市更新区域评估的要求，为地区提供公共性设施或公共开放空间的，在原有地块建筑总量的基础上，可获得加管理，适当增加经营性建筑面积，鼓励节约集约用地。增加风貌保护对象的，可予建筑面积奖励。”（上海市人民政府，2015）

6　Németh J, Schmidt S, 2011.

但同时需要指出的是，共享的状态并非要求每一个单独的空间达到对所有人或所有事物的包容，而是可以通过一个系统内不同空间之间的共享，来达到城市空间对使用者提供最大的享用，这也是“共享”作为组织城市空间的方法的体现。

关于这点，我们仍然可以通过城市空间的公共性研究获得启示。不少学者认为公共可达的空间应具有普遍的包容性，并鼓励尽可能多的使用者之间的交流[1]；也有学者声称理想的城市空间应具有某些抽象的特征，例如多样性、灵活性、渗透性或者真实性[2]，其中也包括对计划外的、即兴发生的活动的包容性[3]。虽然我们认为，一个好的城市空间应该具有包含以上的品质和服务的功能，但不应期望任何一个空间始终满足所有用户的所有需求[4]。因此，作为共享的城市景观，更重要的是考虑在密集的城市环境中，单个空间的角色相对于更大的空间网络所起的作用[5]。而这也正是共享作为城市空间组织方法的体现。

二、滨水工业遗产：从生产空间到城市景观

工业遗产与其他文化遗产不同，它是社会大生产中重要的生产资料，同时也凝聚了社会的生产关系[6]。工业遗存能成为遗产，或许是因为极高的历史价值、建筑价值、工艺价值等而具备的保护意义，又或许是因为土地政策的无奈（推倒后无法回到原有容积率、土地转性成本高等），以及被刻意网红化、主题化从而成为城市再开发项目的更新意义。上海在世纪之交“退二进三”的经济转型中，曾出台“都市产业园”政策以将闲置下来的工业厂房赋予新的用途[7]。无论如何，其共同特点在于验证已经终止工业时代旧的生产功能的生产空间，在新的社会业态下仍然具有生产能力。只是这种生产不再是工业产品的生产，更多的是

1 Kohn M, 2004；Németh J, Schmidt S 2007；Young I M, 2002.

2 Ellin N, 2006；Fernando N,2006.

3 Hood W, 1997.

4 Németh J, Schmidt S, 2011.

5 Mitchell D, 1995；Whyte W H, 1980.

6 王辉，2018.

7 上海产业转型发展研究院，2021.

逐渐转化为具有消费和体验的城市景观空间。

纽约高线公园（High Line Park）毫无疑问是近年来最负盛名由工业废墟转变为城市景观的项目。高线的前身是一条穿越曼哈顿下西区肉类加工厂的废弃高架铁路。在面临拆除之际，由当地居民成立非营利组织“高线之友”，募集资金，举办国际设计竞赛，最终推动这条废弃的高架铁路改建为景观公园。

值得注意的是，高线是以景观为导向而非传统城市形态的方式进行设计的。高线之友聘请摄影师连续一年365天拍摄废弃铁路的荒野之美，发布系列照片后，获得了纽约居民前所未有的关注。然后，通过国际设计竞赛获得新的城市景观意象，并以此为基础推动规划区划调整，引入更多的建筑创作和城市艺术，从而促进城市街区的复兴。

这给予我们的启示在于，城市中的工业废弃地可以通过创造一个景观的预期来获得重生，并真正成为城市景观。这种预期并非设计师的凭空捏造，而是场所精神的延续与再创造。

自20世纪50年代西方滨水工业区因产业转移等原因纷纷衰落后，滨水工业遗迹成为“怀旧”的审美对象。从20世纪60年代起，通过景观设计手法，运用科学和艺术综合手段，以达到工业废弃地环境更新、生态恢复、文化重建、经济发展目的的滨水景观，开始大量出现。被废弃的工业遗址，成为城市中最后一块可以建造城市公园的土地[1]。滨水这一独特的空间特征所赋予的历史、文化、体验差异，也使得滨水工业遗产成为最能反映空间生产转换过程的区域。

1. 作为工业生产空间的滨水工业区

滨水工业区起源于城市贸易的发展。近代工业的发展离不开三个基本条件，即便利的交通、丰富的水源与足够的能源。滨水区可以同时满足三个基本条件，也因此，滨水区的城市空间也随着工业生产的需求而被生产。

1 尼尔·科克伍德，2007.

1）生产力推动城市肌理的生成

以美国最早的纺织城洛厄尔（Lowell）[1]为例。洛厄尔在19世纪50年代曾拥有美国规模最大、最完整的棉纺工业产业链，而这一切得益于19世纪运河建设的技术创新背景。洛厄尔的运河系统从1821年起稳步发展，至1847年形成长约6英里（约9.6公里）、可以为10个磨坊提供动力、容纳10 000余名工人工作的双层运河系统[2]（图2-4）。可以说，洛厄尔的城市格局完全依托于制造业发展的需求，也被认为是美国历史上第一个为制造业规划的城市[3]。由运河、动力设施和工业建筑共同构成的工业生产格局，既反映了工业社会的生产演变，也成为工业衰落后城市工业历史景观的重要构成。

工业生产的社会关系同样反映在城市地理格局上。18世纪下半叶工业革命在西方发达国家开始后，便利的航运推动了滨水城市的发展。当用地紧缺时，河

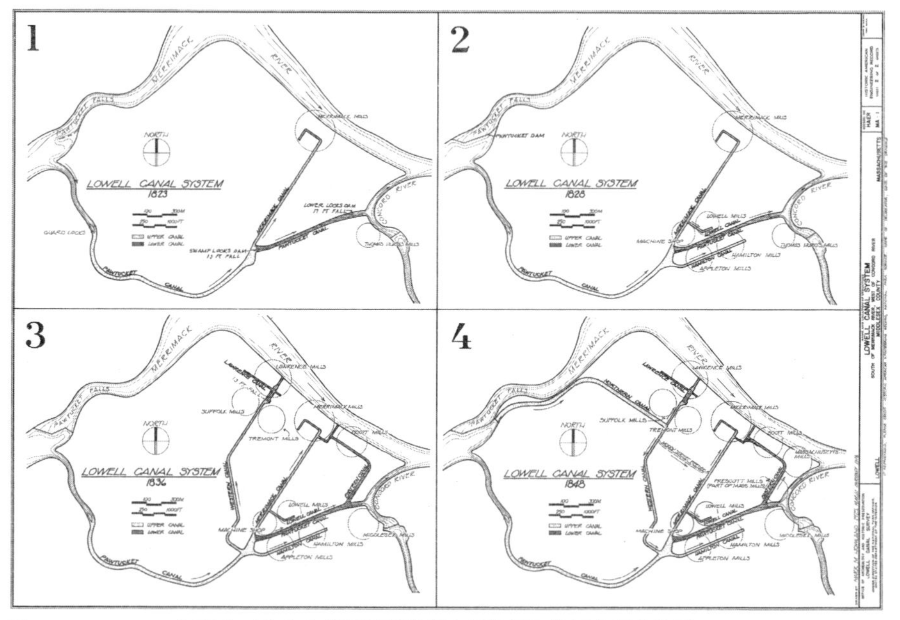

图2-4　1823—1848年配合工业生产的运河建设奠定了洛厄尔的城市形态格局
资料来源：美国国会图书馆官网https://www.loc.gov/pictures/item/ma0543.sheet.00001a/

1　洛厄尔（Lowell）位于美国马萨诸塞州东北部，以美国工业革命的发源地而著称。

2　Dublin T, 1992.

3　张琪，2017.

流对岸的旷地成为工业发展的理想用地，城市的跨河发展成为可能，纽约、鹿特丹、哥本哈根都是在这一时期形成跨河的城市形态[1]。上海的跨江发展也顺应这一规律。

由航运、铁路带动制造业的工业生产环节也逐渐影响到城市内陆的形态发展。航运装卸功能的码头、连接原产地和码头之间的陆运交通线，以及沿交通线发展的制造业街坊和工人居住街坊，共同构成水岸向腹地延伸的城市肌理。上海杨浦滨江杨树浦路南北两侧的城市肌理，正符合这种“三明治”式的空间结构。

2）生产技术塑造新的建筑类型

工业生产的工艺需求也决定着滨水工业区的建筑空间特征。上海苏州河畔的仓储建筑，以实墙高窗为主，便于货物的保存。黄浦江畔北票码头（龙美术馆西岸馆旧址）的煤料斗卸载桥、老白渡码头（艺仓美术馆旧址）的煤仓仓体及运煤廊架，都是工业时代水陆运输关系的见证。更不要提如筒仓、船坞、纺织厂基座中的水动力磨坊、啤酒厂的传送带等顺应特殊生产要求的工业建筑。这种建筑特征反过来也塑造滨水地区经典的城市街巷关系，人们得以在空间中看到社会活动的开展。

3）资本更替推动空间秩序的迭代

商业资本的更替也影响着滨水工业区的空间秩序。在近代上海，工业空间较为集中的虹口—杨树浦区域、曹家渡、浦东陆家嘴等地区都毗邻黄浦江或苏州河。价廉而稳定的航运成为兴办工业的基础，码头成为城市扩展空间的先行者。上海开埠后呈“新月形”展开的码头空间序列是社会政治和经济运作的结果，尤其是进出口贸易量和经济实力成为支配空间秩序的首要因素[2]。滨水区地价级差的出现，使得滨水区域的生产功能属性也逐渐向城市腹地进一步转移。苏州河畔从河口到长寿路以西，就呈现出银行金融业的办公储物仓库到民族资本工业的生产空间的变化。

---

1 杨春侠，2006.

2 张鹏，2008：110.

可以说，空间的地理特征影响了工业发展的方向，同时又反作用于城市空间的进一步生成。

2. 作为城市景观的滨水工业遗产

1998年和2001年在哈佛大学设计学院举办的2次会展，提出了“生产场地”（Manufactured Sites）的概念，目的是就后工业时代工业遗产的景观实践，树立更高的当代视野[1]。詹姆斯·科纳（James Corner）和航空摄影师亚历克斯·麦克莱恩(Alex S. MacLean)合作，从高空捕捉工业化和城市蔓延的大尺度景观，试图通过景观媒介诠释城市环境中包含生态功能和人类活动的复杂系统[2]。艾伦·伯格（Alan Berger）就北美都市在逆工业化进程中出现的大量废弃和污染场地（Westing Land），及其背后的对景观和城市的挑战提出“废弃景观”（Drosscape）概念[3]，进一步将工业废景的设计对象转变为更大范围的城市设计（图2-5）。

图2-5　当代美国景观建筑学对后工业化和都市蔓延下的城市景观思考

1）高炉废铁的美学价值观诞生

工业遗产能够成为城市景观的前提来自人们对废墟美学的重新认识。这里的核心是“一个丑陋的东西如何成为美的问题”，即对美和文物概念的颠覆[4]。而高炉废铁的美学价值观的树立，与西方园林传统的废墟美学和20世纪60年代兴起的大地艺术密切相关。

1　Kirkwood N G, 2003.

2　Corner J, Maclean A S, 1996.

3　Berger A, 2006.

4　孙蓉蓉，孔祥伟，俞孔坚，2007.

工业遗迹作为城市景观的视觉审美对象，经历了一些微妙的变化。19世纪下半叶开始，随着工业化的高速发展，欧美各大城市的环境开始极度恶化。城市文艺复兴时期高雅和文明的形象被彻底破坏，成为丑陋和恐怖的代言，而荒野和田园成为逃避的场所。这才有了以奥姆斯特德（Frederick Law Olmsted）为代表的景观设计师（Landscape Architect）[1]和景观设计学的出现，以及以纽约中央公园、波士顿翡翠项链（Boston Emerald Necklace）为代表的最早的城市景观系统在北美的发展[2]。浪漫如诗画的美学思想，对田园牧歌情调的追求，主导了19世纪末城市公园的景观设计趋势（图2-6）。在这一时期，城市景观是对工业城市的反抗[3]。风景园林师的诞生被认为是一种应对快速城市化所带来的社会和环境问题而产生的结果[4]。

图2-6 纽约中央公园,在城市中营造
资料来源：自摄于2013年1月

1 景观设计师，国内也称“风景园林师”，在美国最早有记录对这一专业名称的使用证据出现在1860年7月奥姆斯特德与他父亲的信件中，其中提到1860年4月“纽约岛上城区规划委员”（Commissioners for Laying Out the Upper Part of New York Island）任命奥姆斯特德为“景观设计师”。因此，查尔斯·瓦尔德海姆（Charles Waldheim）认为美国的景观设计师这一职业的第一份工作不是设计花园或游乐场，而是曼哈顿北部的规划，也就是说景观设计师是作为专门设计城市形态的职业而存在的。（查尔斯·瓦尔德海姆，2019）

2 波士顿翡翠项链，包括波士顿公共公园（Boston Common）、公共花园（Public Garden）、联邦大道（Commonwealth Avenue）、后湾公园（Back Bay Fens）、富兰克林公园（Franklin Park）等九个公园或开放绿地，占地1100英亩（约445公顷），由奥姆斯特德规划设计将其串联起来成为城市公园体系。奥姆斯特德对波士顿富兰克林公园（波士顿翡翠项链最后一个公园）的设计中明确表明，公园的设计意图即是为了对抗城市不断恶化的健康环境。

3 俞孔坚，2002.

4 查尔斯·瓦尔德海姆，2019.

随着后工业时代到来，传统制造业的衰落和外迁，城市中留下大量工业废弃地：闲置的运河、铁轨、码头、破败的厂房、沟渠以及有毒的土壤和地下水等，这些被称为“后工业景观疤痕”（Post-Industrial Landscape Scars）[1]。需要指出的是，在西方美学史中，废墟景观（ruins）与“如画”概念的风景园（Landscape garden）几乎同时在18世纪的英国兴起[2]。人们对废墟的营建不是时髦的形式模仿，而是在基于对历史的理解中，在自然状态下时间感的呈现。

在探索对工业废弃地的美学思考和景观价值取向中，以理查德·哈格（Richard Haag）和罗伯特·史密森（Robert Smithson）为代表的景观设计师和大地艺术家率先打破传统的美学思想。通过对特殊场所的特殊社会价值、生态价值的理解和诠释，确定了工业废墟的美学价值。

在西雅图煤气厂公园的设计中，煤气罐、管道等工业废墟以一种“丑陋”的姿态入侵景观，这种精心设置的对比与冲击却出乎意料地激发了后工业时代特有的都市生活体验（图2-7）。充满戏剧性的场地和历史建筑的结合，加上公园开创性的设计，使煤气厂公园在1975年开放之初，便受到了举世瞩目的认同。在煤气厂公园开放40年后的今天，工业构筑物的保留并与公园景观相结合已然成为后工业景观公园的通用设计手法。其将工业废墟保留并融为城市滨水公园的手法，成为后工业景观设计（post-industrial landscape）的先驱，极大地影响了后世如彼得·拉茨(Peter Latz)在德国北杜伊斯堡公园（Landschaftspark Duisburg-Nord）的实践，成为奠定工业废墟美学的跨时代作品。

图2-7 西雅图煤气厂公园
资料来源：朱怡晨，李振宇，2017b

1 Storm A, 2014.
2 李溪，2017.

诞生于20世纪60年代的大地艺术（Land Art），以一种批判现代都市生活和工业文明的姿态，以大地作为艺术创作对象，关注自然因素、时间因素对艺术创作的重要性，极大地丰富了风景园林的形式语言[1]。许多大地艺术家对工业废弃地特别关注，怀着壮烈的责任感对生态问题进行批判。大地艺术家用基本几何形作为形式语言，在小心营造的荒野自然中形成强烈对比的手法，为景观设计师介入工业废弃地的处理，提供良好的借鉴。破败的土地、废弃的工业设备和艺术家的作品交融在一起，形成荒野的、浪漫的、震撼的景观。

美国景观设计师哈格里夫斯（George Hargreaves）代表作拜斯比公园（Byxbee Park），就被认为是大地艺术思想和手法在工业废弃地改造为景观公园的重要体现。在覆土层很薄的垃圾山上，大片野草塑造绵延的小山丘，而直立在大地之上的电线杆场所形成的斜平面与起伏的山丘曲面形成强烈的场所感，引发对场地历史的无限遐想。而他在旧金山克里西·菲尔德公园（Crissy Field）的设计中，将旧金山金门大桥下军用机场废弃地改造成公园。通过地形塑造恢复旧金山海湾湿地、沙丘和海滩自然景观的同时，将飞机库的适应性再利用、大地艺术雕塑相结合，重新引入工业遗址的文化历史特征，从而形成面向海湾、浪漫与荒野并存的城市景观（图2-8）。

图2-8 哈格里夫斯代表作旧金山克里西·菲尔德公园
资料来源：自摄于2014年6月

1 张红卫，蔡如，2003；王向荣，任京燕，2003；贺旺，2004.

2）城市生态思想的觉醒

环境生态承载力是城市滨水景观的基础，是滨水景观吸引力和生命力的根本[1]。20世纪60年代起，生态思想逐渐成为西方社会思潮的主导方向之一。1962年美国海洋生物学家雷切尔·卡森（Rachel Carson）发表著作《寂静的春天》（*Silent Spring*），标志着人类环境意识的觉醒，成为促使环境保护事业在美国和全世界迅速发展的导火索[2]。1972年罗马俱乐部发表《增长的极限》（*The Limits of Growth*），用对地球和人类系统的互动作用进行仿真，指出地球资源是有限的，因此无可避免地会有一个自然的极限[3]。同年6月，在瑞典斯德哥尔摩举办的联合国人类环境会议，是世界各国政府探讨全球环境战略的第一次国际会议。会议通过的全球性保护环境的《人类环境宣言》[4]，是全球环境保护发展的重要里程碑。

1969年景观设计师伊恩·麦克哈格（Ian McHarg）跨时代著作《设计结合自然》（*Design with Nature*）的发表，将有机生态的科学模式赋予景观设计学科，标志着景观规划学科承担起后工业时代人类整体生态环境规划设计的重任，使景观设计师成为当时正处于萌芽状态的环境运动的主导力量[5]。景观生态学的研究开始迅速发展。

在工业遗存是否应该保留这个问题被提上议程之前，20世纪60年代的公众们更关心的议题是工业废弃地是否应该转化为开放都市公园。一方面，市民对工业废弃地的抗拒来源于对工业制造构筑物巨型尺度的惧意，另一方面，工业遗迹的环境污染和生态安全令市民十分不安。

生态修复是工业遗存更新的前提，只有当地下的污染被妥善地处理，地上的工业建筑遗存才能被更充分地再利用。而生态修复的方式，又往往是场地设计形式语言的来源。在北杜伊斯堡公园，除了重新利用的建筑与区域，大量受污染严重的区域仍然不让游客进入。彼得·拉茨营造出一种“沙漠中的绿洲”氛围，让

1　刘滨谊，2007.

2　Carson R，2002.

3　Meadows D H, Club of Rome, 1972.

4　United Nations Environment Program, 1972.

5　McHarg I L, 1992.

游客可以从旁边经过，也可以从空中步道中俯瞰[1]。他用生态的手段处理废弃的厂区，植被尽量保留，荒草任其生长，将钢铁工业巨构与生态绿地交织，新旧系统交错形成一个不断生长的、新的景观。

可见，生态意识的觉醒，既是工业遗产能否被安全、健康利用的前提，也是更新改造中设计灵感的源泉。

3）城市生活形态的变迁

“LOFT”原指建筑中的阁楼。现在通常引申为由废旧厂房改造而来的艺术家工作室，最初发源于纽约苏荷区（SOHO）。随着城市发展和生产功能的转移，城市中心留下了许多工业时期遗留的砖石或铸铁结构的大跨厂房、仓库，这种建筑风格奠定了此后阁楼生活空间的格局。由于工业建筑一般高大宽敞，既适用于现代艺术创作，又可以将局部空间加盖夹层形成生活空间，且租金低廉，20世纪70年代以后，纽约和世界各地的移民和艺术家们逐渐入驻SOHO。这里很快成为艺术家们进行现代艺术创作的工作室、画廊、设计商店，建立起充满艺术氛围的城市生态系统。

在建筑界，LOFT或者SOHO代表着一种以艺术家团体为起点，通过“非法”的占领，兴起的一场对旧工业建筑改造再利用，并通过文化产业带动街区复兴的运动。在上海，以1998年台湾建筑师登琨艳在苏州河畔新闸路仓库（即南苏州河路1305号）的改造为开端，由此形成苏州河艺术聚集区。在北京，则以“798”艺术园区为代表。SOHO带来的不仅仅是一种建筑保护运动，同时也是世界各地将衰落的工业街坊作为文化街区、创意经济、创意产业带扶持的样本依据。

然而，从20世纪70年代至今，SOHO不仅仅是建筑风格的引领，更象征着大都市向后现代城市过渡中，建立在文化和符号上的经济、商业和科技的崛起与转变。纽约城市社会学者沙朗·佐金（Sharon Zukin）通过对SOHO地区三十余年的研究指出，SOHO地区经历了从艺术创作社区，到绅士化后成为服务地方精英的城市文化象征。其间，出现了由于后工业城市发展文化和创意经济的场景塑

1　郑晓笛，2011.

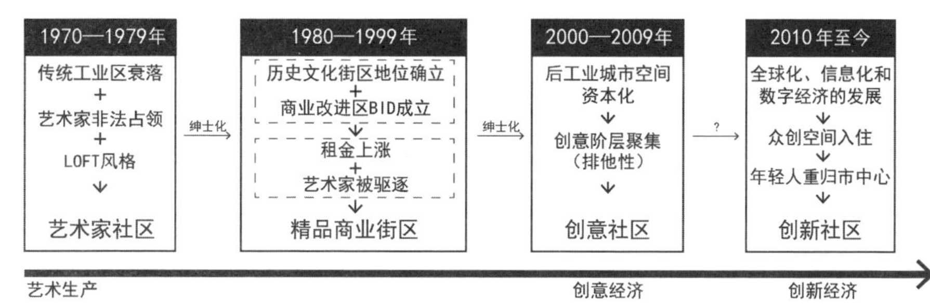

图2-9 以SOHO为代表的城市中心工业街坊从“艺术生产模式”向“创业创新”路径的转变资料来源：作者根据佐金2017年11月在上海半层书店分享会演讲内容整理绘制

造，而造成的城市空间排他性[1]。直至21世纪头十年，创新经济和创新社区“硅巷”（Silicon Alley）的出现，让很多因为绅士化进程受到排挤的青年，与以共享办公WeWork为代表的众创空间，重新回归已被绅士化、高端化的城市街区（图2-9）。如今，城市中的小型工厂、仓库等原工业空间已经开始成为城市科技景观TAMI[2]的聚集地[3]。这种变化不仅仅发生在纽约，也开始向全球各大城市扩展。

三、滨水工业遗产作为城市景观的演进[4]

本节从景观体验的角度，以景观认知方式的改变为线索，提出滨水工业遗产作为城市景观的演进有三个阶段：布景、在场、共享。

1. 滨水工业遗产的空间独特性

滨水工业遗产与其他工业遗产的最大差异，体现在滨水空间这一空间特性带来的景观体验差异。相较一般的工业遗产，滨水工业遗产具有独特的空间区位：工业构筑物往往沿水岸呈线性展开、工业遗存与城市腹地常常被陆地交通线（高速、铁轨）隔断、水体作为天然距离加深了工业遗存作为景观观赏的纵深感。

1 Zukin S, 2009.

2 TAMI 为科技（Technology）、广告（Advertising）、媒体（Media）、信息（Information）的缩写。

3 Zukin S, 2019.

4 本节部分内容已发表于《中国园林》2021 年第 8 期。（朱怡晨，李振宇，2021）

彭一刚先生在《中国古典园林分析》中曾对“观景”和“景观”二词进行辨析：观景具有从某一点向别处看的意思，景观则指作为对象而从各个方面来观赏[1]。简而言之，就是“看”与“被看”。虽然滨水工业遗产的空间格局，本是根据工业时代的生产需求塑造而成，并非基于传统园林的景观体验。但工业时代高大简洁的建筑形象、滨水的空间区位，却恰好使其成为难得的同时具备“看”与“被看”特征的城市景观[2]。

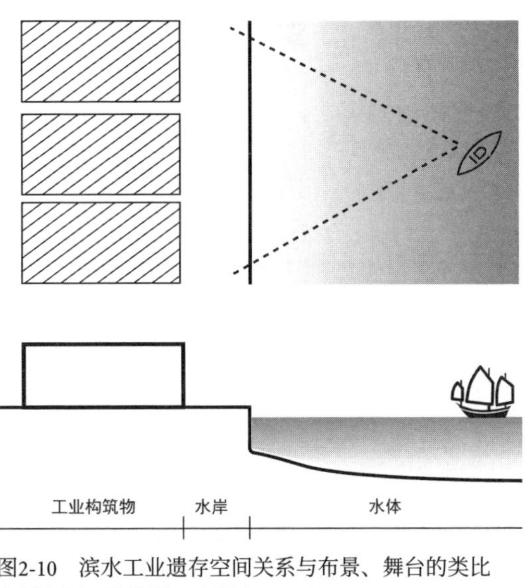

图2-10　滨水工业遗存空间关系与布景、舞台的类比
资料来源：朱怡晨，李振宇，2021

如果将滨水工业遗产的观景与舞台进行类比，水岸上遗存的工业构筑物与滨水岸线码头、水体，恰恰构成了布景、舞台和观席的关系（图2-10）。工业时代的文学和画作中，不乏文人、画家将乘船看到的滨水码头景观作为对城市的第一印象（图2-11）。可见，自工业时代起，滨水的工业构筑物就是认知城市的重要标志物，是城市景观的重要表达。

2. 布景：如画式的工业废景

1975年正式对外开放的西雅图煤气厂公园，六座伫立于水泥基座的高塔置于湖边开敞的草坡之中，是公园完美的构图中心。然而遗存的高塔与整个场地组

1　彭先生指出古典园林中绝大部分的风景点都兼顾景观和观景两方面的要求，不同的是西方古典园林从构图形式上就可看出必然性，而中国古典园林的对景关系则更加偶然。（彭一刚，1986：17）

2　并非所有的工业遗产都具备“看”与“被看”的特征。例如，处在城市中心、与居住区犬牙交错的工业街坊，如上海田子坊，往往在城市街道侧仅设有一至两处出入口，且老城区街道狭窄，没有足够的进深使工业遗产的全貌得以“被看”。也仅仅因为滨水工业遗产特有的“滨水”特征，使其既可以成为“看”水或观景的空间，又能够成为从水上或对岸“被看”的景观。

图2-11 纽约布鲁克林帝国仓库远景
资料来源：Joseph Hall摄于1880年，引自布鲁克林历史学会（V1991.90.9.1），https://empirestoresdumbo.com/about/

织的关联度并不大，工业遗存仅仅是场景中的某种雕塑体[1]。设计师对于整个场景的构建，正是基于他在深秋夜晚第一次乘船远眺场地时，三面环湖中的巨大剪影在他脑海中留下的深刻图景："当我第一次来到场地时，我一直试图去思考，场地内最重要的究竟是什么？……我认定这些在我身后的庞然大物，是整个场地最为神圣、最有标志性的特征，而我需要将其保留。"[2]废墟得以如画的关键，在于限定的观赏方式。根据浪漫主义美学，理想的废墟应该"保存得足够好"，同时保留适量的、如画的残缺，以激起观赏者的情绪[3]。景观是通过个人的"凝视"（gaze），对流动的自然的"主动撷取"，这种撷取行为就是"如画"的实现手段，即在限定的观看方式中，营造与自然及其相识的园林景致[4]。《园冶》有云：巧于因借。"借"便是对景观的撷取。可见景观和观看方式的预先限定是难以分开的。

不少滨水工业遗产正是在风景园林师、建筑师的介入下，以"布景式"的设计、静态且带有一定距离的观赏方式，在城市景观的塑造中占有一席之地，如伦敦泰特美术馆、纽约多米诺糖厂、上海浦东八万吨筒仓等。布景，是对工业废墟崇高感的呈现。

1 朱育帆，2007
2 Way T，2015.
3 Roth M，1997.
4 边思敏，朱育帆，2019.

科纳认为，风景园林作为现代学科，起源于一种依据预先的图像（Prior Imaging）来重塑地形的冲动。景观塑造图像对于构造景观十分重要，但这种出于视觉优先、布景化的景观大大限制了景观生动的创造力。他批判布景式的景观要求人们在观赏景观的同时，保持一种安全的距离。这种距离使得观赏者陶醉于精心修饰、梦一般理想且无罪的布景，“从视觉出发的冲动否定了更深层面的存在、关系和创造”[1]。科纳的批判固然是建立在对“布景”概念的狭义定义之上的。但“布景式”的设计、静态的且带有一定距离的观赏方式，在滨水工业遗产作为城市景观的塑造中，始终占有一席之地。

3. 在场：参与式的景观体验

20世纪60年代，视觉和表演艺术逐渐将观众从“观看者”解放为活跃的“参与者”。受此启发，劳伦斯·哈普林（Lawrence Halprin）构建了“RSVP循环体系”[2]，将社会、政治和参与性的视角纳入设计景观设计之中。他强调设计的过程，以及设计过程中使用者的参与，并提出过程与结果相互纠缠，是一个开放的循环系统，而并非仅仅是设计师实现“预想图景”的单向输出[3]。

1964年对外开放的旧金山基拉德里广场（Ghirardelli Square），在哈普林的主持设计下，由一座废弃的巧克力工厂转变为备受欢迎、生气勃勃的餐饮、零售综合体。哈普林将建筑物的再利用称为“回收利用”（recycling），并将其构想为“活动的蜂巢”。他保留有红砖厂房、哥特式钟楼等建筑要素，并结合丘陵地形设计台阶剧场、坡道、楼梯等连接餐厅、商店和观景平台，与城市家具、小品、喷泉等一道构建了活跃的室外空间。对哈普林而言，基拉德里广场不仅仅是具有城市地标性、“被看”的历史遗迹，更应该是市民参与其中的、活跃的、产生“在场”体验的城市空间。

从景观体验的角度而言，“在场”将景观体验方式从静态的、被观赏的景观，变为动态、随参与者主观意志主导的、激发观赏者沉浸思绪的观景。“体验

1 Corner J, 1999.

2 哈普林认为人类环境的创造过程是四个要素的循环过程：资源（Resource）、记谱（Score）、评价（Valuation）和执行（Performance）。

3 Hirsch A, 2011.

式景观并非固定部分连接而成的集合，而是先后经历体验的不断变化的空间总和”[1]。

新加坡克拉码头的两轮更新历程反映了从“布景”式呈现到“在场”式体验的转变。1989年新加坡市区重建局（Urban Redevelopment Authority，简称URA）对克拉码头的更新，虽然改造策略是源于基拉德里广场的节日市场模式。但在工业遗迹的空间呈现上，19世纪以来建成的仓库更多只是作为文化展示的布景。2006年，开发商凯德置地重启克拉码头的再开发。英国事务所奥斯普（Alsop）用巨大罩棚庇护历史仓库和店铺，街道成为“室内”广场，沿街展开的仓库店铺成为各种活动的载体。改造后的克拉码头更受本地居民和侨民的欢迎。

而在费城海军码头，象征着传统制造业生产的大跨度造船厂房，转变为服装展示、开放式办公和设计工作室，成为当代时尚文化的孵化器。厂房外的船坞，则利用沥青、红砖、锈铁等历史碎屑翻新，重塑工业景观空间。园区内工作的设计师及访客，无不感受到这种工业历史氛围与现代企业文化的碰撞（图2-12）。

可以发现，此时滨水工业遗产更新的首要动机，由怀旧的形象变为可以带来交换价值的场所。相较于布景式的呈现，在场的景观体验更偏重对特定人群在滨水工业遗产空间内部的体验。

图2-12　费城海军码头内外景
资料来源：自摄于2019年6月

1　Thwaites K, Simkins I, 2007.

4. 共享：信息碎片化时代的即时分享

1）线上共享对空间认知方式的颠覆

媒体的传播方式从传统的编辑部模式（纸媒或早期的门户网站）到搜索引擎模式，进化到如今的社交网络模式，个人内容的传播力量越来越强大。传媒方式的改变，意味着人们获取空间信息（无论是历史的、内容的还是地理定位）的方式发生巨大变化。今天社会对景观的诉求，不再是粗鄙的符号化表述，而是进入了更有品质的图像时代——从观看的初级，进化到介入、分享并再次传播的高级阶段[1]。鲁安东对“棉仓”引发的建筑内部性讨论中论述：虚拟空间中发生的展示及它所诱发的大众参与和互动，反过来成为对物质空间的导览和索引。诱发空间体验的，是虚拟空间中的交流与互动[2]。

2）线下共享对城市空间的重构与转型

（1）外立面弱化，内部空间和第五立面成为传播主体

一方面，虚拟空间和内部打卡场景的制造替代外立面，成为诱发空间体验的原驱动；另一方面，手机导航、遗产信息的在线获取，使得原建筑的外立面形象也不必再与空间实际的功能匹配。滨水工业遗产更新的实践，开始出现弱化立面形象的趋势。

在常州“棉仓城市客厅”的改造中，体验者关注的是建筑内部的、可以在网络分享的场景。建筑的外立面仅仅是将入口的大天井悬挑突出，再无其他的呈现。在天津运河创想中心的设计中，无人机视角下的第五立面成为工业历史记忆呈现的载体，也成为项目对外宣传的主打图像。原有立面反而得以保留工业时代的原始痕迹，不需再投入更多的改动。

（2）空间叙事的扁平化、串联化，线性空间的延展成为可能

人们的生活节奏正在加快，大量碎片化的信息使得人们的注意力大幅缩短。因而在空间认知上，扁平化、串联式等无需复杂思考的空间组织方式，将最容易

---

1 王辉，2019.

2 鲁安东，2018.

得到接受。因此，具有明确起始点、导向清晰的线性空间，成为空间组织方式的最佳选择。

在艺仓美术馆的设计中，折返的坡道、天桥以及残留的运煤廊架，共同构建成了老煤仓与黄浦江之间的穿行路径。无论访客是否进入观展，都可穿越美术馆，或看到玻璃后面若隐若现的煤仓遗迹，或欣赏北侧黄浦江的壮丽景象。杨浦滨江的“绿之丘”通过对原烟草仓库体量的切削，在外形上看是层层退台“梯田”式的层叠，但游览方式却是一条极其清晰的线性路径：一条连续的由台阶坡道构成的漫游回路系统。在这条线路上，每一处拐弯、每一个角度，都是设计师精心设计过的取景，也是社交媒介中最易获得“点赞”的经典视角。

（3）边界模糊，引入日常叙事

在滨水工业遗产的空间塑造上，一方面为了形成环环相扣的沉浸式体验，设计师对空间的叙事设计要有更强的把握，节点设计变得更加复合化、跨界化和精致化。另一方面，城市空间的活力不能仅仅停留在“打卡”“网红”带来的热搜上。通过滨水工业遗存与公众日常性活动的结合，以更加开放积极的姿态融入城市生活，才能增强居民的归属感、认同感。

因此，弥漫性的、走街串巷般的日常体验，成为营造水岸空间复合日常功能关联系统的方式[1]。在上海杨浦滨江景观实践中，即通过模糊“功能性交通空间与日常性休憩空间的边界”，使原初单纯满足交通功能的水岸码头以开放积极的姿态融入城市生活（图2-13）。具体而言，在功能空间上，复合商业、休憩、游览、观光等开放空间；在流线上，制造多层面的入口、模糊的边界和趣味性的剖面。

纽约高线公园长2.33公里，沿途穿越22个街区，共有11处上下出口供人在公园开放时段随意进出。高线公园融合了公园和街道的特性，除了吸引慕名而来的游客，更是融入本地居民的日常生活之中（图2-14）。尤其在哈德逊城市广场（Hudson Yards）核心的巨型观景构筑VESSEL火遍全网引发无数争议之后，高线公园通过拥抱日常性的活动，使文化、城市、景观体验从“偶发逐步变为常态”的方式，更显珍贵。美国社会思想家乔尔·科特金（Joel Kotkin）曾说，“在数

1　章明，孙嘉龙，2017.

图2-13　杨浦滨江的日常体验
资料来源：自摄于2017年11月

图2-14　高线公园从城市街区中穿越
资料来源：自摄于2012年8月

字化时代，那些最古老的原则——社区意识、认同感、共同的历史和信仰——不仅依然重要，而且越来越成为决定成败的、至关重要的因素”[1]。

5. 从专享到共享：滨水工业遗产作为城市景观的发展趋势

从城市认知的角度，滨水工业遗产的滨水界面和巨大的体量，恰与凯文·林奇城市意象五要素中的边界与标志物对应。滨水工业遗产的空间营造，虽然与园林景观的塑造本无太大关联，却因为其独特的区位，在建成之时就已然成为城市意象的重要组成。而工业用途丧失之后，工业废墟的美学属性开始显现。滨水工业遗产成为不可或缺的城市景观。

从景观体验的角度，可以发现滨水工业遗产作为城市景观的演化经过了三个阶段：布景—在场—共享。滨水区域与工业相关的建筑物和构筑物，从工业时代起便是城市形象的重要组成。进入后工业时代，滨水工业废墟开始成为“如画”审美对象，是静态的、需要一定距离观赏的布景。而随着20世纪60年代工业遗产进入被回收、“再利用”的阶段，面向特定人群的、功能性的、参与式的“在场”成为滨水工业遗产新的体验方式。布景与在场，既对应静观与动观，也对应着景观与观景，是过去滨水工业遗产作为城市景观的两种重要表达方式。

信息技术的变革，城市进入共享时代。互联网移动终端的发展，使共享经济带动下的交往模式发生改变。进入数字时代，个性化、小规模定制的普及，为城市空间的分布建立了一种新的次序[2]。作为城市景观的滨水工业遗产出现新的体验方式：面向全民的、虚实交互的即时分享。这种体验方式源于空间认知方式的改变，并对空间组织方式和空间形式的塑造产生直接影响（表2-2）。

四、案例研究：共享作为滨水工业废弃地更新的策略

本节以纽约布鲁克林海军码头（Brooklyn Navy Yard）更新为例，探讨与城市长期割裂的滨水工业废弃地，如何通过规划策略和建筑形式成为共享的城市景观。

1　乔尔·科特金，2010：214.

2　丁峻峰，2016.

表2-2 三种体验方式的典型特征

图形示意			
体验方式	布景	在场	共享
空间特征	静态；单向输出；二维；距离感	动态；人与场地的交互感知；三维；场所精神	四维即时交互；算法化；扁平化
价值转换	废墟审美的怀旧对象	都市滨水区稀缺场所的交换价值	自我表达价值

资料来源：朱怡晨，李振宇，2021

之所以选择纽约的案例，是因为从经济体量和城市战略来看，纽约是上海最为接近的对标城市。它在过去50年的城市更新历程，是上海进入存量更新后的重要参考。

1. 后工业时代的产业转型探索

布鲁克林造船厂，也称为纽约海军造船厂，位于纽约市布鲁克林东河东岸，曼哈顿东南方的半圆形弯道上。这片水岸最早是商船的建造地，1801年被美国联邦政府收购并加以扩建，1806年成为海军造船厂。其中，1944年建造完成的密苏里号，在一年之后成为日军投降签字仪式的举办战舰，见证了第二次世界大战的结束。

第二次世界大战后，随着军工业需求的降低和新能源的兴起，海军码头迅速走向衰落。1964年11月19日，布鲁克林海军码头宣告关闭，在1969年由纽约市接管。当局曾试图寻求汽车企业入驻，然而国内外汽车制造商或兴趣乏缺，或对厂区改造成本望而却步。码头被一家商用造船厂租用，运营颇为艰难，未能避免布鲁克林造船史在1979年的彻底终结。到1987年，将6座船坞和码头内任意一座建筑租赁出去的尝试，全部宣告失败[1]。

---

1 Clark C M, 2012.

布鲁克林造船厂在1996年由非营利机构BNYDC（Brooklyn Navy Yard Development Corporation）接管。借助其毗邻曼哈顿的区位优势，BNYDC采取全新的运营方式，从迎合大型制造商、仓储行业，转向吸引轻工业和中小新型企业入驻。配合城市财政对基础设施的持续投资、灵活的工业用地政策、可持续发展的园区更新理念，使布鲁克林海军码头从此迎来新的契机[1]。

2. 以智能制造业带动工业建筑改造

建于1901年的128号楼，原是海军码头的造船车间。2016年改造后，成为绿色研究中心和制造中心的创新实验室。在宏伟的原造船空间中，将研发、设计、制造、品牌推广汇聚在一起。二层夹层设置的公共会议室和共享空间，也都在强调打造协作开发、设计、制造平台的意图。

改造后的新实验室（New Lab），既包括为机器人技术、人工智能、生命科学和纳米技术等新制造技术打造的独立试验空间，也包括用于共享办公的工位、会议室、咖啡馆和展示空间。新实验室中还设置多个共享车间，为使用木材、金属和塑料制造、3D打印、CNC加工等产品原型制作提供便利。专业人员对试验设备进行管理和维护，并提供原型制造的技术支持。硬件共享和软件支撑旨在促进从设计到产品开发的全套工作流程。

新实验室与共享办公WeWork类似，只是它的社区成员更多的是在前沿技术领域的创始人、工程师、设计师和技术人员。它同样是打造一个知识、资源共享的平台，提供专门的编程、专利申请、众筹策略的工作坊，以及融资、合作平台，帮助新制造业的初创公司在各个阶段的扩展。如今，新实验室拥有150多家初创企业，包括人工智能、机器人、量子计算、互联设备等技术领域，形成一个多元化的生态社区（表2-3）。

而建于1942年的77号楼，高16层，是园区内最大的建筑单体。从第二次世界大战时期起就是园区内重要的仓库。在BNYDC的主导下，77号楼经过重新测量加固，底层引入布鲁克林当地的零售、餐饮、绿色农庄等小型企业，既是企业的生产和加工流程展示区域，也是园区员工和周边社区居民的消费交流空间。高层

1　朱怡晨，李振宇，2017a.

部分则将全新的玻璃幕墙系统置入原有的混凝土框架中，原先因仓储需求而隔离封闭的空间，如今成为宽敞明亮、可以远眺布鲁克林和曼哈顿天际线的办公、研发、制造空间。

表2-3　布鲁克林海军码头以新制造业带动的部分工业建筑适应性再利用的项目

项目名	77 号楼	127 号楼	128 号 New Lab	92 号楼
面积	90 115.9 平方米	8825.8 平方米	14 957.4 平方米	2972.9 平方米
改造前	1942 年建造，原为海军码头仓库	1903 年建造，为美国海军小船建造和维修设施	1902 年建造，为造船车间	1857 年建造，原为海军司令住宅
改造后	2017 年对外开放，底层为零售、餐饮，二层以上为办公	2020 年开放，提供 5200 平方米的制造业租赁空间	2016 年对外开放，定位为高科技设计、创新和制造中心	2011 年对外开放，改造后为海军码头展厅、游客和就业中心
改造设计	Beyer Blinder Belle	S9 Architecture	Marvel Architects	Beyer Blinder Belle

注：New Lab图片来自https://marveldesigns.com/work/new-lab/76，其余图片自摄于2019年6月。

3. 总体规划：布鲁克林海军码头2.0的新型架构

随着城市制造业的复兴，城市中可使用的工业空间却受到极大挑战。而随着园区内初创企业从设计走向制造，空间紧缺成为不可回避的问题。2018年，海军码头推出目标2030年的总体规划，除了翻新原有工业建筑外，还提供了创新型的垂直制造空间愿景。

新型垂直制造空间包括三个部分：①机械空间：地面层由装卸、停车和展厅组成。所有机械系统位于二楼，以应对海平面上升和暴雨洪涝的危机。②制造空间：供大型、重型设备使用的“XL制造”，位于二、三层，采用大跨结构以减少平面立柱，并配以40英尺（约12.19米）的层高。“XL制造”上方则是适用于轻工业的制造空间，层高为15英尺（约4.57米）。③办公空间：最上方则是层高12英尺（约3.65米）的创意办公空间。

与工业相比，办公空间将产生更多的租金收益，而这将有益于降低制造空间的租赁价格。而垂直制造空间，将在纽约这样寸土寸金的城市中，提供最大化的资源共享。它体现并适应了初创企业的生命周期：从小型研发到大规模制造。

与此同时，新的总体规划强调园区与周边社区及其他区域的连接性。在园区与社区接壤的三条主干道上，都将增加公共广场和绿化设施，以及通往海滨的通道。建筑沿街首层则提供更多的零售、餐饮和科学展示空间。整个园区将提供75%的制造业工作空间，20%的创意办公和5%的便利设施[1]。

4. 区域共享：与布鲁克林市中心、DUMBO形成布鲁克林高科技三角区

2013年，布鲁克林海军码头与拥有众多高校的布鲁克林市中心和向艺术、文化、初创企业转型的DUMBO[2]联合，形成布鲁克林科技三角区（Brooklyn Tech Triangle）。2013年的《布鲁克林科技三角战略计划》明确提出，与城市融为一体的园区，应该具有容纳、拥抱、促进多样化的前瞻性和适应性[3]。正如雅各布斯在20世纪60年代对城市内新兴产业的预测，城市聚集效应和多元化的发展模式，使整个区域的发展迈向新的台阶[4]。

在布鲁克林科技三角的计划中，布鲁克林市中心拥有12所高校，57 000名大学生，以及相应的高校科技孵化项目，为区域经济发展提供大量的高科技人才储备。DUMBO地区自20世纪90年代以来，大量的工厂、仓库被改造为公寓、零售和办公空间，LOFT式的生活生产方式使之成为纽约继SOHO地区之后，又一个以艺术激活为主，同时包含大量媒体、设计、科技、创意企业的孵化社区。而海军码头，继BNYDC采取吸引小型都市制造业（Urban Manufacture），并且面向社区提供就业机会的策略之后，园区空置率不断下降，并且争取到更多政府对基础设施的投资，也进一步提出园区内仓库和工厂的改造，为企业入驻提供更多的

1　规划设计事务所 WXY 官网的介绍（https://www.wxystudio.com/projects/urban_design/brooklyn_navy_yard_master_plan）。

2　DUMBO, Down Under the Manhattan Bridge Overpass，19 世纪到 20 世纪早期为布鲁克林水岸工业和仓储基地。20 世纪后期开始向居住和商业社区转变，成为艺术家和初创企业的聚集地。

3　Brooklyn Tech Triangle, 2013.

4　Jacobs J, 1992.

场地和空间支持。DUMBO和海军码头地区大量厂房改建的公寓，也提升了两个区域居住、办公相结合的传统（Live-Work Neighborhood）。

可以说，在曼哈顿地区租金不断上升的压力下，布鲁克林科技三角的策略可谓共享共赢。集大学、制造业、艺术创作、展演、科技研发为一体的创业氛围，以及滨水景观和基础设施的提升，既吸引纽约地区新兴产业的人才和企业入驻，又为周边社区提供大量的就业机会。

5. 水岸共享：滨水岸线城市景观的重新塑造

布鲁克林水岸拥有大量的工业遗存，是区域内标志性的景观元素（表2-4）。作为20世纪中期最繁忙的水运码头，巨大的滨水仓库曾让布鲁克林一度被称作“围城”（The Walled City）[1]。而2008年开始对外开放的布鲁克林桥下公园（Brooklyn Bridge Park），则将这片曾经衰落隔绝的工业废弃水岸，变为生态友好、绿色可达、参与性强的城市公园。公园在DUMBO范围内的富尔顿轮渡（Fulton Ferry）区域，还拥有修复后精美华丽的旋转木马，以及两座内战时期就伫立在此的地标仓库：帝国仓库（Empire Stores）和圣安妮仓库（St. Ann’s Warehouse）。两座仓库均建于19世纪60年代，是布鲁克林水岸标志性的地标建筑。帝国仓库和圣安妮仓库的改造更新是长期被遗弃忽视的滨水岸线迈向重生的重要一步。

6. 海军码头的经验

1）设计开发权利的共享

公私合作开发及多方有效参与，是保证城市更新和再开发过程中，富有远见和保证执行力的重要前提。布鲁克林海军码头的成功，被认为是土地的公有性和运营方的非营利性，使园区在发展定位、战略决策、基础设施提升和历史建筑再利用上，保持前瞻、公正和创新。

1 Spector J, 2010.

表2-4 布鲁克林科技三角区域部分滨水工业遗产更新项目

更新项目	布鲁克林桥下公园	帝国仓库	圣安妮仓库	杰尹街 10 号
面积	占地 34 公顷	41 806.4 平方米	2369.0 平方米	21 367.7 平方米
历史	工业水岸	1869 年建造，为咖啡豆仓库，1945 年后闲置	1860 年建造，为烟草仓库	1898 年建造，为糖精炼厂，1945 年后闲置
改造后	城市公园	2013 年启动改造，2017 年对外开放，办公、零售、展览	2015 年启动改造，改造后功能包括剧院、文化展览	2019 年对外开放，改造为办公功能
改造设计	MVVA	S9 Architecture	Marvel Architects	ODA

注：杰尹街10号（10 Jay St）图片来源于设计事务所官网http://www.oda-architecture.com/projects/10-jay-st，其余图片由作者拍摄。

2）公共基础设施提升作为更新的必要条件

不同于布鲁克林市区与曼哈顿的便利联系，三角区内部的可达性一直薄弱。随着海军码头工作机会的增加，纽约市决定扩大共享单车规模、增加公交线路、规划轮渡码头。在三角区内部免费提供的班车系统往返地铁站和园区，将员工的地面步行距离控制在5分钟之内，以提升海军码头的可达性。同时布鲁克林水岸的“绿道”工程，以及布鲁克林桥下公园的开发，也对滨水地区步行可达性有显著的提升。

3）适度的开放与封闭

尽管对都市制造业和社区交流持鼓励开放的态度，布鲁克林海军码头并非一个完全对外开放的园区。园区开发者认为，布鲁克林作为曾经的军用场地，是现在纽约市区难得的封闭园区。而适度的封闭，对园区内产业效率的提升有很大的帮助[1]。因此在靠近水岸一侧，除了轮渡往返曼哈顿以外，园区大部分地区仅对

1 根据作者于 2019 年 6 月 23 日在园区的访谈。

图2-15　77号楼首层北侧内部门禁系统与92号楼面向南部社区的广场
资料来源：自摄于2019年6月

内部办公、工作的人群开放。而面向社区的法拉盛大道（Flushing Avenue），所有建筑在靠近北侧水岸的方向设有门禁，仅供内部人员进出园区。但除此之外，底层的全部商业、展览都对法拉盛大道以南的社区开放，非园区工作人员可在首层消费停留，面向社区的广场对外开放，但人们无法通过展厅进入园区内部。正如社区联合会主席所言，“从92号楼、77号楼到未来的Wegman超市，布鲁克林海军码头正以一种革命性的方式向社区打开了园区的南部边缘”[1]（图2-15）。

4）以“共享”为导向的滨水制造业复兴

海军码头的老工业制造已然结束，但遗留下来的基础设施和大量的厂房建筑，却可以作为新制造业发展的基础。在布鲁克林海军码头的案例中，一方面是园区内部建立共享机制，促进初创企业的资源共享；另一方面，是与城市其他区域建立战略合作，促进基础设施的提升，以及人才、居住、工作各方面的资源交换[2]。海军码头不是一个孤立的园区，而是保持相对独立却又积极融入城市多样化的、与城市发展共赢共享的新制造业社区。

1　来自纽约市政府官方主页在 2017 年 11 月 9 日，对市长比尔·德布拉西奥（Bill de Blasio）出席海军码头 77 号楼开幕时的报道。

2　朱怡晨，李振宇，2017a.

本章的论述主要是对“滨水工业遗产能否成为共享的城市景观”这一问题进行的回应[1]。

第一，滨水工业遗产是城市景观的重要组成。从20世纪60年代起，滨水工业遗产通过景观设计手法，运用科学和艺术的综合手段呈现的景观作品，开始大量出现。工业遗产成为城市景观具有三个要素：①人们对废墟美学的重新认识；②城市生态思想的觉醒；③以LOFT为代表的城市生活形态变迁。从滨水工业遗产的空间独特性和景观体验的角度，认为滨水工业遗产作为城市景观的演化经过了三个阶段：布景—在场—共享。

第二，滨水工业遗产成为“共享的城市景观”的必然性。共享的城市景观，可以理解为既是一种状态，也是一种方法。对滨水工业遗产而言，共享体现在城市空间组织和景观空间体验两个方面。从空间组织而言，所有权与使用权的脱离，使城市空间资源得以更有效地利用，进一步促进城市空间品质的提升，也为城市建成遗产保护的可持续发展提供理论和政策上的支持。从景观空间体验的角度而言，信息技术的变革改变了空间认知的方式，触发新的体验方式：面向全民的、虚实交互的即时分享。线上传播方式导致空间认知方式发生改变，促进空间即时分享的需求，并对空间组织和空间形式的塑造产生直接影响。

第三，滨水工业遗产成为“共享的城市景观”的可行性。共享可以成为滨水工业遗产更新的规划策略和设计框架，城市中的小型工厂、仓库等原工业空间开始成为城市科技景观的聚集地。强调合作、共享、创新的城市制造业在有效利用原工业空间基础设施的同时，带动传统工业社区的复兴，实现人才、居住、工作各方面的资源交换。从而在滨水工业遗产保护更新的同时，形成一种共享的城市景观空间。

滨水工业遗产可以成为共享的城市景观。但其共享性的组成、界定方式以及对更新设计的影响，有待进一步的研究。本书在第三、四章，将对苏州河沿岸工业遗产的现状，以及20年来保护更新历程的演变和趋势进行系统分析，回答“苏州河两岸工业遗产的现状及发展历程是什么？”这一问题。在此基础之上，在第五、六章提出“共享性”的界定，以及以“共享”为导向的滨水工业遗产更新设计框架。

1　参见第一章第三节中主要研究问题，以及拟解决问题的三个方向；其共享性如何界定将在第五章讨论。

第三章
苏州河两岸工业遗产更新现状

本章在基于苏州河两岸多次调研的基础上，确定两岸现存的工业遗产。并归纳苏州河两岸工业遗产的形态及空间分布特征、建筑类型的4种原型及其他构成信息，以及近20年来苏州河滨水工业遗产更新的三种方式，总结并提出苏州河工业遗产更新面临的挑战和趋势。

一、上海苏州河两岸工业遗产调研

1. 调研范围的空间和时间界定

1）空间界定

本书调研范围：上海苏州河两岸东至黄浦江，西至中环高架桥，南北两侧各外延至第一条主干道[1]，即河岸两侧各一个街坊范围（图3-1）。其中离河岸最远点约为1450米（金沙江路大渡河路路口），最近点约为40米（北京东路585号、新闸路218号）。调研范围内苏州河道长约19.2公里[2]，经过虹口、静安、黄浦、普陀、长宁五个行政区。穿过外滩街道、南京东路街道、四川北路街道、北站街

1 从东至西北岸道路分别为天潼路—曲阜路—恒通东路—恒通路—恒丰路—远景路—凯旋北路—东新支路—东新路—武宁路—普雄路—曹杨路—隆德路—白玉路—宁夏路—金沙江路—大渡河路—云岭东路，南岸道路分别为北京东路—浙江中路—厦门路—西藏中路—新闸路—德顺路—康定东路—昌化路—澳门路—常德路—长寿路—长宁路—古北路—天山路。

2 根据《中心城浦西黄浦区、静安区等 7 个行政区河道蓝线专项规划》规划公示文件中的河道长度，结合百度地图测量，估算得出。其中，虹口区段（黄浦江到区界）约为 2.4 公里，静安区段（区界—天目西路）约为 4.7 公里，普陀区段（天目西路—中环高架）约为 12.1 公里。

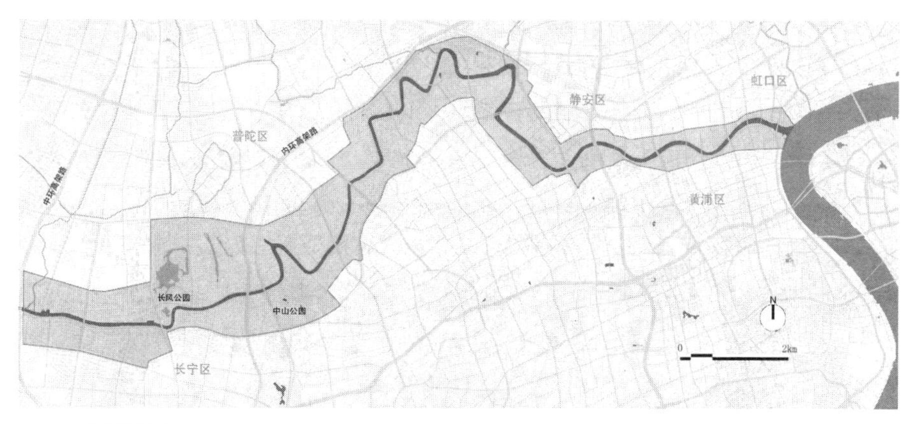

图3-1　调研范围

道、天目西路街道、宜川路街道、长寿路街道、长风新村街道、华阳街道、周家桥街道、新泾镇、北新泾街道等12个街道，占地约11.7平方公里[1]。

空间范围中的西边界最终选定为中环高架，是综合考虑2002年苏州河景观规划、2018年“一江一河”规划等相关文献研究，并结合实地调研后，选取的工业遗存较为集中的区域（图3-2）。南北方向选取河道两侧各一个街坊，则是兼顾研究平行水岸的界面连续性和垂直水岸腹地渗透性的结果。

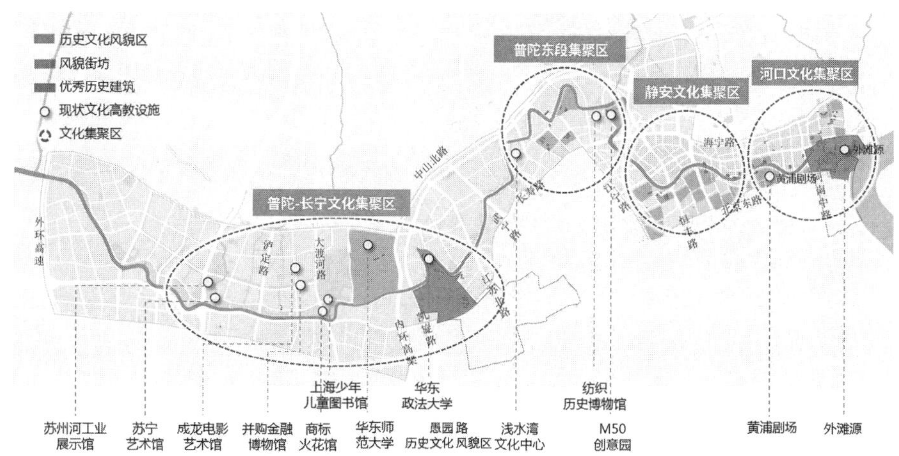

图3-2　上海“一江一河”中苏州河沿岸历史文化资源分布图
资料来源：上海市规划和国土资源管理局，2018：40-41

1　根据国家地理信息公共服务平台 • 天地图测量数据。

2）时间维度

本次调研对象的时间维度，选取近代（1840—1949年）和现代工业建筑遗存（1949—2000年）为主。从调研结果上看，现存的苏州河两岸工业建筑遗存最早可追溯到1874年的湖丝栈原址，最晚则是保留有20世纪90年代建筑的景源时尚创意产业园（原日商内外棉株式会社仓库）（20世纪20—90年代）（图3-3）。

2. 调研方法

1）实地勘察

本次调研在对象的选择上，首先参考了2003年顾承兵的硕士论文《上海近代产业遗产的保护与再利用——以苏州河沿岸地区为例》，其附录总表中的84个调研对象是本次实地勘察的基础[1]。同时参考上海市人民政府已公布的五批上海市优秀历史建筑名录、中国城市规划学会颁布的两批中国工业遗产保护名录，选取其中与苏州河工业文明相关的案例进行调研。再加上近20次沿河扫描式的勘测和多次单体建筑访查[2]，确定65处工业遗存作为研究对象。

2）文献资料

文献资料为工业遗存的历史信息、图纸资料的搜集提供了翔实的基础。本次调研所依据的文献来源包括三类：出版刊物、学术期刊和馆藏资料。其中，通过对上海城市建设档案馆的馆藏十余份图纸档案进行抄录，获得它们在原始建成时期的状态信息。再以民国时期的《上海市行号路图录》[3]为基底，1949年后各时期的影像资料为辅，完成建筑类型和建筑风格演变的研究。

---

1 顾承兵的调研范围东到苏州河口与黄浦江交界处，西至光复西路靠华东政法大学。原 84 处调研对象中有部分内容，如河滨公寓、华东政法大学建筑群等，虽是苏州河畔极其重要的历史保护建筑，但与工业制造、工业历史的联系不大，没有列入本次的调研范围；由于本次调研的空间范围扩大到中环以内，因而新加入了普陀区原长风工业区和长宁区周家桥沿线的部分工业遗存。同时，经过 15 年的城市发展，城市道路地址如光复路 442 号（编号 29，上海第一服装厂）已不可考；建筑的名称在过去 15 年里也一再变换；还有大量工业遗存，经再次调研，有些经过改造修复或适应性再利用，重获新生，如春申江家具城修复为四行仓库纪念馆；有些则遗憾地消失踪迹（如莫干山路 280 号，编号 44，莫干山大酒店）。

2 本次实地调研的时间主要集中在 2018 年 4 月至 2019 年 12 月，后略有补充。

3 《上海市行号路图录》为 1939 年初版，1947 年第二版；本文采用的为 2004 年上海社会科学院出版社根据图录整理出版的《老上海百业指南：道路机构厂商住宅分布图》。

<table>
<tr><td>1874 年
1880 年
1899 年</td><td>湖丝栈
自力大楼
新礼和大楼
阜丰机器面粉厂</td><td>1902 年
1907 年
1908 年</td><td>南苏州路 1295 号
怡和打包厂
互惠大楼
八号桥艺术空间</td><td>1912 年
1916 年</td><td>福新面粉厂一厂
上海总商会
福新第三面粉厂</td><td>20 世纪 20 年代
1920 年

1921 年

1924 年
1927 年
1929 年</td><td>江南造纸厂旧址
上海总商会门楼
新泰仓库
颐中大楼
自来大楼
上海丰田纺织厂旧址
上海邮政大厦
创意仓库
衍庆里</td><td>1930 年

1931 年

1932 年
1933 年
1934 年

1935 年

20 世纪 30 年代</td><td>上海造币厂主楼
南苏州路 373 号
南苏州路 507 号
中国实业银行货栈
四行仓库
上海福源福康钱庄联合仓库
上海商标火花收藏馆旧址
宜昌路救火会
南苏州路 1305 号
阜丰纺织九厂旧址
天利氮气厂旧址
茂联丝绸大厦
上海啤酒厂（梦清馆）
上海华丰搪瓷厂（金岸 610）
中华 1912
创邑 · 河</td></tr>
<tr><td colspan="2">1874—1899</td><td colspan="2">1900—1909</td><td colspan="2">1910—1919</td><td colspan="2">1920—1929</td><td colspan="2">1930—1939</td></tr>
</table>

<table>
<tr><td colspan="8">原日商内外棉株式会社仓库（景源时尚创意产业园）</td></tr>
<tr><td>/</td><td colspan="3">宜昌路 751 号（E 仓）</td><td colspan="4">/</td></tr>
<tr><td>/</td><td colspan="3">莫干山路 50 号（M50）</td><td colspan="4">/</td></tr>
<tr><td colspan="2">苏河湾 42 街坊</td><td colspan="6"></td></tr>
<tr><td>20 世纪 20 年代</td><td>20 世纪 30 年代</td><td>20 世纪 40 年代</td><td>20 世纪 50 年代</td><td>20 世纪 60 年代</td><td>20 世纪 70 年代</td><td>20 世纪 80 年代</td><td>20 世纪 90 年代</td></tr>
</table>

图 3-3　苏州河两岸工业遗存建成时间分布

3）访谈及规土局公开信息

本次研究采访的对象包括：相关项目的设计师、开发商，城市规划管理部门、建筑（园区）管理方、租户、附近居民。同时从上海市规划和自然资源局官网及各区规土局网站的公开信息中，收集到近年正在进行城市更新的项目公示信息，用于城市形态、建筑类型和更新改造方式的研究。

二、上海苏州河两岸工业遗产调研对象列表

通过上述调研工作的展开，作者最终确认65处工业遗存作为研究对象(图3-4)，具体名单参见附录A和附录B。其中，共有2处全国重点文物保护单位，2处上海市级文物保护单位，8处区级文物保护单位和10处区级文物保护点（表3-1）。同时，有27处列入上海市优秀历史建筑名录（表3-2）。

图3-4 苏州河两岸工业遗产
资料来源：照片为作者在2018—2019年拍摄

表3-1　上海市不可移动文物统计表中苏州河沿岸工业遗产清单

行政区	编号*	名称	地址
全国重点文物保护单位			
静安区	JA-08	四行仓库抗战旧址	光复路 1—21 号
虹口区	HK-01	上海邮政总局	北苏州路 276 号
上海市级文物保护单位			
静安区	JA-01	上海总商会旧址	北苏州路 470 号
普陀区	PT-02	中央造币厂旧址	光复西路 17 号
区级文物保护单位			
静安区	JA-11	福新面粉一厂及堆栈旧址	光复路 423—433 号、长安路 101 号
	JA-02	新泰路 57 号仓库	新泰路 57 号
	JA-05	上海中国实业银行仓库旧址	北苏州路 1028 号、文安路 30 号
	JA-06	上海中国银行办事所及堆栈旧址	北苏州路 1040 号
普陀区	PT-04	上海啤酒有限公司旧址	宜昌路 130 号
	PT-17	江苏药水厂旧址	宜昌路 550 号
	PT-03	宜昌路救火会大楼旧址	宜昌路 216 号
	PT-16	天利氮气制品厂旧址	云岭东路 345 号
区级文物保护点			
静安区	JA-19	裕通面粉厂宿舍旧址	长安路 900 号
长宁区	CN-04	上海丰田纱厂铁工部旧址	中山西路 178 号
普陀区	PT-05	阜丰福新面粉厂旧址	莫干山路 120 号
	PT-01	福新第三面粉厂旧址	光复西路 145 号
	PT-19	上海被服厂旧址	叶家宅路 100 号
	PT-18	南林师范学校旧址	凯旋北路 1555 号
	PT-06	信和纱厂旧址	莫干山路 50 号
	PT-08	申新纺织第九厂职工宿舍旧址	澳门路 150 号
	PT-11	上海麻袋厂旧址	长寿路 652 号
	PT-13	上海试剂总厂烟囱	光复西路 2549 号

注：* 此处编号对应附录B中的编号。因本表的名称与地址为不可移动文物统计表中的信息，因而与附录B中的建筑名称、地址会出现差异。本次列入工业遗产的对象主要为工业建筑类遗产，具有工业文明历史的桥梁（如上海市文物保护单位浙江路桥、黄浦区文物保护点河南路桥、新闸路桥）等构筑物并未列入此次研究对象。

表3-2 上海市优秀历史建筑名录中的苏州河沿岸工业遗产清单

批次	保护编号	编号*	名称	地址
第一批	1F003	HK-01	上海邮政总局	北苏州路 276 号
第二批	H-Ⅲ-001	JA-08	四行仓库抗战旧址	光复路 1—21 号
	N-Ⅲ-001	PT-02	中央造币厂主楼	光复西路 17 号
第三批	H-Ⅲ-01	JA-01	上海总商会	北苏州路 470 号
	A-Ⅲ-10	HP-01	颐中大楼 / 英美颐中烟草股份有限公司	南苏州路 161—175 号
	N-Ⅲ-01	PT-03	宜昌路救火会大楼旧址	宜昌路 216 号
	N-Ⅲ-02	PT-04	上海啤酒有限公司	宜昌路 130 号
	N-Ⅲ-03	PT-16	天利氮气制品厂	云岭东路 345 号
	N-Ⅲ-04	PT-09	中华书局印刷厂澳门路新厂	澳门路 477 号
	N-Ⅲ-05	PT-05	福新面粉厂、阜丰面粉厂	莫干山路 120 号
第四批	4H001	JA-02	新泰路 57 号仓库	新泰路 57 号
	4H002	JA-05	上海中国实业银行	北苏州路 1028 号
	4H003	JA-06	上海中国银行仓库	北苏州路 1040 号
	4H008	JA-11	福新面粉一厂厂房及仓库	光复路 423—433 号，长安路 101 号
	4A002	HP-06	英商自来水公司大楼	江西中路 484 号
	4A003	HP-05	自力大楼 / 自来水公司管线管理所	江西中路 464—466 号（香港路口）
	4A031	HP-16	中国纺织建设公司第五仓库	南苏州路 1295 号
	4M002	CN-01	上海五金交电仓库	万航渡路 1384 弄
第五批	ZB-J-003-V	JA-10	创意仓库	光复路 195 号
	ZB-J-004-V	JA-09	上海福源福康钱庄联合仓库	光复路 115—127 号
	ZB-J-005-V	JA-03	商坊会馆	北苏州路 912 号
	PT-J-001-V	PT-18	华运地产华府樟园售楼处	凯旋北路 1555 弄
	HP-J-024-V	HP-02	英商上海电车公司大楼	南苏州路 185 号
	HP-J-006-V	HP-03	礼和大楼	四川中路 670 号
	HP-J-049-V	HP-13	南苏州路 991 号仓库	南苏州路 991 号
	HP-J-081-V	HP-17	“南苏河”创意产业园	南苏州路 1295—1305 号
	JA-J-017-V	JA-14	静安投资公司	康定东路 20 号

注：* 此处编号对应附录B中的编号。第一批信息见沪府办发〔1989〕62号及沪府〔1993〕47号。第二批见沪府〔1994〕8号。第三批见沪府〔1999〕57号。第四批见上海市规划和自然资源局网站https://hd.ghzyj.sh.gov.cn/bxzc/zsc/lsfm/lsjz/200905/t20090521_301675.html。第五批见沪府〔2015〕57号。

三、上海苏州河两岸工业遗产的基本构成和类型

1. 城市形态及空间分布特征

苏州河两岸65处工业遗存，其中北岸分布有24处，南岸分布有41处。通过对城市形态的整体观察和13个1000米×1000米的街区分析，可以发现工业遗存分布存在三个较为明显的聚集区：苏州河东段的银行仓库群、中段长寿路街道原面粉厂地块（M50、天安阳光广场、原不夜城工业都市园等）和西段长宁区周家桥地块（图3-5，图3-6）。

苏州河沿岸工业遗存的分布呈现出“区段分异”的特征：

a）外滩至河南路桥段：以办公功能结合仓储贸易为主。作为外滩历史风貌保护区的一部分，包含有多个优秀历史建筑。这一段的工业遗存主要包括：上海邮政大厦、英商上海电车公司大楼、礼和大楼、原英商自来水公司大楼等。

b）河南路桥至长寿路桥段：以仓储建筑为主，也包括有一组工人宿舍（原裕通面粉厂宿舍）和临街货栈。大多都已改换成其他使用功能。目前这一段保存有的建筑包括：四行仓库、衍庆里、原福新面粉厂一厂、上海市粮食局仓库等。

c）长寿路桥至镇坪路桥：工业遗存以厂房为主，也包括有厂区办公建筑。经过近20年成片的拆迁和房地产开发后，现存主要工业遗存建筑有：M50、上海

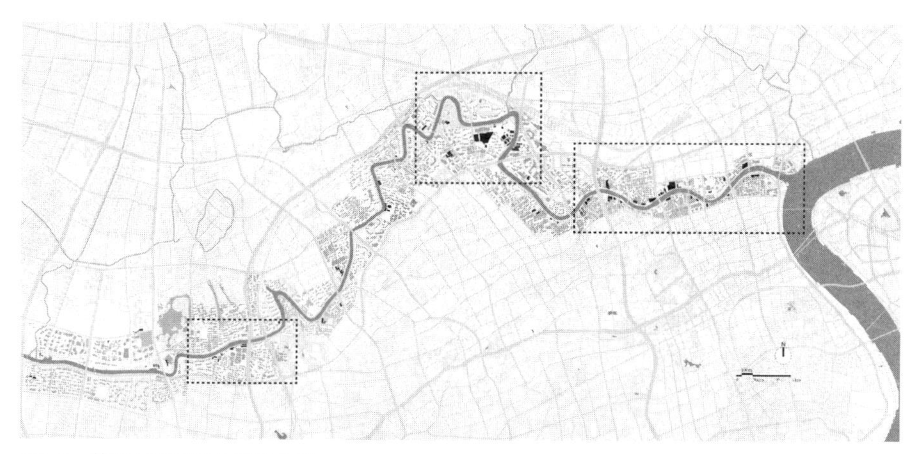

图3-5　苏州河两岸工业遗产分布

图3-6　苏州河两岸工业遗存城市肌理分析

造币厂、宜昌路救火会大楼、中华印刷书局、原福新面粉厂三厂、原申新纺织厂厂房（月星家具城）等。

d）镇坪路桥至内环高架路：以厂房、仓库为主，并有少量办公建筑。其中，宝成湾附近区域是20世纪20年代形成的上海最重要的纺织工业集中区。1949年后的上棉一厂、六厂等企业，再次在这里形成一个纺织集群。而中山西路万航渡路沿线则有1929年建成占地66 000平方米原丰田纺织一厂等厂区。这一段现存的工业遗存多以创意园区的形式呈现，包括有：景源时尚创意产业园（原日商内外棉株式会社第十三、十四工场）、创享塔（原宝成纱厂）、湖丝栈、创邑·河、周家桥创意产业园（原亚洲电焊条厂）等。

e）内环高架路至中环高架桥：北岸主要为原长风工业区拆除后保留的少量厂房，均已改建为博物馆、展示馆等与长风绿地结合的公共建筑。南岸基本为长宁区的高档住宅小区，仅哈密路附近保留有少量厂房，并改建为文创艺术社区。主要工业遗存包括：上海长风游艇游船馆（上海试剂总厂旧址）、苏州河工业文明展示馆（上海眼镜一厂原址）、成龙电影艺术馆（上海轻工机械二厂）等。

苏州河虽然为典型的线性空间，但两岸能够成为连续的线性工业遗存路径的区域，仅剩下苏河湾银行仓库群和万航渡路沿线短暂的1000米。M50所在的叉袋角区域为片状分布。其他区域均呈现散点分布的状态。

2. 建筑类型研究

苏州河两岸工业遗存建筑从建筑形体、河流，以及周边城市街道三者的关系来看，可分为四类：①长立面“平行水岸”形式，例如四行仓库、衍庆里、八号桥艺术空间、福新面粉厂一厂、商坊会馆（平面呈L形）等；②山墙面“垂直水岸”形式，例如中国实业银行、中国银行仓库、南苏河创意产业园、福新第三面粉厂等；③组团园区式布局，如M50创意园、中华1912创意产业园（简称中华1912）等；④零星散布式（多为厂区拆毁时抢救性保留下的单体建筑），如上海啤酒厂旧址、阜丰机器面粉厂等（图3-7，表3-3）。

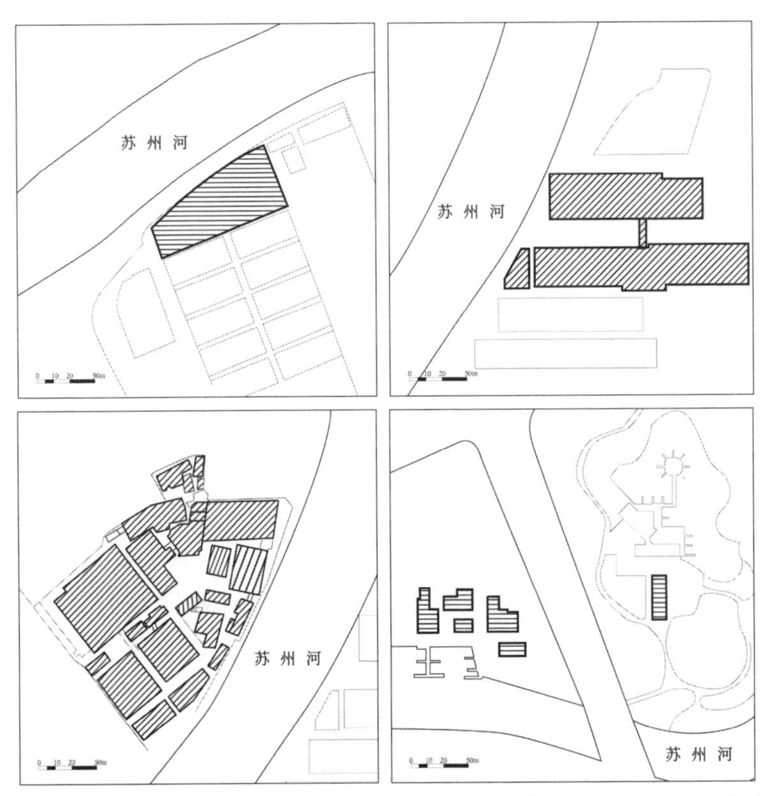

图3-7　苏州河两岸四种建筑类型形态：平行水岸、垂直水岸、组团园区、零星散布

表3-3　四种基本类型的典型建筑

类型	平行水岸	垂直水岸	组团园区	零星散布
典型建筑	 四行仓库	 福新第三面粉厂	 M50	 小红楼
	 衍庆里	 南苏河创意产业园	 景源时尚创意产业园	 宜昌路救火会大楼

1）平行水岸

“平行水岸”的建筑大多为仓储建筑，形态、空间与一般厂房建筑差异较大。其典型特征包括：建筑布局紧邻河岸，建筑形体沿河方向宽从而方便货物从河边码头进出仓库；体量较大、坚固耐用，外立面常用清水砖墙或水泥砂浆，多设置高窗以减少采光面，有利于货物保存；楼梯数量少，多在中间位置集中分布，增大货物存放面积；柱网匀布以提高货物存取效率（图3-8）。仓储建筑反映了当时最为先进的建筑工程技艺，典型代表为四行仓库、怡和打包厂、新泰仓库、中国银行仓库、衍庆里、厦门路30号仓库等。

2）垂直水岸

“垂直水岸”形式的多为办公建筑，例如颐中大楼（南苏州路161—175号）、互惠大楼（南苏州路185号）等。也有少量仓库采取垂直水岸的方式，如南苏河创意产业园的两栋建筑（南苏州路1295号和1305号）。还有小型园区，受狭窄的地形影响，呈现垂直水岸的形态（图3-9）。在“垂直水岸”形式的建筑中，福新面粉厂三厂的遗存较为特别，原建筑在两翼布有裙房厂房，呈“平行水岸”的形式，后两翼拆除，成为山墙面正对水岸的形态。作为城市景观而言，“垂直水岸”形式的建筑山墙面多采用古典三段式构图，立面更富节奏感。然而过长的纵深，也对滨水界面向腹地的渗透提出更高的要求。

3）组团园区

以M50为代表的组团园区式布局，均为小街坊尺度的工业街坊格局。其特点在于，就单体建筑的风貌历史价值而言，往往谈不上什么保留价值，但整体园区保留了各个年代建造的厂房设施，其呈现出的蜿蜒曲折的小尺度城市肌理，反映了上海中心城区特定时期典型的工业生产与居民生活交织、混杂的局面（图3-10）。典型案例如M50创意园、中华1912创意产业园、E仓创意产业园（简称E仓）、景源时尚创意产业园、开伦·江南场创意园（简称开伦·江南场）等。

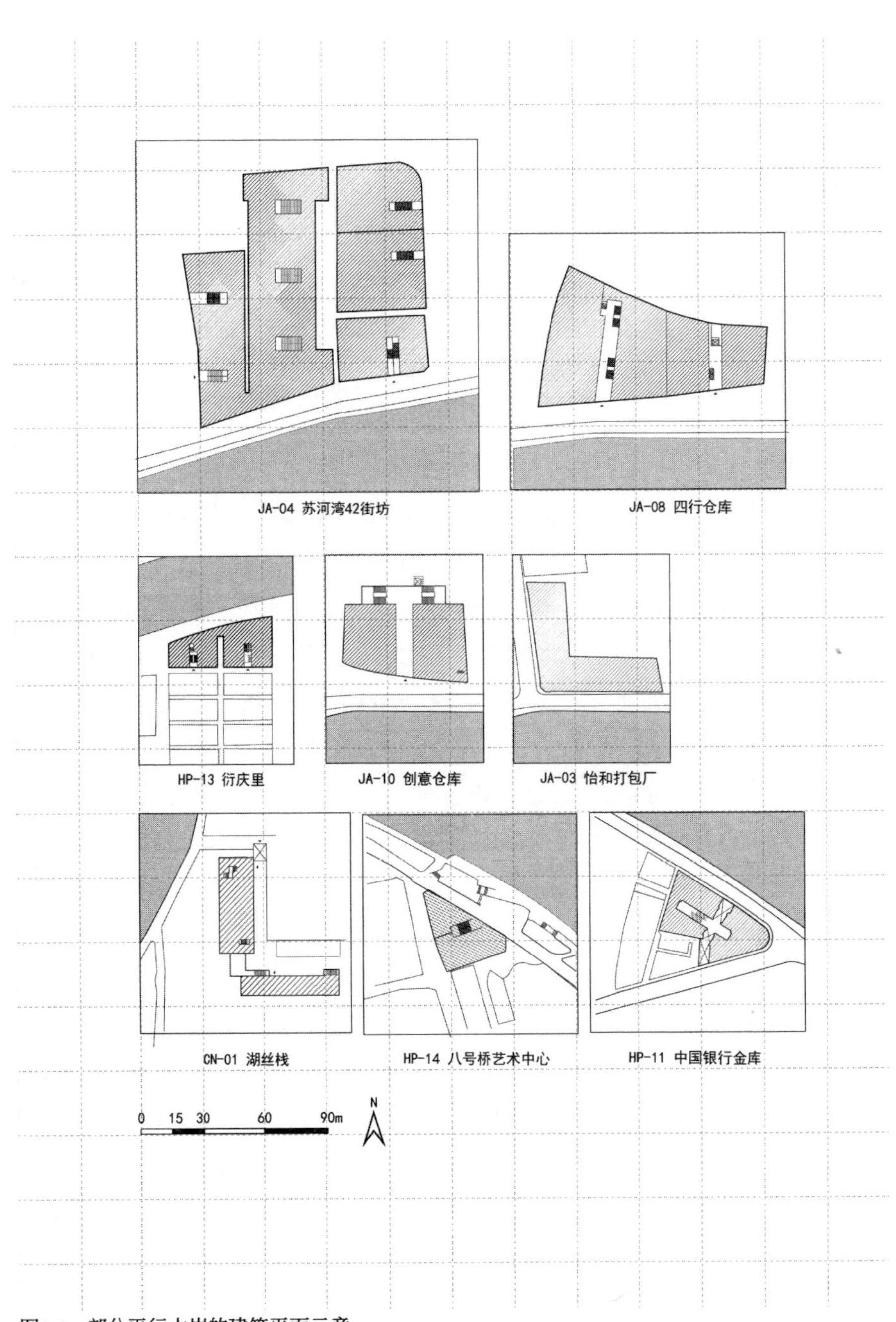

图3-8　部分平行水岸的建筑平面示意

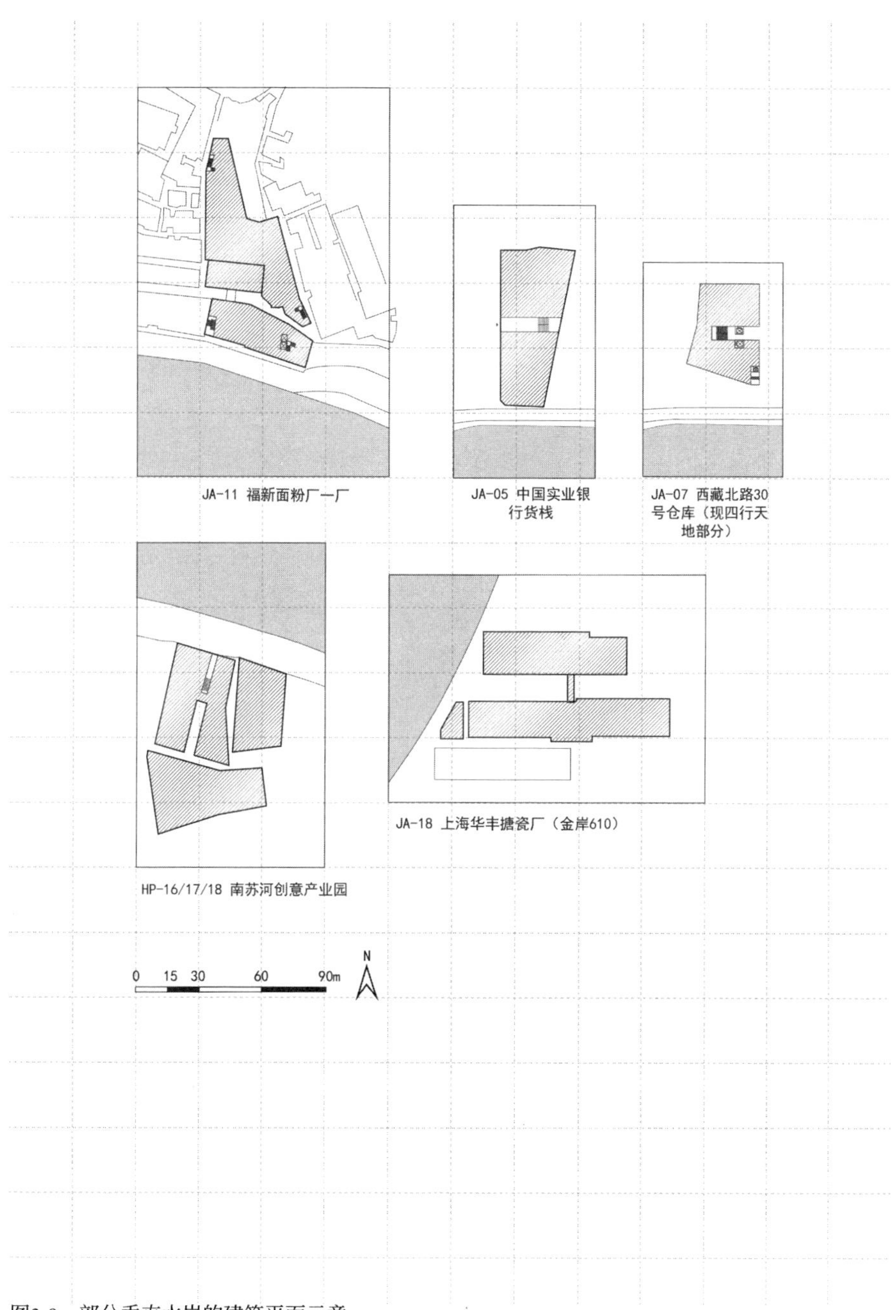

图3-9　部分垂直水岸的建筑平面示意

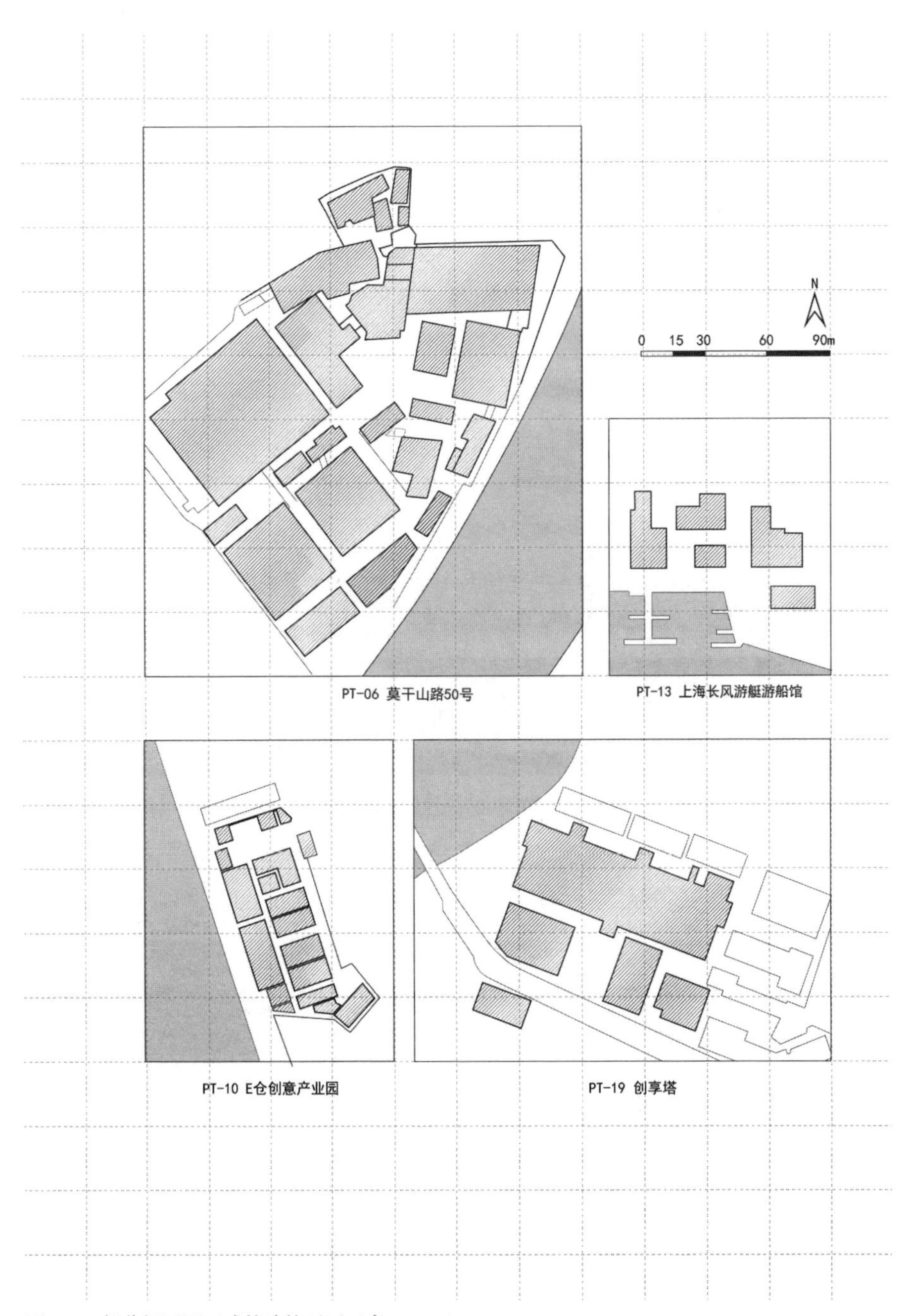

图3-10 部分组团园区式的建筑平面示意

4）零星散布

苏州河长寿路以西，有不少工业遗存散布在城市中。其中，部分遗存在建造初期即单独建造的市政设施，如宜昌路救火会大楼；一部分则是在城市改造更新过程中，具有保留价值的历史建筑，如坐落于同济大学附属第二中学内的“小红楼”；还有一部分是在城市开发中有意识保留的、建筑形态具有一定特色的建筑，如原上海火柴厂厂区内的一栋锯齿形厂房；更多的则是在厂房拆除过程中，经过学者、专家呼吁抢救性保留下来的产物，例如上海啤酒厂酿造楼、瑞华公馆等（图3-11）。后两种类型目前大部分都处在沿河绿地的范围内，成为对公众开放的展览馆、纪念馆。

3. 建筑风格的演变

1）风格类型

苏州河沿岸工业遗存建筑的风格类型大体包括四类（表3-4）。

a）中式传统样式：具有中国传统建筑风格样式的近代产业建筑。材料上多用青瓦、红砖、木材等传统材料，形态上常用坡屋顶、清水砖墙等。如湖丝栈、华联新泰仓库等。

b）西式复古样式（殖民地外廊式、西方古典复兴式）：指在空间体量、细部装饰、比例、色彩等方面采用，或借鉴西方复古主义风格样式的工业建筑。例如，坐落在光复西路的中央造币厂、北苏州河路的上海总商会大楼等。

c）现代样式建筑：采用现代主义设计方法，注重实用功能，立面形式简洁，多采用钢筋混凝土框架结构等现代的结构形式，能够获得较大的使用面积。例如1935年开始建造的中华印刷厂旧址、1938年上海被服厂带瞭望塔的三层仓库（叶家宅路100号，现为“创享塔”共享社区）等。

d）日式风格：例如20世纪30年代的国棉六厂仓库（现为“创邑·河”）。

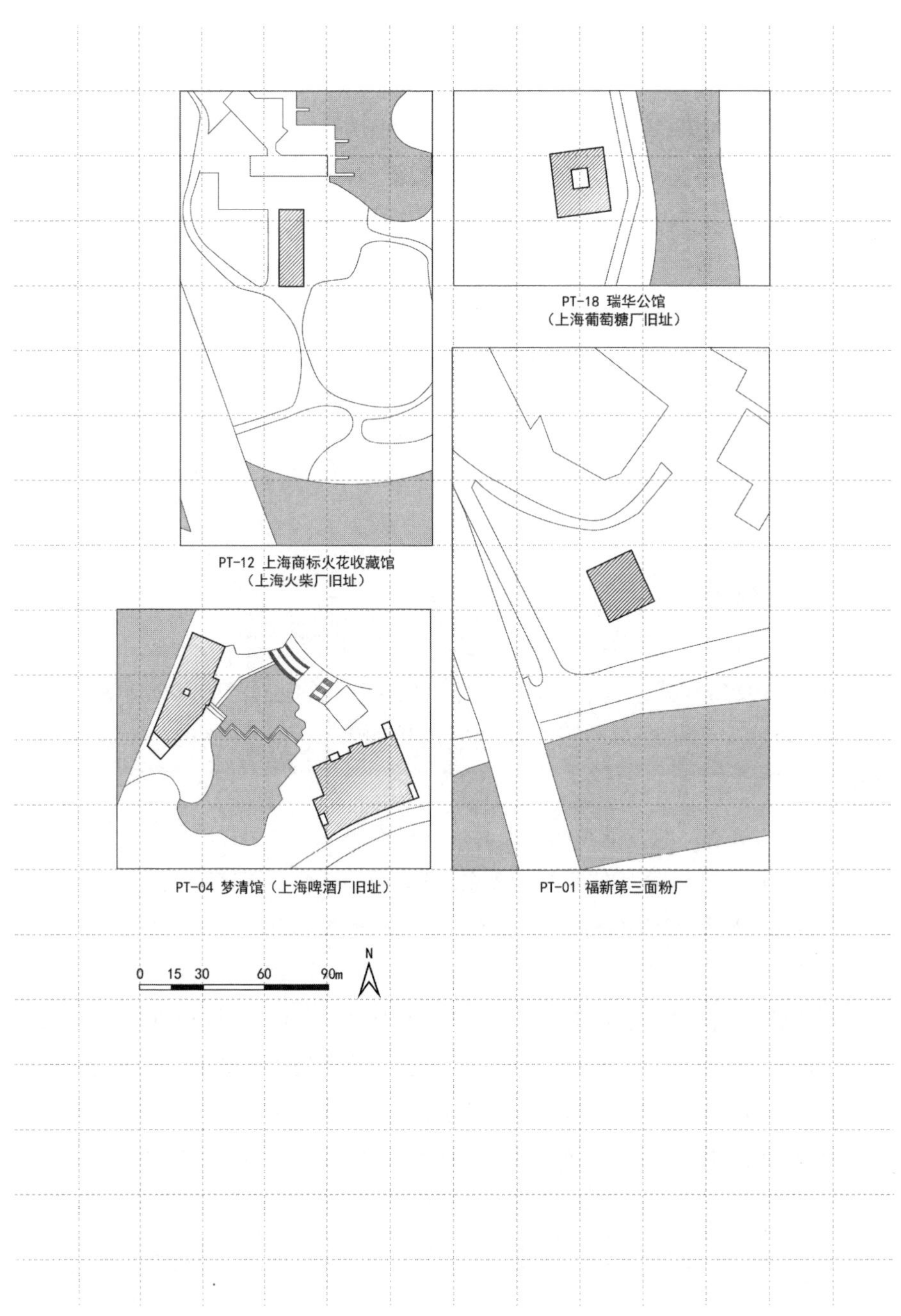

图3-11　部分零星散布式平面示意

表3-4　苏州河两岸工业遗产建筑风格类型

风格类型	中式传统	西式复古	现代样式	日式风格
典型建筑	 湖丝栈	 上海总商会	 上海啤酒厂旧址	 创邑·河
	 阜丰面粉厂旧址	 上海造币厂主楼	 中国实业银行货栈	 E仓

上海特殊的政治、经济与文化发展际遇，使得上海的建筑文化呈现出一种包罗万象、海纳百川的景象。同时，由于工业建筑的特殊性，其风格的选择更受投资方和设计者的影响，并没有像其他类型建筑一样程式化地建立起与某种形式风格对应关系[1]。例如，通和洋行（Atkinson & Dallas Ld.）的作品大多采用水刷石外墙。如中国实业银行货栈，外观简洁，为带有装饰艺术符号的现代派风格；但同为通和洋行设计，位于北苏州路的上海总商会大楼及其门楼，却是典型的西方古典主义风格。

而同时，西方复古样式与中国传统样式相融合的特征，在工业厂区附属的办公建筑中频繁出现。例如，莫干山路120号阜丰面粉厂办公楼，建于1899年，清水红砖坡屋顶，却带有仿爱奥尼柱前廊和巴洛克装饰的山墙花。被称为“小红楼”的江苏药水厂办公楼（厂址始建于1907年，现坐落于同济大学附属第二中学校园内），二层砖木结构，面阔五间，青瓦坡顶，红色清水砖外墙，却饰多立克柱，并设宽阔门廊。建于清末民国初期的上海葡萄糖厂旧址，则是巴洛克风格的

1　黄琪，2007.

砖木结构院落，东西阔七间，南北深九间，中有天井，外墙为红、清两色清水砖墙。二楼阳台设走廊及巴洛克装饰的拱券，山墙既有三角山墙花，又有中式观音兜，是中西建筑精髓完美结合的典范[1]。

苏州河沿岸工业建筑的风格也受到了殖民地分布的影响。例如，苏州河南岸河口处正好是当时英租界的所在地，因而建造了大量的殖民地外廊式建筑，英商自来水公司办公楼就是一例。“衍庆里”（南苏州路951—955号）也受此影响，成为当时上海唯一的一栋英式仓库[2]。而苏州河南岸小沙渡至周家桥一带的许多地方，则分布有大量日本企业，如日本内外棉纺织公司、丰田自动织机制造株式会社、日本纺织株式会社等[3]。因此，在沪西地区留下了不少日式风格的厂房遗址。

2）风格演化

上海近代建筑总的来说分为三个主要阶段：从开埠初期到19世纪90年代前为殖民地风格的流行和中国传统建筑的继续；19世纪90年代至20世纪30年代前基本为西方复古样式；20世纪30年代起的装饰艺术派和现代主义的盛行[4]。上海近代工业建筑的风格类型，既同城市其他类型建筑风格类型演变发展有一致性，又有其特殊性，即上海近代工业建筑所附属的办公楼、服务等建筑的风格类型基本体现了这一发展脉络；但生产性建筑类型如厂房、仓库等则显得更加简洁、利落[5]。

苏州河两岸工业建筑的总体风格演化也反映了这种历史脉络。建造于约1888年的英商自来水公司办公楼，清水青砖立面，有连续规整的券柱式外脚，是殖民地外廊式建筑的典型代表；北苏州路的上海邮政大楼，建于1924年，则是典型的折中主义建筑；1928年建成的上海造币厂行政大楼，是新古典主义风格；1933年开始建造、由邬达克（L.E.Hudec）设计的上海啤酒厂灌装楼、酿造楼则是现代

1 上海市普陀区文化局，2009.

2 参见衍庆里（百联时尚艺术中心）室内建筑历史宣传资料。

3 郑祖安，2016.

4 郑时龄，1995.

5 黄琪，2007.

派风格，其中酿造楼的立面中间高起部分为装饰艺术派风格。苏州河东段优秀历史建筑的立面样式演变的研究[1]，也从侧面反映了这一演化历程。

厂房、仓库等生产性建筑则在相当一段较长的时期内都维持相对简洁的建筑风格。例如四行仓库、银行五仓库群（现苏河湾42街坊42-C，1，4，5，8，9号楼）、中国实业银行货栈（北苏州路文安路交口）等均为现代风格；信和纱厂（莫干山路50号，现为M50创意园）保留有1933—1990年各个时期工业建筑4.1万平方米，其中多为二、三层清水红砖外墙或水泥饰面的平顶建筑[2]；福新第三面粉厂仓库虽为欧洲古典建筑样式，三楼外廊饰有多力克柱，但山花简洁朴素，窗框具有现代风格装饰。

4. 功能使用演变

苏州河两岸工业遗产根据其原使用功能，可以分为仓库建筑、厂房建筑、办公建筑、居住建筑、市政建筑、商铺货栈6种类型（图3-12）。其中仓储和厂区最多，反映了苏州河作为内河水运，在近代工业发展中承担的繁重任务。本次调研中的居住建筑仅一栋，即裕通面粉厂宿舍[3]。同时，部分以园区呈现的工业遗存，包含有厂房、仓储、办公等多种功能，因此在列表中列入复合功能一栏（表3-5）。

而在最近20年城市发展中，原工业功能转变为办公、创意产业园、展览展示、商业等功能，其中以创意产业园最为突出（表3-6）。

1　黄妍妮，张健，2007.

2　上海市文物管理委员会，2009.

3　因本次研究并未将近代工业相关的居住建筑列为主要对象，故只将临近河岸并对当下滨河景观塑造具有重要影响的建筑纳入讨论。

图3-12 苏州河工业遗产原生产功能分布

表3-5　苏州河两岸工业遗存原使用功能列表

原有功能	案例个数	所占比例
厂房	17	26.1%
仓库	24	36.9%
办公	9	13.8%
市政	1	1.6%
居住	1	1.6%
商铺货栈	3	4.6%
复合功能	10	15.4%
总计	65	100%

注：上海纺织博物馆大厦为旧址新建，此处按原厂址功能统计。

表3-6　苏州河两岸工业遗存改造后使用功能列表

改造后功能	案例个数	所占比例
展览（展览馆、博物馆、纪念馆）	8	12.3%
创意产业园（办公、艺术展示）	18	27.7%
商业（餐饮、酒店、商场等）	6	9.2%
办公	12	18.5%
复合功能（办公与商业，办公与学校）	11	16.9%
其他	10	15.4%
总计	65	100%

四、苏州河两岸工业遗产更新方式演变

苏州河两岸65处工业遗产中，约有40处已经更新或正在更新中。可归纳为三种更新方式，即基于旧建筑改造的适应性再利用、基于工业景观再生的城市综合体开发、滨水公共绿地内的抢救性保护。

1. 基于旧建筑改造的适应性再利用

工业遗产保护与文物古迹保护不同，最为重要的一点就是要积极利用文化资本，注入新的功能，同时尽可能地保留建筑的空间特征和它所携带的历史信息，从而让其周围的历史环境复苏[1]。因此，对近代产业建筑创造性地再利用，是工业遗产更新保护的基础。

苏州河沿岸工业遗存中，约有31处已通过改造得到再次利用，其中约16处为建筑单体的改造（表3-7），15处以组团或园区的形式重新使用（表3-8）。而在20世纪90年代末期至今20年的更新改造期间，约有5处已经或正在进行二次更新，其中包括四行光二仓库、恒丰路610号等。

表3-7　苏州河两岸工业遗存中建筑单体的适应性再利用

启动改造时间	改造前	改造后	改造主体及改造方式
1996 年	申新纺织第九厂旧址	星月家具城、红子鸡美食总汇	1996 年，申新九厂破产。同年 6 月，申新九厂先后和惠州红子鸡集团、月星家具集团达成协议，租让部分厂房进行改造装修
1998 年	杜月笙粮仓	南苏河创意产业园南楼 *	由台湾建筑师登琨艳租下，改造为设计工作室，于 2004 年获得联合国人类文化遗产亚太奖项 [1]
1999 年	四行光二库	创意仓库 *	由留美回国的建筑师刘继东，最先将设计事务所搬入，将光二仓库改造成为“创意仓库” [2]
2002 年	申新纺织第九厂旧址	上海纺织博物馆大厦	原址为 1931 年的厂部办公楼，旧址拆除新建为纺织博物馆大厦，2002 年筹建，2009 年开馆
2003 年	上海无线电三厂厂房	静安现代产业大厦 *	由上海静工资产经营有限公司、上海宏成城市建设开发公司、上海格林无线电厂加盟，三方投资组建了上海静工宏林投资发展有限公司，对旧厂房主体结构进行加固、改造
2004 年	福新面粉厂一厂旧址	CREEK 苏河现代艺术馆	由挪威华人袁文儿先生及夫人丽莎女士改造为国内外艺术交流平台 [2]
2005 年	上海邮政大厦	上海邮政博物馆	/
2005 年	上海造币厂主楼	上海造币博物馆	2005 年将一层两库房改建为上海造币博物馆两展厅，需预约参观

1　阮仪三，张松，2004.

续表

启动改造时间	改造前	改造后	改造主体及改造方式
2007 年	新礼和大楼	/	首层画廊于 2007 年开放
2007 年	丰田纺织厂铁工部	上海丰田纺织厂纪念馆	2007 年丰田纺织中国有限公司向上海一纺机械有限公司租赁下铁工部旧址，将其改造成该公司在中国的产业纪念馆
2011 年 [3]	福新第三面粉厂	精锐教育办公楼	2009 年因道路建设，原址往西北方向平移 55 米，在主体结构加固后，添加必要的建筑更新与安装工程。在立面修缮织补上，采取可识别处理，新旧建筑并置
2014 年	四行仓库	四行仓库 *	20 世纪 90 年代曾为春申江家具城, 2014 年启动修复更新
2014 年	云岭东路 88 号原上海轻工机械二厂厂房	成龙电影艺术馆	共有 3 幢保留房屋，一幢为老工业厂房，建筑面积约 1390 平方米，被分为两层，使用面积 2000 平方米；另外两幢是老式办公房，面积约为 1100 平方米。改造后包括室外广场雕塑群、成龙电影艺术馆、“禅边”茶馆和“龙庭”餐厅
2015 年	闸北区中心仓库	新泰仓库	上海首座民营企业成功参与优秀历史建筑保护和城市功能更新的案例。由 Kokaistudio 设计，改造为企业总部、商务会所及文化展示中心
2017 年	衍庆里	百联时尚创意中心	由博埃里建筑事务所主持改造设计，根据百联集团的计划，将通过三期计划把衍庆里打造成创意时尚产业链平台
2017 年	中国通商银行仓库	八号桥艺术空间	一层酒吧，二三层一部分为文化艺术展览空间，二层另一半为设计事务所，三楼另一半为瑜伽工作室
2019 年	中国银行办事处及堆栈仓库	JK1933[4]	集创意办公和商业休闲为一体的办公综合体，2021 年对外开放

注：*为被列入（或曾被列入）被上海市经信委挂牌为创意产业园或创意产业集聚区。

[1] 为2018年调研时的现状：首层为骨瓷体验馆；二层为中国新三板研究院、上海旭中市场信息咨询有限公司等办公空间。

[2] 为第一次经设计改造的时间，目前均在新一轮改造中。

[3] 根据2019年上海城市空间艺术季规划建筑板块展览“福新第三面粉厂保护和再利用设计”内容（http://www.susas.com.cn/artworks03_detail_P908.html），以及“光复西路145号保护与更新工程施工铭牌”照片，判断改造设计应为2009年，正式开工日期为2011年8月15日。

[4] 2017年开始调研时为茂联丝绸大厦；2019年5月起开始修缮改造，2019年11月脚手架撤离，改造后为JK1933。

表3-8 苏州河两岸工业遗存中园区组团形式的适应性再利用列表

启动改造时间	工业遗存	改造后名称	改造主体及改造方式
2004 年	亚洲电焊条厂厂房	周家桥创意产业园	房地产公司租赁、改造、运营
2005 年[1]	春明粗纺厂厂区	M50 创意园	厂区自救，艺术创作者自发形成
2006 年	诚孚动力机械厂	E 仓创意产业园	房地产公司租赁、改造、运营
2006 年	湖丝栈	湖丝栈创意产业园	百联集团改造、运营
2006 年	原日本丰田纱厂仓库	创邑·河	房地产公司租赁、改造、运营
2006 年	原上煤八厂	苏州河 DOHO 创意园	
2006 年	原海鸥酿造五厂厂址	华联创意广场	/
2008 年	中华书局上海印刷所澳门路旧址	中华 1912	/
2008 年	原上海焊接器材厂	焊点 1088 公社	由泛文机构（上海）和上海吉泰酒店管理有限工作合作投资改建，改造后由一座经济型酒店，一幢文化创意设计办公 LOFT 组成
2009 年	原日商内外棉株式会社仓库	景源时尚创意产业园	纺织集团持有、运营，打造为时尚产业园、时尚教育中心、时尚产业主题图书馆
2010 年	原江南造纸厂	开伦·江南场	2004 年厂区停产后，于 2010 年由上海开伦造纸印刷集团投入进行改造，由 8 栋建筑组成
2016 年	原上海华丰搪瓷厂	金岸 610 创意园	2001 年改造为上海不夜城都市工业园，2016 年园区产业升级改造
2016 年	宝成纱厂，上海被服总厂沪西被服厂	创享塔	上海际华创意产业有限公司打造，将创意办公、奇趣商业、创享教育与安适酒店相融合[2]
2017 年	上海实验仪表四厂	红坊 166 文创艺术社区	由水石设计和上海红坊企业发展有限公司完成的小型存量改造
不明	不明	1501 Art Studio	办公园区

注：

[1] 2005年正式命名为“M50创意园”，在此之前，画家薛松于2000年入驻厂房，成为第一个进驻莫干山路50号的艺术家；随后香格纳画廊于2002年入驻。

[2] 参见the x tower创享塔官网介绍（http://www.chuangxiangta.com/pagecontent?code=aboutus）。

表3-9 苏州河两岸工业遗存中部分建筑单体的空间改造方式

改造路径	空间重构		功能置换
典型案例	上海福新面粉厂三厂：采用局部增建、拆建、重建的空间组合方式。在保留建筑主体结构的同时，添加必要的建筑更新与安装工程，并采取新旧可识别处理	创享塔：采用局部拆建，化整为零的空间组合方式。拆除部分屋面、楼板改为天窗、中庭，得以将大进深厂房改造为办公空间	上海总商会：拆除20世纪60年代的加建，谨慎地恢复至20世纪30年代原有模样，功能替换，作为宝格林酒店餐饮
	E仓：采用变零为整的空间组合方式。通过建筑间的连廊搭接，形成整体	M50：采用变整为零的空间组合方式。通过建筑内的夹层，划分不同尺度空间	怡和打包厂：拆除近年来的加建、分隔，恢复门窗样式和立面形制，重新划分内部空间

工业遗产的改造设计，从建筑与环境景观设计的角度来看，涉及三个方面：建筑改扩建的空间形态设计、建筑改扩建的形式设计和环境景观设计。其中，在建筑改扩建的空间形态设计中，可能的路径包括空间的功能置换和空间重构（表3-9）。具体而言，功能置换不涉及原建筑在整体结构方面的增减，只进行必要的加固和修缮，而空间重构则包括化整为零、变零为整、局部增建、拆建、重建等空间组合方式。张健、刘叶桂、刘伟惠等对上海工业遗存再利用的空间形态研究，也指出对垂直或水平要素对空间的重新限定，以及连接体作为功能联系和造型要素，是上海工业遗存改造的通用手法[1]。

1 张健，刘伟惠，2007；刘伟惠，2007；刘叶桂，张健，2013；董旭，张健，2015.

苏州河沿岸早期的工业遗存改造都受到了纽约SOHO的影响，利用厂房、仓库的空间特性营造LOFT风格的生活、工作方式。苏州河畔典型案例如湖丝栈、创邑·河等通过水平分隔和垂直分隔的综合运用，将原来高大开敞的空间划分成一个个独立的小型空间，而原有建筑的屋架、墙体、柱网则有如现代建筑的表皮将内部划分的小空间包容在内。

2. 基于工业景观再生的城市综合体开发

基于工业遗产再生的城市综合体开发，与城市更新、城市历史环境保护、工业建筑再利用等当代城市发展目标紧密相关，是将城市经济、社会、文化等各方利益、矛盾与冲突有机复合、综合考量的策略方法。在空间类型上，根据保留的历史建筑在空间组织中的不同定位，可归纳为核心再生、均衡再生、从属再生三种主要类型[1]（图3-13）。

苏州河畔目前基于工业遗存的城市综合体再生项目有5处（表3-10）。从功能属性上看，都包含有商业和办公功能，其中一处包括住宅开发；从空间复合的模式上看，三种空间模式都有出现（图3-14）。其中，较为特殊的为天安阳光广场（原阜丰及其面粉厂地块），整体项目为附属再生模式，但在场地东地块，新建建筑围绕保护建筑所在的庭院组织空间序列，故属于核心再生模式。

1）核心再生：以保留历史建筑作为空间组织的核心

核心再生的复合模式可以围绕保留的单个、多个历史建筑，也可以是建筑群或者片区，其空间表现形式较为多元。在苏河湾42街坊中，以建筑群的改造为核心来组织片区空间；在天安阳光广场东片区，则将单体建筑“覆盖”在中庭之内，围绕中庭组织空间序列。

天安阳光广场的东地块由一栋100米高的商办综合楼、4栋历史建筑和13 000平方米开放式集中绿地组成。在东地块的中部，围绕保护建筑1号（阜丰面粉厂办公楼）形成半开放庭院。办公楼建于清光绪二十五年（1899），为上海市级优秀历史建筑，也在2018年被列入中国工业遗产名单。修缮后的历史建筑将成为景观

1　寇婧，孙澄，2015

表3-10　苏州河两岸工业遗存与商业综合体结合开发的项目

启动时间	工业遗存	城市综合体	建筑面积	建设单位	新建建筑功能	空间复合模式
2011年	阜丰机器面粉厂，福新面粉厂二、四、八厂旧址	天安阳光广场（千树）	110 413.7平方米[1]	上海凯旋门企业发展有限公司	商业、酒店[2]、办公	整体附属再生、局部核心再生
2011年	上海总商会	苏河湾1街坊	22.9万平方米	华侨城（上海）置地集团有限公司	商业、酒店、住宅、办公	附属再生
2011年	怡和打包厂	苏河湾41街坊	89 134.9平方米[3]	华侨城（上海）置地集团有限公司	商业、公寓式办公	均衡再生
2016年	裕通面粉厂职工宿舍	苏河洲际中心119街坊	50 585.34平方米[4]	上海宝恒置业有限公司	商业、办公、住宅	均衡再生
2014年	中国实业银行仓库	苏河湾42街坊	130753.9平方米[5]	华侨城（上海）置地集团有限公司	商业、文化、高层办公	核心再生

注：

[1] 参见普陀区规土局网站公示：天安阳光广场《建设工程规划许可证》编号：FA31010720187833（http://www.shpt.gov.cn/guituju/gcxuke/20181121/355123.html）。

[2] 原东地块的公寓式办公功能在2017年申请改为整体自持型酒店及商业功能，见《关于同意天安阳光广场东地块项目“类住宅”整改的通知》，发文字号：普规土建〔2017〕10号。

[3] 参见上海市规划和自然资源局网站：苏河湾41街坊设计方案公示（http://ghzyj.sh.gov.cn/gtjdoc/qtgs/201203/t20120331_543580.html）。

[4] 参见上海市规划和自然资源局网站公示：苏河洲际中心118、119、120街坊（暂名）《建设工程规划许可证》建字第沪规建闸〔2016〕编号：FA31000820164010（http://ghzyj.sh.gov.cn/ghsp/ghxk/xkzjzl/201603/t20160317_679772.html）。

[5] 根据2019年10月12日“静安区苏河湾42街坊（BCD楼地上）项目”规划设计方案公示。

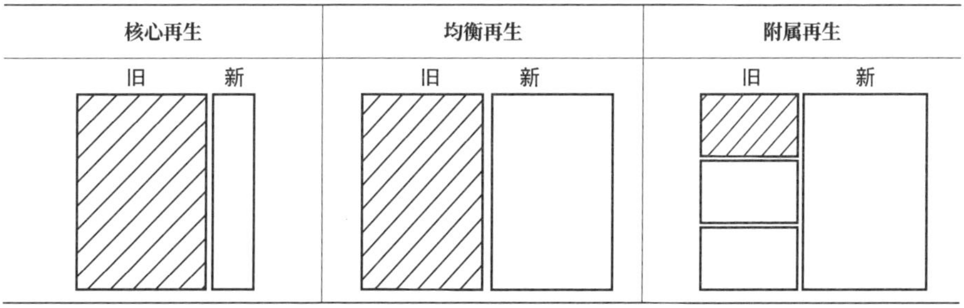

核心再生　旧　新

均衡再生　旧　新

附属再生　旧　新

图3-13　基于工业遗产再生的城市综合体三类复合模式

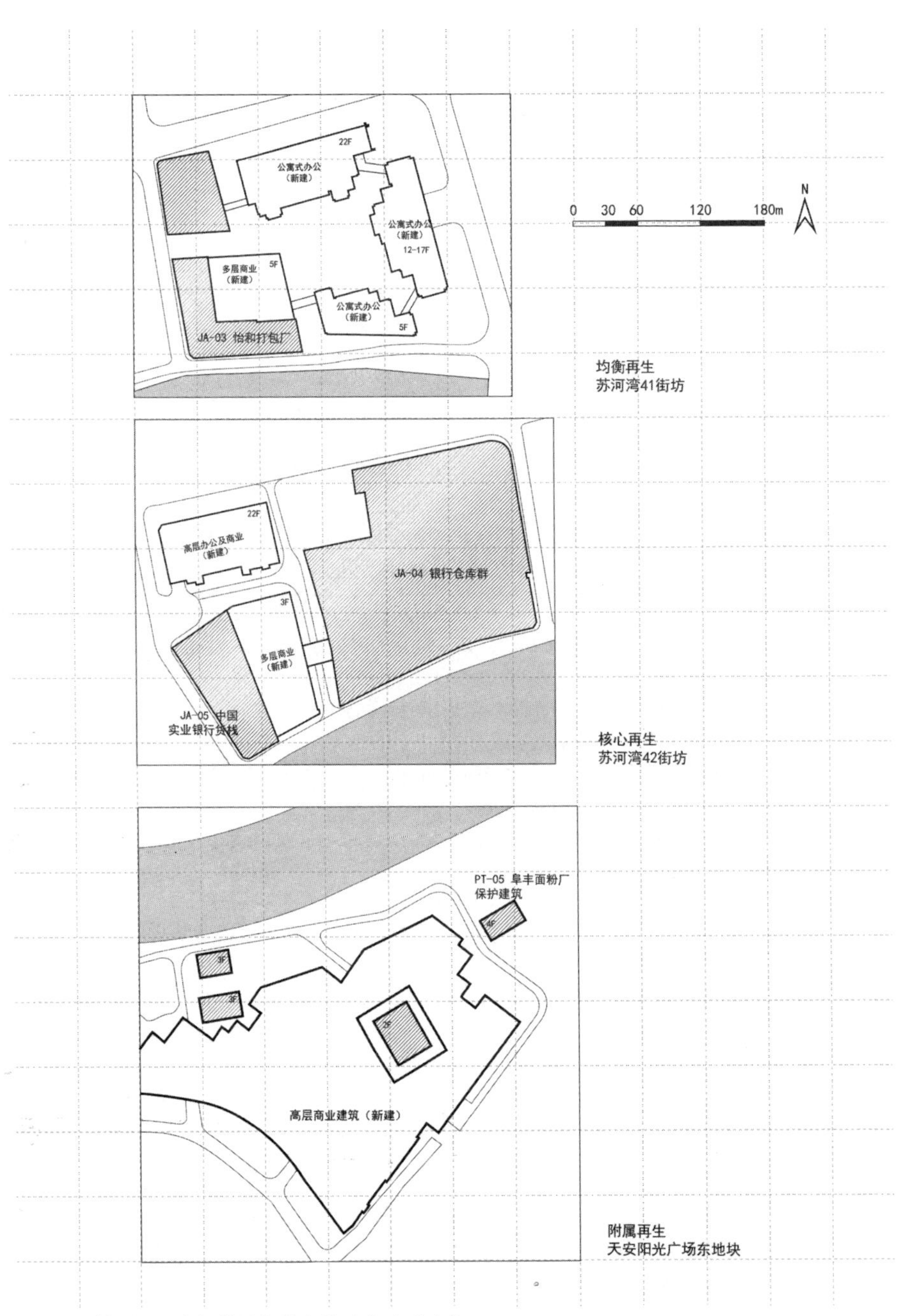

图3-14 苏州河沿岸部分城市综合体开发平面示意

庭院的中心。同时在建筑周边设置一条人行步道，将建筑与莫干山路、开放绿地公寓联系起来。

2）均衡再生：新旧建筑在空间关系上不构成明显的主次及核心关系

在城市综合体中，均衡再生的复合模式体现为保留历史建筑与新建建筑规模与尺度相对均衡。在苏州河畔，往往体现为低层的保护建筑与高层新建建筑的搭配。建筑体量虽然相差较大，但在城市肌理、沿河主界面和空间流线上，则是相对均衡的状态。

苏河洲际中心119街坊东至长安路、西至光复路、南至普济路、北至天目西路，总占地面积1.8万平方米，包括3栋2层的保留建筑及2栋高层办公和裙房商业，是均衡再生的示范。保留的历史建筑为建于1919年的裕通面粉厂宿舍，为原闸北区登记的不可移动文物，2015年起落架大修，在原址恢复重建。新建两栋办公楼位于保留建筑西侧，两者南面则是滨水商业裙房，由钢结构天幕覆盖连接。苏河湾41街坊也是均衡再生的典型，在修缮更新原怡和打包厂的同时，地块的北、东、南三面建设有3座高层公寓式办公建筑，同时配有下沉广场和地下展览空间。

3）附属再生：以新建建筑为主、历史建筑为辅来进行空间设计与表达

附属再生的复合模式主要表现为城市综合体的整体空间组织关系不以保留历史建筑为核心和主导要素。在苏河湾1街坊，原上海总商会大楼及其门楼的修缮改造固然重现历史岁月的精致华美，但新建的3座塔楼完全重塑了苏河湾乃至浦西的天际线。

在天安阳光广场的设计中，新建建筑虽然通过多种方式与老建筑有机结合，但建筑师强烈的“山峰”形态，奠定了整个场地的基调。5座历史建筑通过多种手法与新建的酒店、零售和商业单元等综合功能融为一体。1号保护建筑（阜丰机器面粉厂办公楼）作为多功能零售点，为景观庭院的核心；2号及3号保护建筑（福新面粉厂耳房及小包装仓库）在新建建筑北侧边缘，位于公共开放绿地之内，紧邻苏州河畔，将作为水运售票和零售空间；4号保护建筑（阜丰机器面粉厂厂房）建于清光绪二十四年（1898），砖木结构4层，位于新建建筑东北角庭院内，毗邻公共开放绿地，为游客提供外部休息和餐饮功能；5号保护历史塔楼

是西地块仅存的工业遗迹，重新修复后平移至苏州河边，作为新建建筑西墙的垂直交通。

3. 滨水公共绿地内的抢救性保护

苏州河两岸工业遗存有5处为再开发过程中规划公共绿地里保留的老厂房和工业设施，其中4处为公共绿地中面向公众开放的博物馆和展示馆，1处为高档居民区内对外开放的餐饮空间（表3-11）。

其中，长风商务区滨河绿地的几座老厂房为当年土地出让时，有意识为打造民族工业文化公园而保留的[1]。包括2号绿地内的7栋老厂房改建的长风游艇游船馆（包含原上海试剂总厂的一座高达70米的巨型烟囱）、1号绿地内原上海火柴厂的一座锯齿形老厂房和苏州河工业文明展示馆。

梦清园原为上海啤酒厂旧址。上海啤酒厂于1933年由邬达克设计完成，采取早期现代主义风格，为当时远东最大的啤酒工厂。1958年由华东工业建筑设计院大规模改造。2002年苏州河整治工程完成后，计划将上海啤酒公司在内的“U”形河道转弯处，建设成为苏州河畔当时最大的生态绿地公园——梦清园。工程原计划将啤酒厂所有建筑全部拆除，规划局和专家学者于2003年介入时，现场仅剩下办公楼、灌装车间和酿造车间，且主体结构已岌岌可危。最后经各方协调，采取折中方案：将灌装楼整体保护修缮为苏州河展示中心；拆除酿造楼大部分体量，保留苏州河一侧典型片段，为啤酒主题的酒吧和景观广场[2]。

瑞华公馆位于华府樟园小区内，功能几经变换。从清末最早被称为“徐园”，为中国最早的昆曲传习所，到民国时期的私人住宅，再到20世纪40年代“大中化工厂”厂房，1963年起成为“南林中学”以及之后的南林师范学校[3]。千禧年之后，在华师大师生的谏言下，得以从棚户区的拆迁计划中保存。2008年由开发商主导，成功将老洋楼进行“移位保护”。在挪动95米的同时，顶升2米，旋转35°，经过8年的修缮，于2016年对外开放。

---

1 嵇启春，2015.

2 毛伟，2006.

3 冷梅，2016.

表3-11　苏州河两岸工业遗存作为滨河绿地建设的项目列表

启动时间	改造前	改造后	改造主体及改造方式
2002 年	上海啤酒厂灌装楼、酿造楼	梦清馆（上海苏州河展示中心）	2002 年梦清园建设中面临拆除，抢救性保留罐装楼整体及部分酿造楼
2008 年	上海葡萄糖厂旧址	瑞华公馆	前华运地产华府樟园售楼处，现为餐饮对外开放
2009 年	日商燧生火柴厂	上海商标火花收藏馆	长风 1 号绿地配套工程
2009 年	原陈家渡老渡口和上海试剂总厂旧址	上海长风游艇游船馆	长风 2 号绿地内 7 栋老厂房，经过改建后连接为 5 栋，其中 2 号、4 号楼局部加建，5 号楼原地重建，1 号、3 号楼基本为老建筑
2014 年	上海眼镜一厂原址	苏州河工业文明展示馆	原长风工业区厂房改造

五、苏州河两岸工业遗产面临的困难与机遇

1. 挑战：滨水工业遗产对公众的开放有限

滨水空间是城市优质、珍贵的社会资源。苏州河沿岸工业遗产是苏州河沿线难得的占据黄金水道，具有历史文化价值，且有可能对公众开放的空间资源，理应最大程度地对公众开放。今日苏州河两岸工业遗产最大的挑战，不在于单体建筑的保护与更新，而在于占用城市一线滨水空间的工业遗产对公众的开放还远远不够。

1）对公众开放的空间有限

从城市尺度看，苏州河沿岸中可对公众开放[1]的空间约为47%（公共绿地约占37.2%；滨水建筑首层含公共功能的约占10.2%），剩下的部分为非公共功能的岸线（包括约为40%的封闭岸线，以及岸线开放但首层建筑不包含公共功能的部

1　本文将河岸可开放空间定义为两部分：滨河公共绿地，滨河建筑首层空间包含餐饮、零售、展览展示等可对公众开放功能。滨河不可开放空间包括：封闭岸线，如封闭小区、校园等；滨河建筑首层空间不包含任何可对公众开放使用的空间。

分）（图3-15，图3-16）。而南北两岸对比的话，北岸对公众的开放度高于南岸（北岸52.22%，南岸42.49%）[1]。

图3-15　苏州河两岸工业遗产首层界面公共与非公共的对比

而从滨河单个工业遗产的现有功能上看，65处工业遗产中约有30处包含对公众开放的空间（不仅限于首层），另有5处可以通过（高）消费或邀请方式入内。剩下的30处中，约有9处属于闲置、再开发建设的状态，21处为完全不对外开放的状态[2]。可见，当前苏州河畔的工业遗产约有一半尚未将滨水公共资源的价值考虑在内。

1　截至 2019 年年底。

2　例如纯办公建筑颐中大楼、互惠大楼、自来大楼等，以及位于封闭园区内的小红楼、天利氮气厂旧址等。

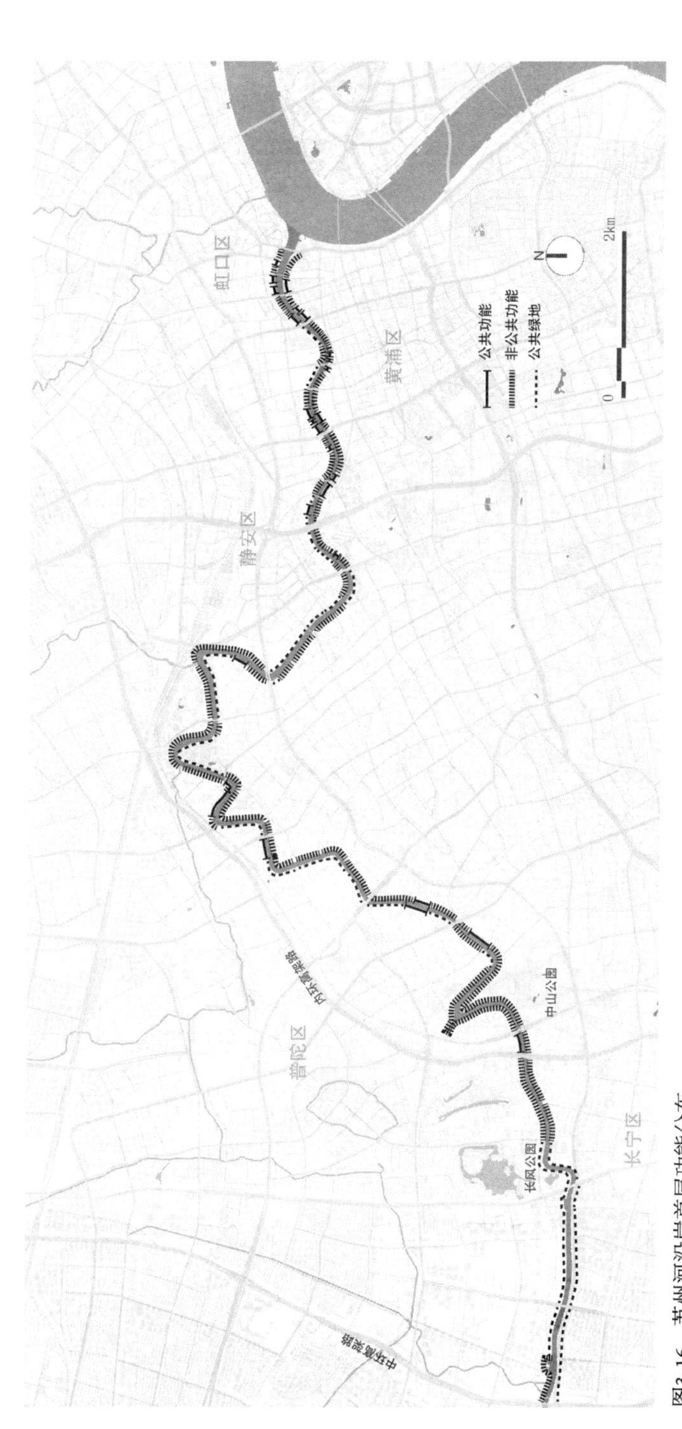

图3-16　苏州河沿岸首层功能分布

资料来源：根据2018—2019年实际调研及相关规划绘制

2）对公众开放的时间有限

苏州河沿岸35处包含对公众开放功能的工业遗产中，关于对公众开放的时间，可以分为三种类型：

a）具有全天对公众开放可能性（8:00—22:00）：如创享塔、八号桥艺术空间、湖丝栈等。在主体的办公、展览功能之外，设计有针对公众可在不同时段访问的餐饮、休憩、运动空间。如八号桥艺术空间在首层设酒吧，苏州河DOHO有屋顶花园。又如M50创意园，园区本身具有一定的公共空间和滨水步道，即便在园区内的展馆、工作室关闭的情况下，也不影响访客的光临。该类工业遗产共计12处。

b）限时开放（9:00—17:30）：多为苏州河沿岸的博物馆、纪念馆和展示空间，一般在下午四点之后不得再入内。如上海邮政博物馆每周三、四及周末两天在9:00—16:00开放，四行仓库周二至周日9:00—16:30对公众开放，二者都在16:00停止入场；也包括有月星家具城等在17:30停止营业的商业空间。该类工业遗产共计7处。

c）有条件开放：例如需要一定消费的上海总商会、瑞华公馆（原上海葡萄糖厂），需要邀请进入的商坊会馆（原怡和打包厂，现华侨城规划展示中心），每年仅在中国文化遗产日开放一日的上海丰田纺织厂纪念馆，仅接受集体预约的上海造币厂博物馆等；还有如E仓、景源时尚创意产业园等园区，虽然是有围墙保安的封闭园区，但在保安不过问的情况下仍可进入园区。该类工业遗产共计16处。

3）城市腹地到水岸可达性弱

城市腹地到达河畔的可达性较弱，主要原因有二：一是铁路、公路运输线对城市肌理的打断；二是工业建筑（尤其厂房、仓储建筑）本身的巨型体量或者封闭式园区形成的屏障。

前者代表如上海造币厂主楼，明明紧邻河岸，却被2012年新建的江宁路桥阻隔。不但视线上被立交桥遮挡，人行更加不便。造币厂与河对面的宜昌路救火会大楼直线距离仅有150米，视线上无法对望，步行需绕行江宁路桥及引桥，距离增至1400米，且步行环境嘈杂。又例如长安路上的焊点1088公社和金岸610，两个园区紧邻，却彼此不相通；如果从主路到达河边，需再绕行两座建筑，才能进入园区，在没有保安盘问的情况下，可再步行至河边。而且M50与焊点1088、金岸610隔河相望，三者占据稀缺的滨水空间，本可以共同成为滨水工业文明、公共空间价值的体现。但当前三者却连基本的通达、可行都尚未做到。

后者代表如四行仓库、苏河湾42街坊银行仓库群等，平行或者垂直水岸的巨型仓库。一方面由于其高大厚实的体量使视线无法从城市腹地看到水岸，另一方面也使得通往河岸的步行感知极具压迫感（图3-17）。M50等园区在很长一段时间内也仅仅将苏州河作为园区的背面，园区内紧邻苏州河畔的18—25号楼，建筑山墙面之间作为通往河岸的通道，并没有得到强调和视觉引导[1]。但自2019年下半年苏州河贯通工程之后，园区类的滨水工业街坊的通达性已得到极大改善（详见第五章第六节）。然而，如何提升垂直水岸方向滨水界面与城市腹地之间的连接，仍然是苏州河沿岸工业遗产更新设计面临的极大挑战。

从天潼路通往苏州河，两侧为苏河湾42街坊银行仓库群及41街坊怡和打包厂

四行仓库水岸景观完全被长立面所左右，视线不通，步行空间压迫感强

南苏州路1305号与九子公园之间通往苏州河的巷道

图3-17　工业建筑（群）独特的建筑类型及城市形态使城市腹地与水岸的连通受限
资料来源：自摄于2018年11月

4）历史层积的断裂

苏州河岸工业遗存历史层积的断裂体现在两个方面：一是工业遗存风貌特征丧失，几乎无法辨认原有的工业历史；二是当前遗存与遗存之间的联系普遍较弱，曾经完整的城市肌理支离破碎。

1　朱怡晨，李振宇，2018.

例如M50所在的莫干山路工业区，由于阜丰面粉厂和福新面粉厂在1900年前后的强力入驻，再加上阜丰、福新、华新三大民族资本系统的持续扩张，使得这一区域没能有一家外资企业进入，成为纯粹的民族资本企业聚集地[1]。莫干山路工业区今天仍然保留有申新九厂、上海面粉厂、信和纱厂的旧址，同时离福新面粉厂三厂、中华书局上海印刷所澳门路旧址相距不远。申新九厂房纺布及织布车间改造而来的月星家具城、红子鸡美食总汇，以及旧址新建的纺织博物馆大厦，虽然在室内设有博物展示馆，但步行在莫干山路，风格混杂的城市风貌几乎辨识不出曾经的民族工业聚集地（图3-18）。工业遗存之间也没有任何的线索连接，都是彼此孤立地存在（表3-12）。

图3-18　申新九厂厂房改造的家具城和新建的纺织博物馆大楼
资料来源：自摄于2018年9月

1　郑祖安，2016：111-122.

表3-12　原莫干山工业区城市肌理演变

1948 年叉袋角区域卫星图	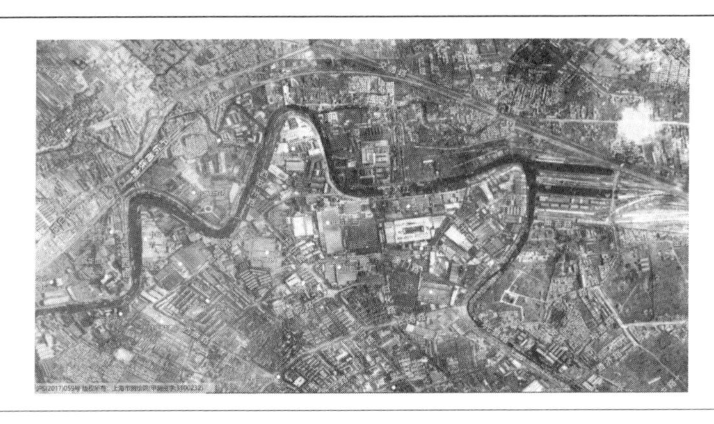
2000 年至今叉袋角区域的城市肌理变化	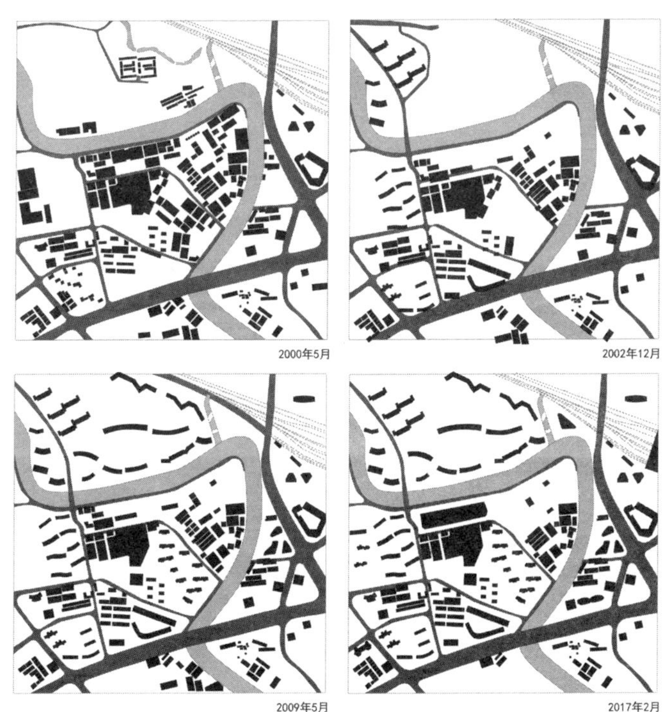

注：1948年叉袋角区域卫星图来源于天地图·上海影像年份图[审图号：沪S（2017）059号]https://www.shanghai-map.net/shtdt/multi-images/layer-swipe.html

2. 苏州河沿岸工业遗存更新改造的四个趋势

通过对近期苏州河沿岸工业遗存适应性再利用项目的分析，结合对参与更新项目的专业人士进行访谈，可以发现，苏州河沿岸工业遗存的更新出现四个趋势：①在建筑空间形态设计上，强调面向城市连通的开放共享，出现从LOFT到社区的转变；②在功能策划上，强调多元复合的社区配套；③在设计工作方式上，强调一体化的工作流程；④邀请流量建筑师参与，打造城市奇景，以虚拟时空的流量带动实体空间的体验。

1）城市形态：面向城市连通的开放共享

2015年以后，上海中心城区存量再生项目出现规模小、分布散的特征，没有明显的工业构筑物形象，并且常常被新的地产开发所包围[1]。在近5年苏州河畔工业遗存的改造实践中，出现了将园区与社区共融共享的特征。在空间处理方式上，体现为从建筑内部空间的重塑转向与城市连通的开放式庭院的营建，从较为孤立的、封闭化园区转向面向社区交流互动的场所。

在红坊166的场地设计上，通过拆除原有工厂的大门和两栋建筑的底层空间，构成一组开放式的三进院落：以错落组合的矮墙和凹院，结合沿街商铺，构成入口院落；以首层分隔停车区和行人区的廊架界面，结合狭长的建筑立面，作为展示院落；利用原有仓库部分的底层空间，拆除部分外墙，形成半开放的交流互动庭院。三组院落为日常交流及社区活动的场地需求提供可能，实现了小型场地与城市空间联系的塑造（图3-19）。

叶家宅路100号原为1918年民族资本家刘伯森创办的宝成纱厂，由德国人设计建造带有瞭望塔的厂房，钢筋混凝土框架结构，是中国最早的具有现代风格的建筑之一。塔楼所在的一号楼厂房内部利用两组交通核心形成公共客厅将厂房沿长边分成三段，每段内廊的屋顶挑空为天窗，同时两侧划分为不同的小隔间以适应多样的办公需求。而1号楼与沿街的2号、3号楼之间形成面向叶家宅路的城市广场，成为服务周边园区、国际时尚教育中心、长寿街道、宝成湾区的市集空间（图3-20）。

1 董怡嘉，2019.

图3-19　红坊166社区开放空间
资料来源：董怡嘉，2019

图3-20　创享塔园区广场
资料来源：自摄于2019年5月

2）功能策划：从文化创意的定位中细分出社区互动业态

2014年上海实行统一认定“上海市文化创业产业园区”政策后，文创空间的“一轴两带”格局初显。其中，“苏州河滨河集聚带”包括普陀长风生态文化园、莫干山路50号创意园、长宁湖丝栈创意园、静安苏河湾等以设计、媒体、艺术为特色的节点，形成了以仓库文化与沿岸工业文化相融合、集旅游休闲与创意体验功能为一体的文化创业产业集聚带[1]。然而，在2006年前后的快速发展期间，“创意园区缺创意”受到各方批评。在此之后，融入文化和提升内涵成为共识和发展趋势。文创园区品牌化、特色化、连锁化的发展步伐加快。

最能反映这一变化的就是恒丰路610号原恒丰搪瓷厂厂址近20年的演变。原上海华丰搪瓷厂[2]厂址，地处新客站商圈，与M50隔河相望。2000年前后，随着上海进行产业结构调整，搪瓷产业整体下行，大量国有搪瓷厂关闭。厂址在2001年由上海都市工业发展有限公司改造为上海不夜城都市工业园，由5幢垂直于水岸的狭长形厂房和沿河岸的违规搭建的仓库构成，初步形成了以信息通信、印刷喷绘为主的特色园区。

而在2015年之后，为了响应新静安实施“一轴三带”[3]的发展战略，建设人文休闲创业聚集带，整个园区进行产业升级。新兴文化企业的导入成为园区改造升级的首要期望。于是，恒丰路610号再次升级改造为金岸610创意园。在2016年的改造方案中，除了考虑设计、传媒、公关等文化创意类企业的入驻，还引入时尚潮流商业、小型博物馆、艺术长廊，不仅仅是为提升整体项目的文化艺术氛围，更是为营造苏州河畔现代都市格调的生活气息。

---

1 2005年，上海市经济委员会开始引导和鼓励创意产业园区的发挥，提出“上海市创意产业集聚区”的概念，于2005年和2006年共授牌四批次75家创业产业集聚区。2009年，由上海市委宣传部、市经济和信息化委员会、市文化影视广播管理局和市新闻出版局共同认定挂牌，至2013年年底，挂牌“文化产业园区”52家。2014年，上海文化创业产业空间出现产城融合的特征，原52家文化产业园区和87家创业产业集聚区进行整合，统一认定为“上海市文化创意产业园区”，共128家获得认定。（王慧敏，梁新华，王兴全，2018）

2 华丰搪瓷厂由刘鸿生、李拔可创办于1929年，1935年迁至闸北。生产的如意牌搪瓷面盆、口杯、饭碗等，在国内外市场颇有声誉。在20世纪80—90年代是国内最大的专业生产搪瓷烧锅的工厂，产品远销60多个国家和地区。参见苏州河工业文明展示馆官网关于“华丰搪瓷厂”的介绍（http://www.scicm.com/content/华丰搪瓷厂）。

3 上海市静安区人民政府，2017.

3）设计工作方式：一体化设计工作

滨水工业遗产更新作为城市更新的重要内容，需要思考各方利益的平衡：政府关注的产业结构调整与升级，城市环境的改善与提升；居民关注的生活便利性、舒适性和公平性；企业关注的经济效益等。城市更新作为资源紧约下城市可持续发展的主要方式，在当今形势下，愈发成为社会日益关注的领域。

从空间设计的角度而言，设计显然无法超越政策、经济的约束。而无法做到政府、社会、企业价值平衡的设计，也难以发挥空间的能量。在与相关设计机构和运营企业访谈交流的过程中，可以发现，“一体化”的设计理念已成为城市更新项目必然的选择与趋势。设计公司面临从单一建筑设计到一体化集成服务的转型，即从策划定位、专项设计到建造过程的重点监控、运营咨询、实施策略等诸多方面的一体化设计服务。尤其是在前期的策划定位上，创造性地应对客户需求，提出具有前瞻性、综合性、创新性、操作性的解决方案。以设计与创意来解决问题，甚至促进需求。

回到苏州河畔，红坊166社区作为红坊和水石继上海城市雕塑艺术中心（红坊）后的又一次合作。在文化艺术的大定位下，细分出与公共艺术相关的发展方向，能与社区居民形成互动的业态与内容，用以推动社区的文化品质生活。在创享塔的策划定位中，认为城市的更新应“结合消费升级，通过改造空间去刺激周边经济与社区活力”，而公共空间是促进社交互动的最佳场所。在金岸610里，则以溪谷为理念，将狭长的峡谷空间打造成集艺术长廊、潮流商业、文化艺术、创意时尚为一体的开放场所。

4）建筑运营：流量建筑师与城市奇景

在以图像为主的社交媒体成为主流的今天，建筑及建筑师的“网红”化，成为不可避免的趋势。在工业遗产的再利用中，当前的“再利用”不再聚焦在其使用价值，更多的则是一种可以带来交换价值的“景观”[1]。从这个层面而言，建筑师“个性化”“标志性”“符号化”的手法，开始越来越多地出现在工业遗产更新的实践中。

1　王辉，2019.

图3-21　上海船厂和无锡运河外滩更新实践
资料来源：自摄于2019年11月

从传播和运营的角度而言，开发商往往也乐意寻求与流量建筑师的合作，通过互联网的传播，吸引更多流量，以期带来更多消费。而建筑师们也不负所托，将极其鲜明的设计语言融入改造实践中，重塑城市图景。例如，隈研吾在上海船厂和无锡运河外滩的改造，都应用堆叠、编制的手法，探索材料的对比与尺度的消解，也编织出一个历史空间“重生”的故事，成为政府、开发商、大众都乐意看到的城市奇景（图3-21）。

在苏州河畔，天安阳光广场无疑是当下最吸引眼球的项目。主创设计师托马斯·赫斯维克（Thomas Heatherwick）被誉为设计“怪才”。他专注于令人惊异的片段——制造“哇”的瞬间。他倾向于通过肌理而非塑造实体来呈现效果，通过缝合或层叠大量几乎相同的部件，以形成一个高度瞩目的整体。例如2010年上海世博会的英国馆，是一个由6万根半透明的丙烯酸棒组成的圆形立方体；又如他在伦敦奥运会开幕式设计的圣火台，由204支铜花瓣组成。

在天安阳光广场的设计中，一边是苏州河畔的自然景观，另一边是丰富的工业历史和当代艺术群落，他仍然使用个人标志性的手法，用超过800根混凝土柱，层层叠起令人瞩目的两座山形的空中花园。通过柱子顶部种植树木的花盘外露出来，以矩形网格排列，并向公园和M50方向逐渐下降，形成巨大的山形景观建筑，传递出建筑与周围环境融为一体的城市景观的理念[1]（图3-22）。天安阳

1　赫斯维克建筑事务所（Heatherwick Studio），王潇骏，译，2019.

图3-22　建设中的天安阳光广场（千树）以及平移后的工业塔楼
资料来源：自摄于2019年5月

光广场尚在建设时，就已经在社交平台得到广泛关注。

本章通过对苏州河沿岸进行的扫描式调研，确认两岸共计65处工业遗存，并指出苏州河两岸工业遗产具有如下特征。

a）苏州河沿岸工业遗存的变迁，反映了上海城市空间格局变化的各个阶段。

b）苏州河沿岸工业遗存缺乏完整性保护，城市形态上已是支离破碎的状态。

c）在建筑类型具有四种基本类型：长立面“平行水岸”、山墙面“垂直水岸”、组团园区、零星散布；建筑风格演变同上海其他类型建筑的风格演变发展具有一致性和特殊性；原功能以仓库最多，其次为厂房。过去20年的更新方式包括旧建筑的适应性再利用、基于工业景观再生的城市综合体开发和滨水公共绿地内的抢救性保护三种更新模式；部分保护更新过的工业遗存已经进行或面临二次更新的状态。

d）苏州河沿岸工业遗产更新最大的挑战在于对公共开放的不足。

e）最近五年苏州河工业遗存的更新改造具有面向城市开放共享的趋势。

第四章
苏州河两岸工业遗产更新纪事

从历史进程看，20世纪90年代至今，苏州河工业水岸更新大致经历了四个阶段：①20世纪90年代，以苏州河畔“艺术仓库”群形成为标志的工业遗产再利用；②21世纪初，以M50创意园逐渐形成为标志的、具有代表性的创意产业集聚区域的出现；③2004—2010年上海世博会，以世博园区和杨浦区、普陀区工业遗产规划与开发为标志的、政府主导的水岸再开发；④世博会后至今，以浦江两岸贯通、苏州河两岸城市设计为标志，通过滨河公共空间塑造和工业遗产更新，充分体现共享水岸的城市景观图景。

从苏州河工业遗产保护更新的五个典型事件，可以发现，苏州河沿岸工业遗产更新经历从独享—群享—专享—有限的共享—迈向共享的变化，从单体的遗产保护、适应性再利用转向城市滨水资源公共价值提升。结合社会空间的视角分析，苏州河沿岸工业遗产的更新，不论建筑功能的如何定位，终将让位于共享的城市景观营造。

一、保护与更新发展的四个阶段

1. 上海内城更新背景：从经营土地到经营空间

无论是20世纪80年代以改善住房条件为目标的城市建设，还是20世纪90年代以经济增长为目标的城市更新，此时上海的城市空间建设对空间的价值认知还停留在土地的级差价值，对地块上的建筑、街坊、传说等美学的、社会的和历史的价值没有足够的认知。“简言之，空间生产还是一个无视城市历史空间肌理和集体记忆价值的物质性生产和资本增值的生产[1]。”

进入21世纪，为了避免再次对历史城区的大规模冲击，城市更新的模式已从20世纪90年代的大拆大建变为拆、改、留。其中，最大的改变是城市保护和保护性开发的理念得到实践，进入以历史文化遗产保存为重点的城市更新[2]。从只知土地开发价值而推倒旧里房屋，到发现旧里价值而保护和激活旧里，上海的城市空间改造已然进入了新的阶段。

2010年以后，上海开始进入稳步发展的渐进式更新阶段。2015年5月《上海市城市更新实施办法》正式实施，标志上海正式进入存量开发为主、注重品质增长的时代。历史风貌保护、工业遗存的保护与再利用、城市滨水空间开发和社区微更新等成为城市更新的重点内容[3]。

2. 20世纪末，苏州河沿岸工业废墟的拆与留

通常认为，苏州河两岸工业遗产的保护改造，源于台湾建筑师登琨艳在新闸路仓库的实践。然而，在1998年登昆艳对仓库进行改造前，苏州河叉袋角区域的申新九厂，在1996年便将织布车间一幢占地面积3403平方米、建筑面积7600平方米的3层厂房租赁出去，改造为上海红子鸡美食总汇。随后又与江苏月星家具集团签订50 000平方米的租赁合同[4]，开办了月星家具城。到2000年，申新九厂用于生产性的厂房已经所剩无几[5]。

申新九厂这一系列变动，来自20世纪80年代以后城市定位转变和产业定位调整对传统轻工业的冲击，同时也包含20世纪90年代苏州河环境综合治理和沿岸居民对居住环境改善的需求。此时对城市空间的改造，是一种城市由生产型转向消费型过程中被动而仓促的选择，大量生产办公用房的拆除在所难免。而保留下来的厂房在租赁改造的过程中，或许有考虑到对工业历史、厂区文化的追忆，例如在原址新建上海纺织博物馆大厦；但对城市空间整体价值的认识，更多的是停留

1　于海，2019：63-67.
2　丁凡，伍江，2018b.
3　王林，莫超宇，2017；丁凡，伍江，2018b.
4　中共上海市委党史办，上海市现代上海研究中心，2007：77-78.
5　代四同，2018.

在土地价值，而对城市肌理、建筑背后的历史和文化价值仍然欠缺。反映在工业遗址的适应性再利用中，即建筑在改造之后，失去了场地原有的历史、文化线索。

3. 21世纪初，以M50创意园为代表的创意产业园区出现

沿岸大量闲置的工业建筑改造为创意产业园区，是苏州河沿岸城市景观的一大特色。高峰对苏州河沿岸创意产业发展机制的研究指出，苏州河沿岸老仓库、老厂房的改造，从开发动机、形成历程上看可以分为四种类型：①建筑师、艺术家租用作为工作室；②企业自寻出路；③地产公司介入开发；④产权所有集团的整体开发[1]。从发展阶段看，则分为自发聚集和政策引导两个时期。

1）1998—2005年：苏州河沿岸创意产业的自发聚集

从1998年登琨艳选取苏州河南岸的仓库作为其设计工作室，到2005年上海市经信委为第一批创意产业集聚区挂牌，这一段时间成为苏州河沿岸创意类企业自发聚集的时期。以建筑师、设计师、画家为主，将苏州河畔的老仓库、老厂房租赁下来并改造为工作室，初步形成了苏州河沿岸艺术、设计类创意产业集聚。

这段时间，苏州河沿岸形成的创意产业集聚区包括南苏州河路1305号登琨艳工作室、四行光二仓库、莫干山路50号等。此时的聚集具有一定的偶发性。重新梳理这段时间的历史，可以发现有三条相互交织的线索。

（1）建筑师主导的改造实践和艺术家的自发聚集

登琨艳工作室和刘继东的创意仓库在1998年和1999年相继改造成功后，其他知名设计公司纷至沓来，形成了以建筑设计为特色的创意产业集聚区。而另一边，画家李梁和丁乙在2000年被西苏州河路1131号和1133号仓库所吸引，承租下了这个即将要被拆除的仓库。随后又有十几个艺术家和画廊入驻，仅仅两年，就吸引了国内外艺术界的巨大关注。尽管西苏州河路仓库在2002年被拆毁，但是在苏州河畔出现中国的“SOHO”，成为人们热切的期盼。

（2）产业转型背景下的企业自救

1997年上海市提出积极发展“城市型工业”，并在1998年提出“都市型工

1 高峰，2009.

业”的概念。在经济转型的特定背景下，苏州河沿岸企业经历了停产到转产，再到经营创业产业集聚区的历程。厂家迫于出路，将厂房以非常低廉的价钱出租。随后通过对租户筛选和硬件改造，借上海市发展都市型产业和发展城市文化建设的契机，完成从都市型产业园区向特色都市型工业园区，再到创业产业集聚区的转型。M50创意产业的形成，被认为是产业转型背景下企业自救的典型路径[1]。

（3）专家学者对工业遗产的保护呼吁

上海是我国最早提出工业遗产保护的城市。从2000年起，上海高校的相关学者就提出对上海近代优秀产业建筑的保护倡议，参与了苏州河沿岸工业遗产的调研和保护工作[2]，并建议将工业遗产的保护与都市文化产业发展相结合[3]。专家学者的奔走呼号，成为苏州河创意产业带形成的第三股推动力。

2）2005年至今：政府引导发展下的苏州河创意产业集聚

2005 年4月28日，“首批上海创意产业集聚区授牌仪式暨项目推介会”为上海市18个创意产业集聚区授牌，对自发集聚起来的创意产业区进行引导和管理[4]，并推动新的创意产业区的建设。在此之后，苏州河沿岸出现了更多由原工业厂房仓库改造而来的创意产业园区。这一时期，将工业建筑改造为创意园区，是苏州河环境污染治理、河岸地带综合开发以及城市经济面向创新驱动转型等因素共同发展的结果。

而在形成动力上，地产公司介入和集团开发两种类型得到显著增长。例如E仓、创邑·河、周家桥等都是由地产经营公司介入，从原企业以较低租金、长租期租得厂房仓库后，经过改造、设计，再向政府申报、审核获取政策支持。地产公司则同时承担后续招商、出租、管理的职责。至于集团开发型，主要指苏州河沿岸仓库在1949年后收归国有，例如百联集团就拥有苏州河岸众多仓库的物业所有权。百联集团成立了专职分公司，负责所属苏州河沿岸仓库的开发经营。

1　高峰，2009；代四同，2018.

2　韩好齐，张松，2004；顾承兵，2004；徐峰，韩好齐，黄贻平，2005；邵健健，2005.

3　阮仪三，张松，2004.

4　高峰，2009.

4. 2004—2010年，以政府为主导的水岸再开发

城市生产性功能的减弱使得大片工业用地亟待转型。2002年，黄浦江两岸综合开发战略启动，拉开了滨江地区再开发的序幕。2010年上海世博会带动了原沿岸工业地段的再开发。以黄浦江两岸大规模再开发为代表的水岸更新，体现了政府主导、由上至下、政企结合的规模性、系统性保护与更新的规划实践。

这一时期，苏州河畔最为完整的产业集聚区长风工业区也进入转型再开发的阶段。长风工业区[1]是苏州河工业带上唯一以完整的园区形态发展和管理经营的产业集聚区。据《普陀区志》记载，自1922年德商在北新泾地区的苏州河北岸建立上海酵母厂以来，至1990年共拥有企业71家，包括被视为民族工业发展骄傲的上海天厨味精厂、上海火柴厂等[2]（图4-1）。然而，1990年以来，为了应对加入世贸组织的挑战，上海开始了“壮士断腕”式的产业结构大调整。在市场的冲击下，不到十年的时间内，长风工业区呈现整体性衰落，迅速由盛转衰，关停闭转[3]。从2002年开始，长风工业区的整体性转型提上议程。2003年，长风地区规划方案国际征集开始，美国NBBJ建筑设计事务所拔得头筹。

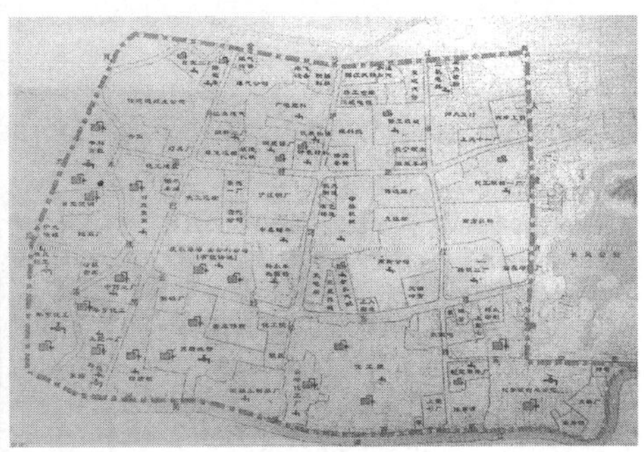

图4-1 长风工业区鸟瞰与企业分布
资料来源：田虹飞拍摄，嵇启春，2015：48（左）；嵇启春，2015：88（右）

1 长风工业区本名为北新泾工业区，东起长风公园，南临苏州河，北依金沙江路，西至中环线，占地面积为220.9公顷，拥有2.7公里的苏州河水岸线。1959年在该地区东首建立长风公园后，又称长风工业区。

2 参考上海市地方志办公室，《普陀区志》，第十七卷工业，第三章新兴工业区，第一节北新泾工业区（http://www.shtong.gov.cn/Newsite/node2/node4/node2249/putuo/node41228/node41241/node41243/userobject1ai26666.html）。

3 嵇启春，2015：31-32.

长风工业区确定长风生态商务区的转型策略之后，在厂区拆迁和整体土地出让时，有意识地保留部分工业建筑，作为民族工业聚集地的历史见证，即“一园十馆”计划。“一园”指在中环路东侧的生态公共绿地宽80～130米范围内的厂房保留修葺，作为工业遗址主题公园；“十馆”即结合公共绿地建设保留的老工业建筑，改造为一批体现苏州河民族工业文明主题的专题展示馆，包括长风1号绿地内，原上海火柴厂保留的上海商标火花展示馆、2号绿地内原上海试剂总厂厂区的长风游艇游船馆、原轻机二厂旧厂房改造的成龙电影艺术馆。虽然工业遗址主题公园的计划并未实现，“一园十馆”仍是苏州河沿岸工业转型过程中，提出的最为系统的民族工业文明展示方案。

5. 后世博时代，“一江一河”公共空间开发策略为代表的共享水岸图景

1）后世博时期的滨江转型

2010年上海世博会之后，黄浦江滨江开发进入新的时期。2011年年底，徐汇区第九次党代会提出打造“西岸文化走廊品牌”工程战略，“上海西岸”正式作为上海徐汇滨江地区的新称谓被广泛使用。以“上海CORNICHE”为设计概念建成的滨江景观大道，以及龙美术馆、西岸美术馆、油罐艺术公园等20余处滨江文化艺术空间串联成线，成为继2010年上海世博会后又一次以文化事件为引导的滨江地区再开发。2015年10月，浦东新区区委率先启动黄浦江东岸滨江开放空间贯通工作。2017年12月底，黄浦江东岸22公里全线贯通，同时也意味着黄浦江两岸45公里滨水岸线公共空间全面贯通开放[1]。

这段时间也出现大量围绕滨水空间设计的城市设计竞赛、城市空间展览等事件。例如，2016年黄浦江东岸开放空间贯通概念方案国际竞赛征集、浦东灯塔竞赛，2018年上海城市设计挑战赛（浦东新区民生码头八万吨筒仓周边地区），以及从2015年起的上海城市空间艺术季（SUSAS），连续三届的主展场都在黄浦江沿岸，依次激发了徐汇西岸的振兴（2015）、浦东民生码头的更新（2017）和杨浦滨江沿线工业景观（2019）的打造。

1　上海市人民政府，2019d.

2）“上海2035”和“一江一河”的展望

2017年12月15日，《上海市城市总体规划（2017—2035）》获得国务院批复，原则同意。以“卓越的全球城市”为目标，打造“令人向往的创新之城、人文之城、生态之城”，体现“创新、协调、绿色、开放、共享”的理念。2018年8月，上海市规土局出台《黄浦江、苏州河沿岸地区建设规划（2018—2035）》公众版[1]，并在2019年1月正式通过。至此，“一江一河”被正式定位为上海城市标志性空间和重要发展纽带。按照建设世界级滨水区的总目标，黄浦江沿岸定位为国际大都市发展能级的集中展示区，苏州河沿岸定位为特大城市宜居生活的典型示范区[2]。

“一江一河”规划上承“上海2035”总体规划的发展目标，下接沿岸地区的控制性详细规划和重要项目规划的指导，是“承上启下”的地区规划[3]。在此基础上，2018年年初，苏州河中心城段滨水贯通工作启动；12月底，苏州河环境综合整治四期工程启动。2019年7月，“一江一河”工作领导小组正式成立，标志着以黄浦江、苏州河两岸为重点的城市滨水区开发工作进入新的阶段[4]。

黄浦江的贯通，让市民意识到滨水空间的提升对生活环境品质的巨大影响。在“一江一河”规划中，苏州河更富生活气息，与市民的日常生活更加紧密相关，也面临更多的挑战与期待。

二、苏州河两岸工业遗产保护更新的五个事件

第一节以时间为线索，回顾了从20世纪90年代末以来苏州河沿岸工业景观演变的四个阶段，从上海城市发展整体脉络阐述苏州河已经进入“共享水岸”的历史发展阶段。本节将通过苏州河两岸工业遗存保护更新的五个标志性事件，阐述共享作为苏州河工业遗存更新保护方法的必要性。

1 上海市人民政府，2018b.

2 上海市人民政府，2019a.

3 王璐妍，莫霞，2019.

4 上海市人民政府，2019c.

1. 事件一：登琨艳与苏河艺术仓库

1）缘起：中国老建筑的保护情结

1998年，台湾建筑师登琨艳在往返上海、台北两地近8年后，选择在苏州河畔一座20世纪30年代的粮仓，开始自己在上海的设计事业。登琨艳曾撰文说明为何在当时酸臭的苏州河畔，选一座面临动迁拆除的老破仓库作为自己的工作场所：对上海老建筑的喜欢、对水的迷恋、对苏州河光怪陆离的野史的幻想、对外在环境的不在乎、对空间可塑性的信心以及最主要的廉价的租金[1]。

登琨艳曾被誉为台湾建筑界的传奇人物。他对于老建筑的保护情结始于20世纪80年代末期在国外的建筑旅行。为此，他质疑台北在城市建设时对景观、自然保护、文化意识的摒弃。因而，面对20世纪90年代成为全世界最大建筑工地的上海，他认为全面拆除式的都市建设不是城市发展的唯一办法[2]。因此，当他决定在上海开办设计工作室时，他选择南苏州河路1305号，20世纪30年代杜月笙的粮食仓库，作为自己保护性设计的起点。

2）中国历史建筑的实验性改造：显露真身，了无痕迹

“我像修复古建筑一般地爱护与小心，让人看了以为一切都是原来的样子，好像我只是将她清洗干净而已。”[3]登琨艳曾言，若是没有出示原有照片或者纪录片，很多人会以为他只是清扫干净就搬入仓库。而事实上，光是拆除几十年来附加其上的违章建筑，就耗费了100余车次的搬运。为了这“显露真身”的效果，登琨艳拆除了部分楼板、楼梯，将部分屋顶开设天窗，改装墙面通风百叶为玻璃窗，才使得屋子中央得到较为充足的自然光。而为了与仓储建筑的原貌保持一致，整个空间内没有使用一点油漆。对登琨艳而言，只有还原，才能显现老建筑的美丽，才能显现其初建造时的风采（图4-2）。“虽由人作，宛自天开”是中国古典园林的设计哲理，“动了”却让人不觉得“动了”，是他对历史建筑再

1　登琨艳，1999.

2　登琨艳，2006.

3　登琨艳，1999.

利用的根本看法和态度。

可以发现，登琨艳一直想构建的是具有现代中国意象情境的建筑[1]，“不去刻意表现中国却非常中国，是我想要努力的”[2]。而这也是登琨艳在1998年对苏州河老仓库的改造设计，与数年之后创意产业园在上海流行之时，其他建筑师主动选择“阁楼式LOFT”红砖铸铁式风格改造的最大差异。登琨艳选择苏州河畔的仓库，是被老上海的历史底蕴和杜月笙的传奇所吸引，又或是对中国的历史建筑如何重获新生的试验。这与后来者出于想要打造中国的SOHO（从废弃工业地转为文化艺术聚集地），因而钟情于苏州河沿岸仓库群的出发点是截然不同的。登琨艳对于自己选择老仓库改造是受纽约SOHO影响的说法表示嘲讽[3]，他更自豪于自己还原了上海老建筑的灵魂：“纽约人，请你瞧瞧这是上海。台北人登琨艳1999年的上海建筑设计工作室！”[4]

图4-2 登琨艳改造后的仓库内部
资料来源：登琨艳，1999

3）从设计师的“独享”推动艺术家群体的分享

南苏州河路1305号的改造设计，于2004年获得教科文组织亚太文化遗产保护奖（图4-3）。登琨艳开创了在上海租用改造旧工业建筑的先例。他的获奖，增进了人们对历史建筑，尤其是工业建筑遗存的文化价值和再利用意义的认识[5]。

1 代锋，2016.
2 登琨艳，2006：143.
3 登琨艳，1999.
4 见登琨艳在《在乎空间与光的韵味：登琨艳上海设计工作室》一文中，对图8的描述。
5 阮仪三，张松，2004；王建国，蒋楠，2006.

“上海苏州河沿岸仓库的保护与改造表明，一个具有先锋意识的开创性修复项目，可以将公众的注意力和政策制定重点放在一个全新的保护议程上，从而具有广泛的影响。极简主义手法保留了建筑物的历史氛围，而创新性地将仓库改造利用为设计工作室，证明了对废弃工业建筑物置入现代新用途的可行性。”

——联合国教科文组织2004年亚太文化遗产保护奖[1]

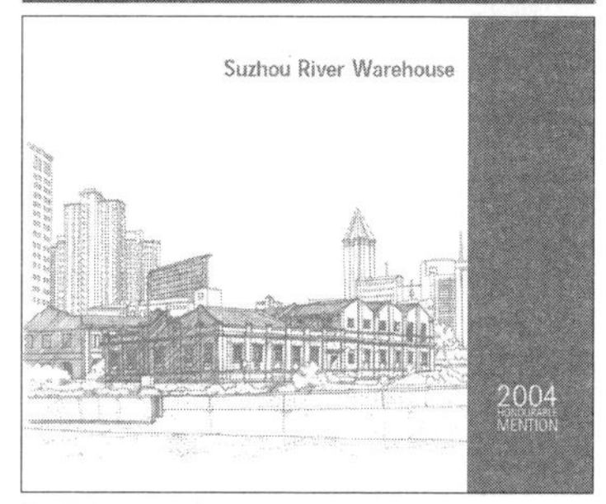

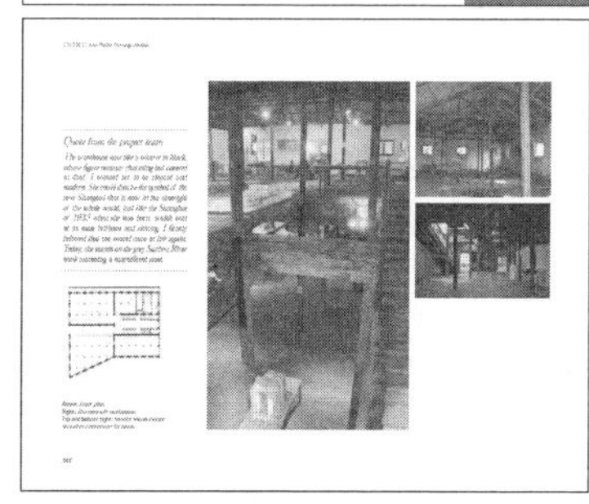

图4-3　南苏州路1305号被提名为2004年亚太文化遗产保护奖
资料来源：UNESCO Office Bangkok and Regional Bureau for Education in Asia and the Pacific, 2007：381-384

登琨艳对旧仓库的改造，本质是设计师对自我思想和价值的表达。是一种传统文人士大夫气质的与世隔绝、独善其身，以及在城市现代化建设大拆大建背景下“众人皆醉我独醒”的态度。登琨艳在南苏州河的实践，创造了一种独享的空间。虽然意外唤醒了公众对工业遗产价值的认知，但这种更新方式改造后的空间并不能为大众所享用。

在他的改造开始之后，紧挨着他工作室的另外两栋老仓库以及河对岸的四行仓库也相继被一些建筑师、影视等设计传媒公司租为工作室[2]。刘继东工作室建立在四行光二仓库（创意仓库，光复路181号），韩玮在2001年进入南苏州路1295号，设立浦润装潢设计有限公司；王献篪在南苏州路1247号（现为八号桥艺术空间）建立影视公司，等等。苏州河畔的工业遗存开始成为艺

1　联合国教科文组织亚太文化遗产保护奖于2000年开始颁发，2004年登琨艳主持的苏州河仓库改造被列入8个荣誉提名（Honorable Mentions）项目之一（https://bangkok.unesco.org/content/winning-projects）。

2　韩好齐，张松，2004：86-92.

术家和设计师群体共同分享、互助交流的空间。

2. 事件二：M50创意园区20年的演变

M50成为苏州河沿岸工业遗产保护更新的典型代表，一方面，是自下而上由艺术家、专家学者、设计师、厂区企业促导的工业遗产保护；另一方面，也是自上而下由政府引导的保护规划发展之路的体现。M50之所以被认为是工业遗产保护的典型案例，不仅因为其工业遗产的价值，还因为它成了真正的文化创意产业、上海当代艺术的文化聚集地，是工业遗产文化资本的实现之地[1]（图4-4）。

图4-4 从河对岸看M50创意园
资料来源：自摄于2019年5月

1 薛鸣华，王林，2019.

1）莫干山路工业区：从荒地农田到民族工业聚集地

莫干山路工业区所在区域曾经被称为“叉袋角”。苏州河自西向东而来，到靠近租界的地方突然急转南下，形成一个尖角指向东北方向的大锐角，如同麻袋竖起时的袋角，故为“沙袋角”[1]，后又因音近被称为“叉袋角”。

叉袋角地区在20世纪20年代初能够成为民族资本企业聚集的莫干山路工业区，主要有四点因素：①水陆交通便利；②土地低价低廉；③地处公共租界，较为安全；④民族资本家兴办实业的历史机遇[2]。

叉袋角地区在20世纪前属于上海县高昌乡的农田。1899年，公共租界首获通过，使得当时上海的西郊，包括叉袋角地区被纳入租界范围。这一纳入，意味着城市化进程大大加快。例如1908年澳门路和莫干山路的同时建设，使叉袋角地区对外的陆路交通开始打通。再加上便捷的水运，为这一地区的工业化打下市政基础。

此外，《马关条约》签订后，外国资本可在中国自由开设工厂。上海成为列强资本输出的首选。在帝国主义经济渗入的刺激之下，中国的民族资本家也开始在上海兴办实业。叉袋角区域既有苏州河直通江浙的水路优势，又属于租界范围，具有一定的市政基础和政治稳定。同时因为地处荒野，刚刚进入城市化阶段，腹地充足且地价低廉。众多因素之下，叉袋角地区迅速成为民族资本企业的集中地。

M50创意园的厂址最早为信和纱厂。1937年12月，徽商周志俊在莫干山路50号注册信和纱厂股份有限公司。信和纱厂的前身为青岛华新纱厂。“七七事变”后，青岛时局动乱，遂将厂址改迁上海。而当时的叉袋角处正好有空地，且地处公共租界，较为安全。为规避日本人干扰，便以英商名义注册，资本250万元，其中华人股份占93%[3]。1938年上海厂房建成开工后，生产持续向上。1949年后，信和纱厂在1951年申请公私合营，成为普陀区第一家公私合营企业。1994年改为上海春明毛纺厂。

1　郑祖安，2016：111-122.

2　郑祖安，2016；代四同，2018.

3　参考苏州河工业文明展示馆官网“信和纱厂”词条（http://www.scicm.com/content/苏州河边的工业史——信和纱厂-0）。

2）抢救M50：苏州河环境治理和城市功能转型下的企业突围

1997年，普陀区开展苏州河废水治理改造工程，对苏州河沿岸企业进行整治，并关停污染严重的企业。苏州河的环境治理，使莫干山路工业区的生产和生活格局发生重要改变，影响有三：①企业生产规模的缩减甚至关停，为转型埋下伏笔；②从单一的工业生产中心向多功能的生活社区转变；③苏州河文化景观生态功能的回归，使河畔工业区与水岸的关系面临挑战与重塑。

1999年前后，由于上海整体产业空间政策的调整，春明毛纺厂开始停产歇业。2001年，上海市经委在中心城区进行“都市工业园区”计划，设立了专项资金扶持。次年，莫干山路50号被上海市经委命名为“上海春明都市型工业园区”，定位却是电子加工和高科技产业。因耗能大、有环保、老厂房建筑结构的保护等问题，经营并不能继续[1]。

与此同时，艺术家们相继看中苏州河畔，这片保存了从20世纪30—90年代各个阶段建筑风格的厂房区，陆续进驻厂房作为工作室使用。2001年前后，薛松入驻染整车间，成为第一个进驻莫干山路50号的艺术家。他的朋友们得知，也纷纷来此入驻，莫干山路50号的艺术氛围开始形成。2002年，香格纳画廊来到春明毛纺厂，利用厂区的锅炉房成立了莫干山路50号第一个画廊。同年5月，西苏州河路1131号和1133号仓库拆迁，次年淮海西路720号拆迁，使得大批艺术家们来到莫干山路50号。随着最初十几个画家的工作室和三家国内外画廊的进驻，一个更为庞大的艺术仓库群正在兴起[2]。

然而，艺术家的入驻并没能够改变政府和开发商对这一区域的再次开发。2001年3月8日，普陀区城投公司和香港天安集团所属上海凯旋门企业发展有限公司签署了《面粉公司地块改造、开发合作协议书》及《补充协议书》，规定由城投公司委托拆迁公司进行该地块上所有居民及单位的动拆迁工作。同在叉袋角的上海面粉公司决定动迁，但春明毛纺织厂拒绝执行。2003年，上海市苏州河滨河景观总体规划调整，将莫干山路区域的用地性质由“住宅”调整为“商办综合用地及商办金融用地”，同时地块内东北角及西北面将建成大型景观开放性绿

1 洪启东，童千慈，2011.

2 徐峰，韩好齐，黄贻平，2005.

地[1]。根据这一定位，莫干山路50号的历史建筑面临着被拆除的命运。

2003年7月，拆除设备已经进入现场。一场“保卫莫干山路”的行动紧急展开。各方专家纷纷加入队伍，为莫干山路历史建筑的保护而奔走[2]。春明毛纺厂的领导顶住压力，坚持独自开发，保留厂房建筑。园区内的艺术家们也纷纷奔走呼吁，认为这些建筑是历史的见证，希望能将其保留下来。最终，在社会各界的呼吁和重视下，莫干山路50号的历史建筑终于被保存。

园区的社会影响力越来越大，恰逢2004年上海市提出“保护历史文脉”的空间建筑概念。在此情况下，政府开始对莫干山路50号进行重新定位，统一规划指导和支持。同年9月，春明粗纺厂的厂房被上海市文化工作会议规划为11条特色街区之一：莫干山路视觉艺术特色街区。2005年4月，成为上海市第一批授牌的创意产业集聚区之一，命名为“M50创意园”。

3）M50的意义：当代艺术加持下的工业遗产风貌街坊保护

从物质空间的保护来看，M50园区内的工业厂房很多都是20世纪五六十年代建造的普通厂房，单单就建筑本身谈不上什么保护、保留的价值。园区规模也不大，相比于其他大工业园区，M50更像一个“小弄堂”[3]。因而，园区一开始，也并未列入2000年批准的苏州河规划建议保留工业建筑名单之内。

但M50保存了从最初建成到现在，所有历史时期的车间厂房和工业构筑物。其蜿蜒曲折的小尺度城市肌理，反映了上海城市中心城区工业与居民生活交织混杂、相互依傍、“螺蛳壳里做道场”的城市空间关系。M50的保护与再生，可以说实现了工业遗产从单体建筑适应性再利用，到工业建筑群落风貌街坊的整体性保护的跨越。也对众多单体建筑并不出色的中小型工业街坊的整体性保护，提供了难得的范本和依据。

然而，M50的良性发展，更大程度上却应该归功于非物质空间的保护，即当代艺术对工业遗产创新性的保护与推动。艺术家群体的介入，使得M50成为上海

1　代四同，2018.

2　韩妤齐，张松，2004：47.

3　艺术家丁乙的访谈记录。（薛鸣华，王林，2019）

历史、文化技艺的传承地：1939—1999年60年的民族工业历史，以及1999年至今20余年的当代艺术发展。从早期依托艺术的进入，到后期主动规划建设创意产业园区，M50独特的建筑空间可利用性、小尺度街坊群落的可聚集性，成了艺术家与创意产业的首选[1]。而园区管理者也有意识地利用艺术家群体的品牌，无论是艺术创作本身，还是从1999年前后工业遗产保护的传奇经历[2]。M50成为以当代艺术为代表的工业遗产文化资本助力城市文化发展的典范。

3. 事件三：苏河湾开发

2010年2月11日，深圳华侨城房地产有限公司经过201轮的竞价，以70.2亿元（折合楼板价52 873元/平方米）竞得原闸北区苏州河北岸东块1街坊地块（即苏河湾1号街坊地块）[3]，一举成为当时的全国单价地王，也彻底刷新了人们对苏州河北岸城市空间价值的认知。

苏河湾也是苏州河沿岸第一处基于工业遗产再生的城市综合体开发项目。于上海而言，苏州河的改造和苏河湾板块的崛起，对城市影响力和拉动区域经济文化建设具有重大意义。苏河湾的建设，彻底改变了苏州河的城市景观。

1）历史上的银行仓库群

苏州河蜿蜒流淌，在原闸北拐了个湾，被形象地称为“苏河湾”。苏河湾[4]位于苏州河北岸，沿线具有众多极具历史文化价值的优秀历史建筑。融码头文化、仓库文化、民族宗教文化、商业金融文化为一体，被誉为沪上《清明上河图》。作为民族资本集聚地和重要的物资集散中心，苏河湾建有中国银行、盐业、大陆、中国实业、浙江兴业等近20幢欧美风格的银行仓库，素有“黄金走廊”之称[5]。到20世纪30年代，已成为上海最繁华的工商业中心，上海总商会也

1 薛鸣华，王林，2019.

2 上海产业转型发展研究院，2021：34-35.

3 上海市静安区人民政府，2010.

4 规划层面的苏河湾地区，东起河南北路，西至恒丰北路，总用地面积 3.19 平方公里，苏州河岸线长度约 4.7 公里，由南北高架分为东西两块。历史上的工商业中心应为苏河湾东地块。（廖志强，2011）

5 上海城市空间艺术季展览画册编委会，2016：229-242.

在此应运而生。可以说苏河湾凝聚了一部信贷商业冒险的恢宏诗篇。

苏河湾东区（东起河南北路、西至共和新路、北到曲阜路）约有2300米苏州河岸线，汇集一批颇具代表性的老仓库（表4-1）。中西相容、风格迥然，代表着20世纪30年代商铺林立、商贸兴旺的历史。2002年公布的《苏州河景观规划》中，苏州河两岸近100多处厂房与仓库的工业遗产，被建议列入保护清单[1]，而苏河湾区域的工业遗产也被纳入历史建筑保护区[2]。

苏河湾是上海近代工商业的发祥地。然而，长久以来，苏河湾地区危棚简屋密布，发展建设明显滞后于中心城其他地区，与南岸景观更是形成鲜明对比（图4-5）。

表4-1　苏河湾地区工业遗产一览

编号	JA-01	JA-02	JA-03
原名称	上海总商会及其门楼	新泰仓库	怡和打包厂
建造时间	1916（总商会大楼），1920 年（门楼）	1920 年	1907 年

编号	JA-04	JA-05	JA-06	JA-07
原名称	金城、浙江兴业等银行仓库	中国实业银行仓库	中国银行办事处及堆栈仓库	中国银行仓库
建造时间	1920—1930 年	1931 年	1935 年	1935 年

1　王林，薛鸣华，莫超宇，2017.

2　根据 2002 年《苏州河景观规划》，苏河湾区域内的历史建筑（主要为工业遗产）被划入“河口历史建筑集中保护区”和“浙江路——乌镇路历史建筑保护区”两个保护区。参见：上海市人民政府关于原则同意《苏州河滨河景观规划》的批复（沪府〔2002〕80 号）。

续表

编号	JA-08	JA-09	JA-10	JA-11
原名称	四行仓库	福源福康钱庄联合仓库	交通银行仓库	福新面粉厂一厂
建造时间	1931 年	1931 年	1927 年	1912 年

注：表中新泰仓库照片为KOKAISTUDIOS提供，约摄于2014年；其他历史照片由华侨城（上海）置业有限公司提供，照片拍摄于2003年前后。表中编号与附录B左二列编号一致。

图4-5　1948年苏河湾地区卫星图

资料来源：天地图．上海影像年份图https://www.shanghai-map.net/shtdt/multi-images/layer-swipe.html

2）工业遗产更新与城市景观的塑造

（1）苏河湾的重新定位

2010年，国家有关部委批准闸北区建设“国家年代服务业综合改革试点区”。在此基础之上，原闸北区开始重新审视和谋划苏河湾地区的未来发展[1]。

1　廖志强，2011.

2010年3月，原闸北区面向全球征集苏河湾地区城市设计方案。2011年12月，上海市人民政府正式批复同意《苏州河滨河地区（闸北段）暨天目社区控制性详细规划》，确定将苏河湾地区建设成为核心CBD的扩展区和苏河文化的魅力窗口[1]。

2010年，华侨城取得苏河湾1街坊地块后，又陆续获得41街坊、42街坊、6街坊，以及与华润合作开发3街坊、中央公园。苏河湾的大规模开发，意味着苏州河滨水地带的复兴，告别以功能型为主的1.0版本，向注重品质和软实力的2.0版本前进[2]。

（2）苏河湾1街坊：历史建筑修缮基础上的整体开发

原上海总商会所在的苏河湾1街坊，占地41 984.5平方米，南拥苏州河约200米水岸线。1街坊位于整个苏河湾的东侧，上海总商会与宝格丽酒店在此，与西侧41街坊、42街坊的艺术、文化、企业办公、商业娱乐、休闲等功能空间一起，共同组成一个高度复合的城市街区。

在2010年苏河湾刚开发建设时，传统土地出让模式必须把现状建筑拆除方可上市挂牌。政府努力探索商业开发与历史保护相结合的模式，提出对列入保护名录或控制性详细规划明确保留的建筑，作为现状一并出让。上海总商会大楼位于地块东北角，1912年在上海商务公所与上海商务总会合并成立“上海总商会”后，在天后宫原址建造议事厅和办公楼，即今天的上海总商会会址。总商会大楼及其门楼见证了上海“黄金十年”，也是街区内仅存的历史建筑，修缮后总建筑面积3800平方米。

地块内另有3栋150米超高层，其中一栋为全球第六家宝格丽酒店及公寓。另外两栋为浦西第一高的塔尖住宅，完全改变了苏州河北的天际轮廓线。整个地块汇集商业、酒店、办公、住宅、历史建筑，总面积达22.9万平方米。在延续历史文脉的同时，滨水空间的商业效益得到提升，也为消沉多年的苏州河沿岸注入了一剂强心剂。

（3）苏河湾41街坊、42街坊：工业建筑的适应性再利用

苏河湾41街坊、42街坊的银行货栈均建于20世纪30年代。自20世纪60年代

1　上海市规划和自然资源局，2011.

2　H+A 华建筑，2019b.

图4-6　苏河湾41街坊、42街坊现状
资料来源：作者拍摄于2019年12月

起，42街坊中各金融货栈改为仓库使用，20世纪90年代之后大多改造为批发市场，各建筑的立面变化巨大，立面原有历史风貌元素荡然无存。

苏河湾41街坊项目于2012年3月正式对外公示，总用地面积1.5万平方米，东至浙江北路、西至甘肃路、北至曲阜路、南至北苏州河路。地块西南角为上海市优秀历史建筑，历史上建于1931年的怡和打包厂。通过保护与修缮，2012年对外开放，为华侨城苏河湾规划展示中心，被赋予了展示、工作、休闲娱乐的功能：一层为项目规划和产品的体验区；二层为会所；三层则是严培明、刘小东的艺术家工作室（图4-6）。地块的北、东、南三面则建设有3座高层公寓式办公建筑，同时配有下沉广场和地下展览空间。各个建筑以架空连廊相连，整个街坊以开放街区的形式呈现。

苏河湾42街坊东至甘肃路、西至文安路、北至曲阜路、南至北苏州河路。南拥苏州河约200米河岸线，总占地面积2万平方米。地块内包括两栋新建建筑和一片保留历史建筑，以及一栋优秀历史保护建筑。其中优秀历史保护建筑（保护等级三类），历史上为中国实业银行仓库，是通和洋行在近代上海的工业类建筑代表作之一，带有装饰艺术符号的现代派风格。保留历史建筑历史上为金融货栈建筑群，包括浙江兴业银行货栈、浦东银行仓库等5座楼，风格多样，包括带Art Deco装饰的新古典主义风格、现代派风格等，沿河横向展开，颇具气势。

42街坊的重新开发以这两组历史建筑的改造修缮为核心，同时新建3层建筑一栋，在体量上与两组历史建筑衔接，沿河立面根据历史建筑图纸复原，以保持沿河界面及天际线的历史风貌。在优秀历史建筑的北面，新建22层的高层办公楼一座。而两组历史建筑则计划改造为商业、文化等混合业态空间。

3）开放街区的设计，专享的空间

苏河湾项目通过近十年的打造，将原本苏州河北岸破败拥挤的棚户区，塑造为集艺术、文化、企业办公、商业、娱乐、休闲等功能空间为一体，高度复合的城市街区。一方面，通过对沿岸工业遗产的保护更新，让历史文脉延续，水岸重获新生；另一方面，通过城市综合体的建设，重塑城市滨水轮廓线，有效提升苏州河沿岸的空间品质。

苏河湾更新在城市形态上采用的是开放街区的理念，但就目前开放的1街坊和41街坊，可供大众停留活动的空间有限。1街坊的原上海总商会只作为宝格丽酒店的餐饮或特殊活动的预订开放。41街坊虽可以自由进出，但改造后的怡和打包厂作为会馆，也并不对公众开放。苏河湾的建设改善了城市滨水界面的形象，修缮保护工业建筑遗产。但仅靠定位为高端商务区的苏河湾项目本身，公众能享用的机会有限，更多地成为高消费或是特定群体的专享空间。

苏河湾的建设建立在对苏州河历史文化价值充分认可的基础上，在历史建筑的修缮上付出极大的努力。相比早期苏州河沿岸工业遗产更新对使用面积等经济指标的追求，苏河湾工业遗产的修缮得到了来自开发商最大程度的支持，这与项目一开始就看重的苏州河历史景观价值密不可分。可以说，当工业遗产的建筑使用价值转为图景式的展示价值，从被动的保护变为主动的“造景”，遗产建筑的保护将迎来前所未有的关注与重视。但仅仅依靠商业项目开发本身的空间品质，还并不足以完成滨水公共性的显著提升。

4. 事件四：四行仓库的保护修缮

1）苏州河畔的英雄雕塑

上海苏州河畔的四行仓库，建于1935年，正是上海民族工商业崛起之时。作为四行储蓄会[1]堆放银行客户抵押品和货物的仓库，四行仓库采用当时先进的柱网均等的无梁楼盖钢筋混凝土结构体系、英国进口大红砖的外墙，以及彼时流行的Art Deco装饰艺术风格，是当时最先进的仓储建筑。今日伫立在苏州河畔的四行仓库，仍然以其巨大的体量，呈现出一种纪念碑式的英雄感。

1937年8月，淞沪战役爆发。10月底，国军撤离上海。当时四行仓库西面和北面已被日军占领，东面和南面则是公共租界，是实实在在的一座孤岛。谢晋元将军带领420余名战士（对外号称“八百壮士”），孤军奋战、打退日军多次进攻，直至31日凌晨受命撤入租界。日军进攻期间，以密集平射炮击穿西墙上部，洞口累累，建成仅两年的四行仓库留下了惨烈的历史创伤。也由此，四行仓库承载着悲壮的抗战记忆。

战后，四行仓库即被修补，作库房使用。后期又历经加建，至20世纪90年代中期，仓库作为春申江家居城商场对外营业，后又作为文具批发市场使用[2]。功能的多次转换，使得外立面和内部空间也难觅历史痕迹。1985年，四行仓库被公布为抗日战争纪念地，2014年被公布为上海市文物保护单位。同年，四行仓库的保护修缮工程启动。

2）布景式的废墟呈现

四行仓库同时承载着工业文明的历时变迁和特定时期民族战争带来的记忆创伤。虽然后者在随后几十年的功能变迁中，建筑物表面已难觅痕迹。但作为抗日战争纪念地和上海市文物保护单位，四行仓库的修缮保护方案最终选择的是“尊重历史，全面、完整、准确地再现当时战争情景”的效果[3]。四行仓库保护修复工程，最特别之处就是将当年炮火集中的西墙，“尽可能恢复为保卫战时原状，在尊重历史的前提下，辅以必要的艺术加工”[4]。

战后的四行仓库功能几经变迁，西墙从表面上看，已经完全看不出当年的

1 四行储蓄会，为盐业银行、金城银行、中南银行、大陆银行四家联合组成的联营机构。为突破外资银行对业务的垄断，当时部分华资银行联合营业，以求抱团发展。

2 刘寄珂，2019.

3 华建集团上海建筑设计研究院有限公司，2017.

4 刘寄珂，2019.

西墙设计稿

实景照片

图4-7　四行仓库
资料来源：刘寄珂，2019（左）；华建集团上海建筑设计研究院有限公司，2017（右）

战斗痕迹。而关于战后弹孔周围的墙体是否整体敲除后重新砌筑，还是用砖、水泥或混凝土填补弹孔，众说纷纭，各不相同。最终通过弹孔痕迹的“真实性”探查，发现战后曾用青砖封堵炮弹洞口，并以此为依据，在“真实性”“整体性”“可识别性”“可逆性”的修缮原则之上，确定“全墙面剥除粉刷展示战斗痕迹”的最终方案。

四行仓库西墙的弹孔痕迹复原并非易事，确认弹孔位置、剥离、加固，同时还要保持不规则洞口的自然边界。虽然最后呈现出来是“精心”修复过的人工“废墟”，但这种直面战争破坏力的恐惧、联想到民族起伏的忧伤，以及缅怀英雄产生的崇敬，恰恰是废墟所能带来的震撼。如凯文·林奇所言，当景观聚集伤痕时，它也获得了情感上的深度[1]。

然而，带来这种震撼的西墙面，必须从特定的角度才能一窥全貌。无论是设计阶段西墙各个方案效果图的选取角度，还是建成后出现在媒体上的实景场景，作为“废墟”的西墙实际上就是一幅需要在一定距离观赏的画卷（图4-7）。而且这种出现在媒体上的画面呈现，大多采用的还是广角镜头。实景体验时，只能从更加遥远、更加挑剔的角度才能仅仅是看到全景。从某种程度上，这验证了科纳所说的，视觉出发的“布景”式呈现必然带来的距离，以及随之而来因为无法“触及”而导致深层次交流的缺乏[2]。

1　凯文·林奇，2016：45-46.

2　Corner J, 1999.

图4-8　四行仓库实墙高窗的滨水界面
资料来源：自摄于2019年12月

3）文物保护与日常的矛盾

有关四行仓库的修缮设计过程，近期已有多篇学术期刊刊文进行介绍[1]。可以发现，在四行仓库的修缮设计中，最大的难点在于，如何在满足文保单位高标准的修缮复原要求的同时，又要以激发城市滨水活力为目标，满足周边居民的使用需求，创造出充满活力的建筑空间。文物保护的政策性限制与日常需求的矛盾，贯穿了整个修缮工程。

在四行仓库的保护更新中，设计师曾经提出更多地促进亲水活动的空间设计，但受制于严格的文保要求而未能实现。在实际使用中，拆除西侧违章建筑后重新设计的晋元广场成为访客拍照留念、市民休憩活动的场所。但实墙高窗带来的压迫感以及局促的空间，使得建筑滨水一侧并没有太多可停留的地方，行人往来也是步履匆匆[2]（图4-8）。从功能上看，对外开放的博物馆，受制于朝九晚五的开馆时间，对公众的开放度始终有限。四行仓库虽然打造的是面向公众开放的滨水历史文化空间，但受制于空间形态和建筑界面的设计，仅仅做到了对公众有限的共享。

工业遗产的保护如同所有遗产的保护与发展的问题一样，都将共同面临的最终挑战：解决遗产话语与日常遗产实践之间的差距[3]。四行仓库的修缮选择恢复

1　章明，于一凡，沈兵，等，2017；唐玉恩，邹勋，2018；邹勋，2019；刘寄珂，2019.

2　2022 年苏州河虹口、静安段公共空间贯通后，四行仓库段的步行体验得到明显改善。

3　Smith L, 2006；González Martínez P, 2017.

到了最具有历史意义的20世纪30年代战后的悲壮瞬间。但这一选择也忽略了四行仓库之后几十年在苏州河畔的功能和形态变迁，尤其是作为仓库的工业历史。从某种程度而言，就是抹掉了近几十年来在此生活、工作过的居民与之相关的历史与记忆。2020年夏，同济大学师生对苏州河沿岸工业遗产社区情感的调查显示，四行仓库周边居民对其作为工业遗产历史的了解几近于无，最大的认知来自电影《八佰》的上映。而蜂拥而来的游客，很多都误认为修缮后的西墙就是20世纪30年代战后遗留下来的历史遗迹。文物价值的完整性诠释，未能得到有效的传达。针对滨水工业遗产中的文物保护，能否更具灵活性和开放性，是需要继续探讨的议题。

5. 事件五：静安区一河两岸城市设计竞赛

2015年11月，上海市新静安区成立。苏州河从原静安—闸北的边缘地带，走向城市中心。这一次行政区划的调整，不仅仅是政策和管理的缝合，也是对人们心理预期的重要调整。长期以来，苏州河南岸的静安区是繁华的象征，而北岸的闸北区则是落后衰败的代言。两区的合并，使位于上海市中心、长达12.5公里的一线河滨区得以整合。新静安区从此拥有双岸资源，而苏州河沿线地区也从两个行政区的边缘地带，成为两岸空间缝合和功能整合的核心区域，被寄予成为上海中心城区“新地标”的期望。

1）面向两岸缝合的城市设计挑战

静安区域内的苏州河一河两岸，东至河南北路，经苏州河区界转至南北高架，南至北京西路，西至江宁路—安远路、苏州河区界，北至铁路线，总面积约为4.3平方公里。2016年3月，静安区一河两岸城市设计国际方案征集启动。由静安区与上海市规划与国土资源管理局联合组织这次征集，遴选邀请美国SASAKI、英国BDP、法国IFADUR三家设计团队参加。

“一河两岸”城市设计竞赛并非苏州河畔第一个通过面向全球，招募城市区域发展灵感和动力的尝试。2003年美国建筑事务所NBBJ在长风生态商务区城市设计竞赛中拔得头筹，2010年美国事务所RTKL在苏河湾地区城市设计竞赛中获得认可，都曾对该地区的整体发展起到引领作用。但“一河两岸”却是两区合并后，苏州河从边缘走向中心，以南北两岸缝合发展、双岸资源统筹协调为目标的重要尝试。也是在苏州河水质明显改善的基础上，对城市中心滨水区提出的更高期望。

本次城市设计竞赛的内容包括三部分：区域层面的慢行贯通研究（总面积11.2平方公里）、一河两岸城市设计（总面积49.4公顷）和三个重点节点设计。从划定的城市设计范围看，主要在静安区范围内苏州河两岸向腹地延伸的一到两个街坊。其中北岸涵盖苏州河沿岸最典型的银行仓库群（同时也被列为工业遗迹类风貌街坊），南岸则包括泰和坊—东斯文里里弄片区。

从这点看，城市设计的目的不仅仅是沿线滨水开放空间的提升，而且紧紧抓住苏州河的历史文化特征，打造南北两岸对话互动的文化产业群落，将滨水的休闲、娱乐与历史文化产业的更新结合。而三个重点设计节点的选择，则体现出力求滨水与腹地联动，人文、艺术、商业、娱乐、观光、休闲、居住多种功能交织的空间格局改造。

2）基于共享的空间营造

一河两岸地区既是苏州河的核心滨水区，也是上海中央活动区东西向的重要廊道。在今天上海大力推行城市更新的背景下，一河两岸地区作为城市公共资源价值的集中体现，更加强调的是城市和居民所共享的空间与场所[1]。滨水界面与腹地的渗透与互动，提升到了前所未有的高度。

以第一名的美国SASAKI方案来看，城市尺度的空间整合是通过新建综合型开发项目来加强，包括上海火车站、M50创意园等既有临近目的地的联系，从而提升滨水腹地内长久被隔离开来的地区活力。而在滨水界面的处理上，SASAKI与IFADUR都在不超过500米的距离制造城市节点和绿地公园，以满足社区对公共空间的需求，增强滨水区域与邻近社区的互动，将城市形象的提升与周边居民日常生活联系起来。

具体的空间策略上，SASAKI提出“后推、引入、对接、延伸”的策略，以重

1 莫霞，2017.

新缝合两岸城市肌理[1]。“后推”指将沿河线性景观向后推入社区内部；“引入”指通过视线通廊，增强主街向岸线的导向性；“对接”指通过桥梁提升两岸互动，克服现有两岸空间屏障；“延伸”则是将滨河公共空间导入城市腹地，促进区域的整体联动（图4-9）。可见，SASAKI对两岸缝合的空间策略，正是为了促进滨水界面与城市腹地之间的联系。

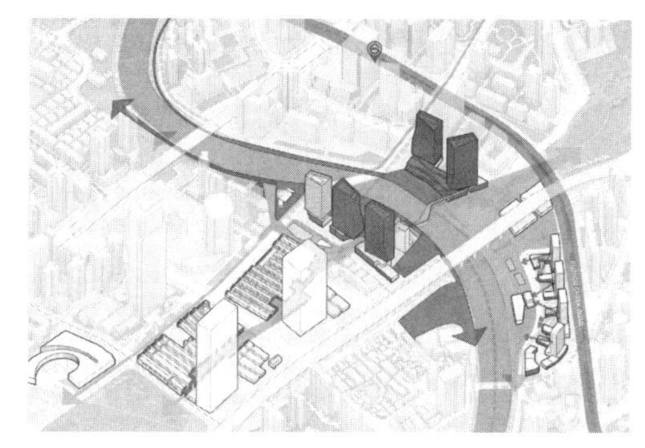

图4-9 SASAKI“后推、引入、对接、延伸”方案
资料来源：SASAKI设计事务所官网https://www.sasaki.com/projects/suzhou-creek/

同时，如何将滨水历史建筑遗存的保护与滨水空间的共享性提升结合，凸显地域特质和空间品质、滨水形象的三重建构，也是此次竞赛的重点。三个方案都提出，当下“一河两岸”地区的品质提升，不仅仅是地理上对长期割裂的城市肌理的修复，更应该是克服人们心理认知上对苏州河以及南北两岸差异的挑战。通过合理改造利用滨水工厂、码头、混凝土防洪墙等当前公众无法访问的区域，重新彰显工业历史遗迹，提升水岸人文内涵，实现城市空间的人性化及多样化。

3）后续影响：共享联动的水岸复兴思路

相比于20年来苏州河沿岸的单体建筑和地块的修复，“一河两岸”城市设计竞赛有两个进步：①通过国际城市设计竞赛提出新的城市愿景，呼应“一江一河”的城市空间布局，并明确实施规划方案的调整；②明确提出滨水区与城市腹地在空间和功能上联动共享的目标，促进苏州河从城市“背面”走向城市中心，并且为后续规划政策出台奠定良好基础。

1 SASAKI，2017.

三、社会空间视野下的苏州河工业遗产

亨利·列斐伏尔（Henri Lefebvre）认为，“既然每一种生产方式都有自身的独特空间，从一种生产方式转移到另一种生产方式就必然伴随着新空间的产生”[1]。一个城市的空间结构是城市社会结构的投射反映，即当社会出现转型、社会关系发生变化的时候，城市空间也会相应改变，这是城市更新的社会性推动力[2]。工业遗产存在的空间，恰恰是整个城市生产关系发生根本性转变的载体。我们试用列斐伏尔的空间三元辩证框架，来解析苏州河沿岸工业遗产的空间转变。

1. 空间的实践：独享、群享、专享到共享

“空间的实践”关乎生产和再生产。英国地理学者马西认为，不存在纯粹的空间过程，也不存在任何无空间的社会过程[3]。20世纪90年代，上海城市建成环境发生巨大变化，中心城区工业楼宇普遍减少，与之对应的是在城市郊区开辟多个市级工业园区。土地级差地租效应促使中心城区工厂外迁，也使得计划经济体制下获得的划拨土地能得到更为经济用途的再开发。体现在城市空间演化，就表现为内部重组和向外扩张[4]。这是20世纪90年代的上海，在世界范围的竞争压力下，在国家追求自身发展的强大动力和全球化的推动作用下，在刚刚解决温饱就面临产业升级的挑战下，以一种前所未有速度展开的都市化进程。

在这种背景下，苏州河畔的大片仓库群落，却因为苏州河“在八零、九零几乎无法挽救的污染问题，人人避而远之……苏州河畔的工业建筑因为开发晚、因为污染而得以保存，说来实在是无奈的讽刺”[5]。“上海九零年的时候变化已经蛮大了，但是苏州河这个地方几乎还是不动的……时间凝固了一样。”[6]这种滞后反而为苏州河畔工业遗产的演化留下了空间。

1 Lefebvre H, translated by Nicholson Smith D, 1991：46.
2 张庭伟，2020.
3 多林·马西，2010.
4 唐子来，峦峰，2000；张庭伟，2001.
5 登琨艳，2006.
6 见韩妤齐编导的纪录片《梦想的彼岸》。

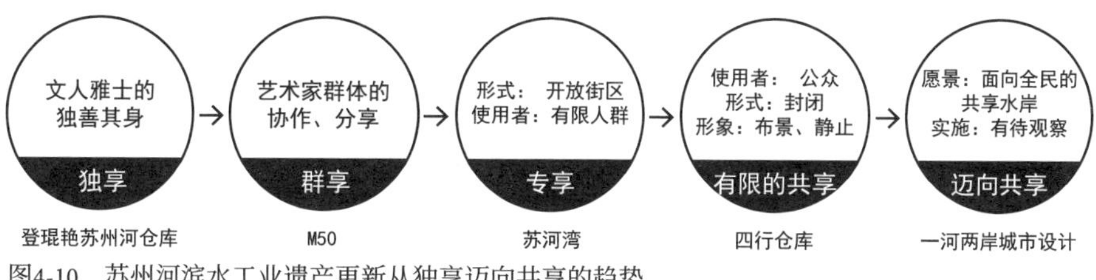

图4-10　苏州河滨水工业遗产更新从独享迈向共享的趋势

从空间实践的角度，苏州河两岸工业遗产的保护源于建筑师、艺术家、企业由下而上自发的探索，随后在“都市产业园”政策支持下开始创意产业园为主的点状更新。随着土地级差优势的放大，以政府和房地产公司为主导的水岸综合性开发在对滨水空间商业价值挖掘提升的同时，也试图增强苏州河文化身份的确定，包括一系列以工业文明为主题的博物馆、纪念馆、展示馆等建设。而在上海全面进入城市内部重组的城市更新阶段之后，不仅苏州河开始面向两岸缝合的共享营造，一江一河同时被纳入上海建设“国际大都市”的代表性空间和标志性载体。

从空间真正被使用的演化看，苏州河沿岸工业遗产的更新则可以分为五个阶段：独享—群享—专享—有限的共享—迈向共享（图4-10）。而这五个阶段的空间变革恰恰是不同社会过程的映射。

登琨艳对苏州河仓库的改造是文人雅士对传统文化的追忆，是苏州河乃至上海老建筑保护的一桩美谈。诚然，新闸路仓库的最后保留，不仅仅是其一人之力。建筑保护领域的专家、学者和城市规划管理部门，为新闸路仓库留存的合法性做出贡献。但这种力量是有限的，这种改造也是有限的独享空间。南苏州路1305号如今已作他用，除了登琨艳留下的传奇故事以外，今天的普通大众鲜有机会进入建筑本身去寻找当年登琨艳改造的任何痕迹。

M50的形成与发展都离不开艺术家的群体力量。当年艺术家聚集于此是为了寻求苏州河畔的灵感、艺术家交流聚集的氛围和低廉的租金，使其成为一个群体分享、交流、协作的空间。如今的M50则成为进一步吸引艺术爱好者交流、聚集的场所。

苏河湾对城市滨水景观的重新塑造，对工业建筑遗产的保护修缮，以及整个滨水环境的整体提升起到了推动作用。诚然，仅仅依靠开发商本身，必然存在一定的使用者筛选，并不能达到真正意义的全民共享。但自“一江一河”静安段贯通后，公共滨水路线的贯通结合苏河湾腹地的开放街区基底，使得苏河湾段成为苏河漫步中必选的打卡之地。苏河湾的经验告诉我们，当土地开发者充分意识到场地空间的历史文化价值，自然可以寻求到一种在商业开发和遗产保护之间平衡的方式。通过更好的遗产图像的创造，为项目开发塑造品牌的同时，也为公众提供享用遗产空间的一定可能。

四行仓库从立意看，追求的是对公众开放的文化历史场所。但受制于严苛的文物保护条款、局促的滨水空间和限制性的访问时段，虽然成为苏州河畔难得的公众纪念空间，但对公众的开放度还有待提升。

“一河两岸”城市设计以两岸融合为主题，在城市尺度上促进两岸空间缝合和功能整合，提出了开放共享的场所营造，体现“一河两岸”地区作为城市公共资源价值的提升。但这里提出的“共享”更多的是从城市形态出发，在城市和街区尺度对公共空间网络整合的目标。并未涉及互联网时代“共享”的体验方式，以及“所有权”与“使用权”分离的空间组织手段。

2. 空间的表象：工业遗产+滨水景观的双重转化

“空间的表象”是指被话语建构的空间，是被语言、符号、绘图、知识描述和谈论的空间。苏贾提到一些特别的专业人士，如艺术家、建筑师、城市学者、地理学家等，用图像或文字来表现世界[1]。

在话语建构的空间中，苏州河两岸工业遗产有着双重身份的构建。

第一是从工业废墟到工业遗产的身份建构。在老苏州河上，最多的就是船、码头和仓库。上海乃至中国最早一批民族企业就诞生在苏州河两岸，苏州河沿岸工业的兴衰是民族工业艰难发展的缩影，是一部值得书写且荣耀的奋斗史。但对老上海人而言，对于苏州河的视觉和情感体验很大程度上是一种黑白调的、坚忍的、沉重的回忆。

正如姜维在陆元敏的《苏州河》序言中写道：“照片中那些在重重限定之下，在命里注定的逼仄中梦想和受累的人，被注视但不自知，他们承受生活的坚

1 Soja E W, 1996.

图4-11　《苏州河》与《东方的塞纳左岸：苏州河沿岸的艺术仓库》作为苏州河早期话语空间建构的重要作品

忍和与生活的苦斗，那些结实丰富的情境，构成了苏州河最基本的现实。”[1]

在以南苏州河路1305号和M50为代表的苏州河艺术仓库兴起之前，苏州河作为最早一批民族企业诞生地是一种历史影像，仅仅以一种微弱的文本形式出现在空间的表面。但当工业遗存转变为“遗产”之后获得的文化身份，为空间的重塑注入一种强大且正当的动力（图4-11）。

与“新天地”通过石库门营造怀旧空间的手段不同，苏州河工业遗产的身份建立明显借鉴了纽约苏荷区的经验，如“苏州河/苏荷区”的名字双关，“老厂房仓库阁楼”的城市意象，以及随之带来的艺术、时尚、创意口号。通过纽约苏荷区城市景观的映射，为上海苏州河的老仓库描绘了一幅新的城市图景。而这种图景，为苏州河两岸工业遗产的保护及身份构建提供了参照。2004年联合国亚太遗产保护奖颁发给南苏州河路1305号，同年，美国《时代》周刊以“上海时尚地标”的标签将M50列为“推荐参观之地”[2]，都对苏州河工业遗产的话语构建起到了积极的意义。

但仅仅从苏荷区借鉴而来的工业遗产的意象，还不足以将苏州河推向全球城市构建的前沿阵地。苏州河的第二重身份，即城市滨水空间的构建及其所带来的水岸复兴，才是苏州河沿岸城市更新最强大的动力。

今天话语中提到的滨水空间，显然不是指滨水区最开始城市化的工业生产空

1　陆元敏，2006.

2　上海产业转型发展研究院，2021：30.

间，更不是指农业时代江南水乡的小河流水。今天话语中谈论的滨水，是城市试图通过市场力量和全球化力量将滨水景观作为一种资本，对城市格局进行重新塑造的空间资源，也是从计划经济的生产导向经济，向服务导向经济转变的生产方式，所产生出来的不同以往的新空间。

自20世纪60年代以来，城市滨水区的开发已经是世界级的现象。城市滨水景观的快速风靡，与当代航空业、通讯业、传媒产业的发展密切相关。北美早期案例的实施成果，吸引了全世界的建筑师、政府官员、开发商访问取经。巴尔的摩内港从破败的工业岸线，转身成为吸引大量游客的景观岸线的图景，为陷入工业转型内城衰落的各个城市提供了绝佳的参照。滨江、滨河休闲带，作为西方城市空间建设的舶来品，也很快被国内各个城市进行大规模城市改造的样本。

在苏河湾之前，苏州河滨水空间的大规模建设是以短期土地利益为导向的房地产开发。滨水景观的价值仅仅停留在个别开发地块滨水居所的形象构建，并不能带来城市整体水岸的想象。这也导致开发初期，沿岸工业历史风貌不断被破坏、割裂和甚至消失。在这一阶段，与后工业时代以来全球话语中谈论的“滨水空间”这一身份真正相匹配的只有浦江两岸。

从苏河湾到一河两岸，再到一江一河，苏州河沿岸工业遗产的更新不再是遗产话语体系中空间价值的呈现，而是进入全球城市话语中滨水景观的身份。苏河湾的建设将苏州河与黄浦江联系在一起，为苏州河带来集艺术、文化、办公、商业、娱乐、休闲为一体的高度复合的城市街区。从某种程度上说，为了达到与国际对标的滨水空间，苏河湾项目各个街坊遗留的老建筑必须得到最大化的保护与修缮。这也使得工业遗产的价值不仅仅是文化、记忆、建筑等遗产身份，更多的是塑造城市滨水区形象的滨水景观价值。

历史建筑保护中的再利用一词，最开始是指废弃空间资源的循环使用。但在造景的社会环境中，再利用的目标成为可以创造沉浸式、互动式、体验式、可以带来消费的交换价值[1]。从某种程度而言，苏州河沿岸的工业遗产今后的使用功能，不管是办公、商业，还是展示，其功能定位不论是创意的、时尚的，还是社区的，终将让位于城市滨水景观的塑造。即工业遗产的保护与再利用从空间经营

1　居伊·德波，2006.

转向“景象”经营，从建筑功能化的使用价值转向图景式的展示价值[1]。“上海2035”规划中，从工业“锈”带到生活“秀”带的表述，本身就反映了工业遗产作为“造景”目标的转向。

3. 表达的空间：共享作为探索城市原真性的可能

表达的空间是亲历和创造生活的空间。

不论是空间的实践还是话语中的空间，苏州河工业遗产作为城市景观已是一种必然。不难想象，苏州河沿岸的每一块土地都将瞄准全球城市的定位。但“造景”的宏大叙事与日常生活之间的关联如何，面向全球展示的滨水景观和面向使用者日常生活的滨水空间又是怎样的关系，是空间的改造者和使用者都不能逃避的议题。

原真性作为历史保护的关键概念，是保护实践中的核心话题，学说不断，争论不休。历史建筑的“真实”包含了丰富的内涵，在实践中，坚持原真性意味着留下什么，恢复什么，去除什么；也意味着保护方的价值导向，即膜拜什么，丢弃什么[2]。用佐金的话说，原真性被赋予了重塑所有权的权利，自称为原真便暗示了一种对城市的权利[3]。这种权利本应是由居民长期居住、使用和习惯发展而来的。但在今天城市空间，原真性往往用于空间的面貌呈现，而非生活于斯的社区营造。

今天，原真性被作为一种美学范畴，用来吸引文化消费者，尤其是当今的青年人。然而，以重塑原真性为目标的目的地文化，往往破坏了原真性的起源。公众来到M50游览，不是来看艺术创作本身，而是看备受艺术家青睐而得以保留的厂房建筑。艺术家也不因其艺术成就，而是因为在M50进行艺术创作被推向了国际舞台[4]。这种错位，某种程度而言，是原真性探讨的缺失。

原真性的探索，从某种程度上是对过去20年空间大规模更新改造的补救。在空间更新的层面，由新一轮空间更新的行动者，通过城市共同利益，来换取对上

1　王辉，2019.
2　卢永毅，2006.
3　沙伦 • 佐金，2015：245.
4　代四同，2018.

一轮空间更新后的使用者在空间权利的让渡。在苏州河的故事中，既包括将工业企业、市政单位、商品房小区、办公园区所私享、独享水岸的开放，也包括不同群体共同探索苏州河对个人的价值与意义。

前者如红坊166、创享塔等在2015年之后改造更新的创意园区，如何将园区空间与社区生活共享，从设计初期就已纳入空间改造的考虑。又如2019年以来的苏河贯通，以强有力的姿态从上至下推动沿岸空间的进一步开放。当年业主们的权益，如今要让渡为全民的权益，让渡的过程本身就是在重新思考苏州河对城市和不同群体的意义，即借由开放的目标探索和挖掘共享的价值。

后者则依托移动数字化时代的技术可供性，通过协作式、参与式的媒介行动，形成线上线下相互嵌入的讨论与共享。如2019年上海城市空间艺术季长宁区苏州河实践案例展，寻访曾经住在苏州河畔的人们。11段口述的日常记忆，呈现了不同视角下，以人为尺度的苏州河生活、生产关系，尤其是20世纪90年代以前田、桥、厂、黑臭混杂而又丰富的乡土性、地域性和包容性，以及2000年前后大量工厂关停并转，住宅开发和滨水景观带建设带来的蜕变[1]。又如2020年澎湃新闻“沿苏州河而行”小组组织8次城市行走，沿苏州河从外白渡桥到外环，线上招募参与者，线下采取漫步、观影会和其他相关活动。行走期间的交流与分享以影像、文本、插画等形式在社交平台再次呈现，将个人情感化的、生活化的视角推向公共社区[2]。

不管是空间让渡过程中不同群体对城市滨水区价值的重新认识，还是依托媒体对苏州河的原真性进行探索，都是以一种共享的方式将居民作为日常生活的创造者，纳入滨水空间城市建设的讨论。

从历史发展阶段和标志性的更新事件看，苏州河沿岸工业遗产更新已经从单体的遗产保护、适应性再利用转向城市滨水公共资源价值的提升。作为一种状态的“共享的城市景观”，开始成为水岸更新的目标并得到推广。然而，如何在苏州河畔实现“共享”，如何利用“共享”的方法组织城市空间，却还有待探讨。

1　上海市长宁区规划和自然资源局，2020.

2　见澎湃新闻市政厅“沿苏州河而行”系列报道。

第五章　如何共享：滨水工业遗产共享的五个维度

归根结底，城市更新是城市空间的推陈出新[1]。对空间形态、设计创新的研究，始终且应该是建筑师和城市设计师关注的中心。

滨水工业遗产应该如何共享，是本章探讨的主要内容。本章在前五节提出滨水工业遗产的共享性应该包括五个核心维度：历时性(diachronic)、渗透性（penetrability）、分时性（time-sharing）、多元性（diversity）和日常性(daily activity)（图5-1，图5-2）。根据理论研究和案例分析，并结合苏州河两岸工业遗产的调研，分别论述这五个核心维度在滨水工业遗产共享性中扮演的角色，以及在设计方法上的可能突破。在此基础上，本章第六节提出滨水工业遗产共享性评价模型的构建，以及对苏州河工业遗产的共享性评价。

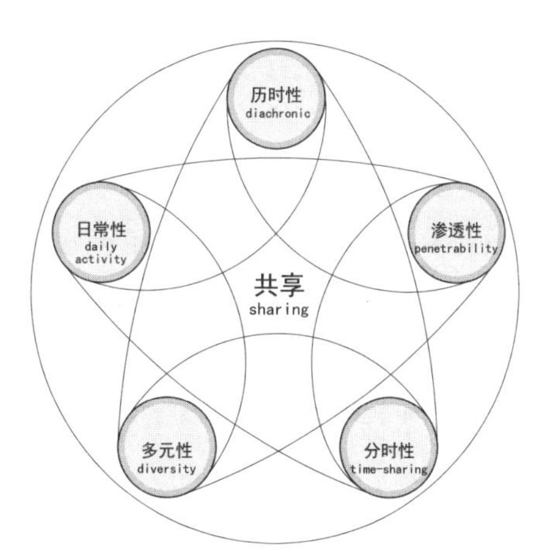

图5-1　滨水工业遗产共享性的五个核心维度的组成关系

1　张庭伟，2020.

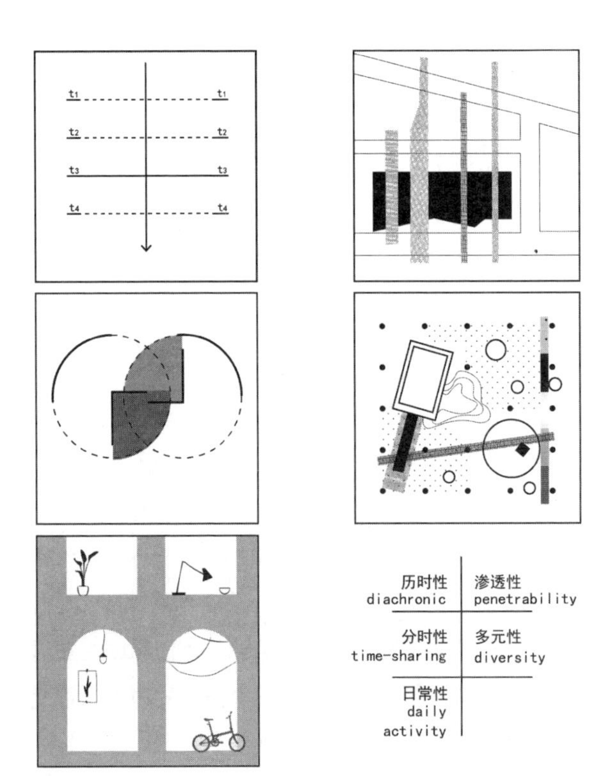

图5-2 滨水工业遗产共享性的五个核心维度

一、历时性：作为历史层积的景观

1. 历时性与共时性

历时性是在尊重场地基础上，呈现城市景观长期可行性、生态恢复的动态性和包容性的演变过程。历时性最早由瑞士语言学家费尔迪南·德·索绪尔（Ferdinand de Saussure）提出。索绪尔针对19世纪以前的语言研究，大多是注疏式的解释，而不重视语言系统的描写的现状，提出基于语言系统性研究的语言学分析方法。根据语言在时间和空间所处的位置，提出“共时”语言学和“历时”语言学，又称静态语言学和演化语言学[1]。

1 费尔迪南·德·索绪尔，1999.

索绪尔“历时性”的提出，与建筑类型学和城市形态学的发展有一定相通之处。布罗德本特（Gerffrey Broadbent）从索绪尔的语言形式的生成路径出发，提出建筑设计过程的四个阶段[1]。其中类型学设计即属于其中一种类推的设计，而基于“城市—建筑”类型学理论可以看作是历时性与共时性的交汇[2]。阿尔多·罗西（Aldo Rossi）在《城市建筑学》中坚持认为建筑必须反映它所在的城市的传统——即建筑必须是“新”的（表现时代特征），但同时又是“寓新于旧”的（传承历史意蕴）。卡尼吉亚（Gianfranco Caniggia）通过对城市基本类型跨历史与地域的研究，认为共时性变体（Synchronic Variations）与历时性变体（Diachronic Variations）是“类型”在时空蔓延的两种特性（图5-3）。其中，共时性可以理解为类型的地域性演变，而历时性可以理解为类型的历史性演进[3]。国内学者将历时性引入城市空间的时间性研究，指出建立在时间矢量上的城市空间文脉，成为研究城市特定历史环境的重要方法[4]。

如果从“历时性”“共时性”的角度来研究工业遗存转变为城市景观的呈现，则需从空间内各构成要素之间的组织关系，与空间整体的演化发展的两个维度进行研究[5]。除静态片段下的新旧关系（共时性）外，城市景观的演进过程（历时性）更不应被忽视，尤其是从工业时代进入后工业社会，人与环境之间的相互影响与转变。英格兰遗产委员会在20世纪90年代发起历史景观特征（Historic England Landscape Charaterization, 简称HLC）项目，指出历史景观具有时间的厚度（Time-Depth），其本身不仅是变化的产物，而且处在持续的变化动态中。遗产保护过程需要我们理解随着时间推移而发生的变化，是如何影响景观结构，并对当今实践的过程予以思考和指导[6]。

1　布罗德本特在 1973 年出版的《建筑设计：建筑与人文科学》（*Design in Architecture: Architecture and the Human Sciences*）提出建筑设计过程分解为四个主要阶段：①实用的设计（Pragmatic）；②图形的设计（Iconic）；③类推的设计（Analogical）；④规范的设计（Canonic）。

2　汪丽君，2019.

3　陈锦棠，姚圣，田银生，2017.

4　何依，李锦生，2012.

5　孔洁铭，2016.

6　Fairclough G, 2008.

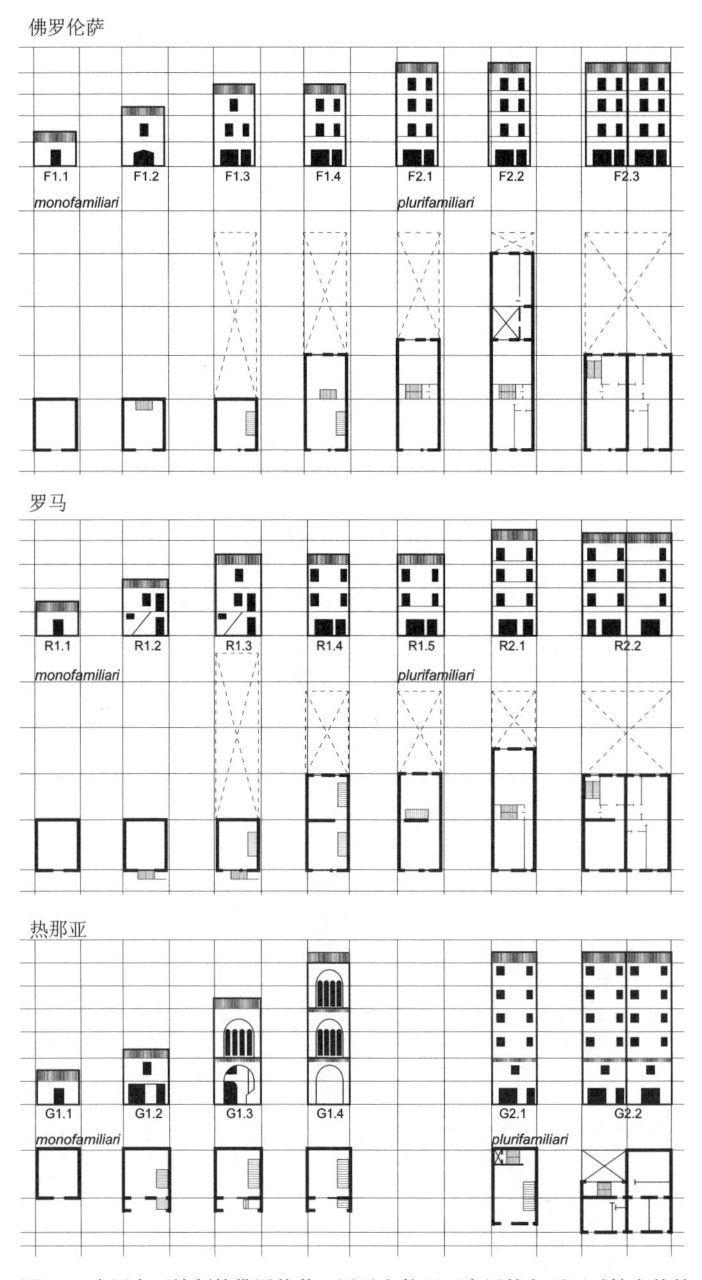

图5-3　卡尼吉亚绘制的佛罗伦萨、罗马和热那亚房屋的主要历时性变体的平面与立面对比（横向列出的是历时性变体，竖向列出的是共时性变体）
资料来源：作者根据参考文献重制Caniggia G, Maffei G L, 2001

2. 工业遗存中的历时性呈现

在工业遗存的城市景观改造项目中，历时性呈现体现在两个方面：①设计师对不同年代累积的大量信息进行梳理、选择与表达；②从“关注形式到关注形成过程”的设计策略。

1）遗产信息的记录：历史层积信息的梳理、选择与表达

（1）对历史信息的呈现

工业遗迹，相比动辄百年千年历史的文化名城或者古典园林，其历史的厚度微不足道。然而，作为见证人类文明工业化进程艰难而富有意义的跳跃，以及特定时代普通人的生活历程，是弥足珍贵的城市记忆。正如鲁道夫斯基（Bernard Rudofsky）在其著作《没有建筑师的建筑：简明非正统建筑导论》向我们展示的那些没有受过正规训练的建造者，为了生存或生活，自发且持续地将建筑融入自然环境中的才能[1]。

工业元素，如厂房、船坞、水塔、龙门吊、烟囱、铁轨、管道、油罐、各种机器，甚至包括遗留在构筑物上的“安全生产”“当技术革新的先锋”等特定年代的标语，虽是当时满足生产目的、显然并未经过设计师出于“美学”体验有意设计的产物。但正是这种历经不同时期遗留下来的点点线索，成为渲染场所氛围最无法替代的部分。因此，对于工业遗迹的景观设计手法，保留历史与时间的沉淀始终是第一位的[2]。在这基础之上，才是改造和修饰，最后才是创造出新的形式和语言。

美国伯利恒钢铁厂（Bethlehem Steel）在由传送带改造的高架栈桥上，设置24个空间节点与相应的标识和解说系统。利用视频、摄影、历史档案等配合交互式应用程序，使来访游客可通过移动设备，获得钢铁厂从诞生发展，到衰败重生各个时期的历史信息。故事线的呈现包括不同时代的厂区视频、照片，相关人物、事件和社会发展的大背景演变。数字化辅助的体验工具为游客提供了自我导

1 Rudofsky B, 1964.

2 俞孔坚，庞伟，2002.

览的方式[1]。现场步行其中的现实场景，与应用设备中改造前的历史空间形成的鲜明对比，使得游客能够在游览过程中不断修正对工业遗产景观的认知。这种联系历史与当前的、“主动式”的景观体验与互动，正是对工业遗产景观“历时性”的诠释。

在苏州河畔上海总商会的修缮过程中，也不断发现各个时间段多层次的历史痕迹。因此，上海总商会的修缮设计中，有意识地反映历史进程的演变，如门楼保留有各个历史阶段在建筑本体的痕迹，门楼与总商会大楼之间的围墙则反映了1916年建成时期、20年代和70年代不同时期的历史风貌（图5-4）。上海总商会的修缮，一方面重现20世纪二三十年代民族工商业的辉煌，同时也呈现了几十年来苏州河畔的历史变迁。

（2）对当代精神的体现

杨春侠是国内较早将历时性概念引入对工业遗存改造理解之中的学者。她指出，高线公园在铁轨、建筑、公共空间和生态的设计手法上，都不同程度地反映了公园从工业时代的“交通生命线”、废弃时期的“荒草地涂鸦”、新世纪“保护再利用”三个时期鲜明的历史特征。高线公园通过对各个历史时期的元素交织并存，从而产生复合的新特征[2]。这也正是建立在历时性保护基础上更新项目所具有的优势。

图5-4　上海总商会围墙修缮前后照片
资料来源：曹琳，2019

1　魏方，2017.

2　杨春侠，2011.

这与王伟强将共时性和历时性概念引入城市更新演化的讨论有接近之处。“城市更新是一种城市空间改造、重构和生产的综合过程”“更新的本质是历时性与共时性的同一，即在城市更新过程中既要留住历史记忆，还要实现城市街区的生活再造”[1]。从这个角度来看，历时性不仅仅是要求呈现不同时期的历史信息。更为重要的，是要创造反映当代社会经济特征的城市景观。

在当代中国的工业遗产更新实践中，“历时性”讨论的缺失主要体现在历史价值的选择与认定上。上海西岸油罐艺术中心方案过程中有关油罐的保留取舍，直接取决于整个西岸片区的功能定位调整带来的场地边界变动[2]。从某种程度来说，作为工业遗存的油罐更多是因为其独特的标志性和符号性而被保留，其作为工业构筑物自身的价值评定，却处在项目决策过程中的末端。

在苏州河畔，颇具争议的项目则是四行仓库。四行仓库在80年的历史中经历了多次变动，它建于1935年，起初用于堆放银行客户的抵押品和货物，1937年成为淞沪会战的重要战场，战后至21世纪初作为库房、家具城、文化批发市场等（图5-5）。如果进行修复保护，“应该恢复什么年代的西墙历史原貌”成为四行仓库设计阶段最难的挑战[3]。

类似四行仓库这种功能历经变迁的工业遗存, 在修复保护之前, 应该建立怎样的评判标准, 去选择切入的历史片段? 又或者在改造策略上, 如何将演化的过程呈现出来, 又应当如何体现当代特征? 这是工业遗产更新设计中面临的一大挑战。

2）从“关注形式”到“关注形成过程”的设计策略

“从关注形式到关注形成过程”是后工业社会化背景下景观设计策略的转向。仅仅将景观从视觉的观点来理解，已招致广泛批评[4]。在工业遗存的“历时性”改造更新中，“关注形成过程”背后反映了两个逻辑：①棕地（Brownfield）生态修复的逻辑；②场所对后续使用的不确定性。

1　王伟强，李建，2011.

2　莫万莉，2019.

3　唐玉恩，邹勋，2018.

4　冯仕达，2008.

图5-5 四行仓库的历史沿革
资料来源：刘寄珂，2019

（1）关于生态修复的逻辑

美国西雅图煤气厂公园被认为是工业遗迹污染修复中，最早使用生态学原理支撑的软技术处理手段的先驱。然而在1974年公园开放之后，公园因发现致癌物质在1984年暂时关闭；1989年的环境影响声明指出，公园深处的土壤中含有少量苯、二甲苯、萘、氰化物和镉的混合物质，并且会周期性地通过路面的裂缝渗出地表；1996年一项土壤清洗法案摆上议程，截至2001年400万美元被用于土壤清洁……湖畔矗立着污染警示牌无不提醒着人们危机仍在。

人类至今无法掌控生态系统的运转。然而不确定性——自然内在的随机性，不是无序，而应是一种通往新形势秩序的途径。2001年纽约清泉公园（Fresh Kills Park）竞赛，科纳认为场地需要一个更具战略性的、基于时间变化的、根据自然修复过程而不断生长的公园[1]。因此清泉公园的设计是基于土壤修复30年周期上的，理性、系统、可操作，在关键时刻适当干预的动态演进策略。

上海后滩公园也同样借鉴了“生命景观”（Lifescape）的理念。但在呈现方

1 Corner J, 2016.

式上更进一步，将生态修复与景观体验结合，呈现场地不同时代的信息。其核心的设计理念是将景观作为一个生命的肌体，在湿地生态景观基地之上，采用立体分层的方式，层层剖析和演绎场所的历史与未来。通过梯地禾田带和乡土植被、工业构筑物的保留、“线网+节点”的体验网络，叠加出田园回味、工业记忆和后工业文明三个层级的景观信息，从而形成公园独特的审美体验和对生态文明的诠释[1]。

（2）关于不确定性的逻辑

自20世纪70年代以来，以哈维、雷姆·库哈斯（Rem Koolhaas）、伯纳德·屈米（Bernard Tschumi）等为代表的城市学者就已经注意到当代都市的高度变化和不可预知性。面对新的城市和区域问题，更应从“面向形式的乌托邦”(a Utopia of Form)转向“面向过程的乌托邦”(a Utopia of Process)，即事物在空间和时间中如何工作、相互作用和相互关系[2]。因此，“过程”和“事件”被视为项目的发动机，以推动形式与组织的逻辑，并回应变化着的社会需求。设计成为应对未来不确定性发展的战略[3]。

1982 年的巴黎拉维莱特公园（Parc de la Villette）竞赛中，获得第一名和第二名的屈米和库哈斯方案，都提倡以景观作为开放的媒介，以回应后工业场地的城市基础设施、公共事件和城市未来之间的不定性[4]。屈米的方案由采用独立性很强、非常结构化的布局方式，由3个系统层叠而成：程序化活动的点系统，将人的活动导入公园的线性系统，以及一系列非程序化的空间系统。而库哈斯的方案包括两部分：分区条带（Strip）作为城市结构的特定层面，将公园的多种土地利用内容进行分区；4个叠加层面：五彩纸屑（Confetti）、通道、主要元素以及节点。库哈斯提出：“可以放心地预测，在公园的生命周期内，公园内的项目将

1 俞孔坚，2010.

2 Corner, 2009.

3 亚历克斯·沃尔，2008.

4 拉维莱特公园的土地源于 19 世纪遗留下的屠宰场，场地上废弃的建筑物被铁路和公路环绕，并与一条工业时期的运河交汇。地段上的现有建筑包括科学与工业博物馆、改建的音乐会堂，以及为老屠宰场保留的牲口市场建筑。竞赛组委会希望设计师解决城市中大规模的荒废道路问题，事无巨细的任务清单既富有野心又充满不确定性，以至于屈米评价在这样一个场地建造一个公园实在“匪夷所思”。（伯纳德·屈米，2014：112-161）

经历不断的变化和调整。公园越是运作，就越是处在一个不断修订的状态。”[1]因此，公园的设计应该是一个随着需求变化的灵活发展框架。

而上海油罐艺术公园的方案设计过程，从一定程度上也验证了当代景观设计“作为过程存在”的“不确定性”和“历时性”。整个西岸区域功能定位的转变，使规划方案从最初的7个油罐全部保留到最后的保留5个油罐。艺术公园已然对外开放，而1号和2号罐目前仍在改造中。项目从设计到正式对外开放，一直面临着调整与适应，而这种适应将持续下去[2]。正如克里斯托弗·吉洛特（Christophe Girot）所言，“任何一个景观设计开始时，都应该考虑一个延伸的时间，在这段时间里或许只有少数特征是明晰地存在，大多数事件的发生是无法很快确定的”[3]。

二、渗透性：城市街道尺度上，垂直水岸对社区的渗透

1.“渗透性”与“可达性”

吉迪恩（Sigfried Giedion）在1928年的著作中提出了渗透性（Durchdringung）的概念。他认为钢铁、玻璃和混凝土这些新材料和基数的运用，为新建筑带来了全新的空间体验。于吉迪恩而言，渗透概念既包含了新建筑的特征，即空间在不同层面发生联系，同时也包括了他对新建筑的界定：“……它和城市的互动既不是‘空间的’也不是‘造型的’。它制造了一种漂浮和渗透的关系。建筑的边界变得模糊。”[4]

在社会和城市学科中，“可达性”(access)被许多学者强调作为城市公共空间的最重要空间属性[5]。这一概念可追溯到建筑历史学家霍华德·萨尔曼(Howard Saalman)的著作《中世纪的城市》（*Medieval Cities*），他将公共空间的定义建立

1 Koolhaas R, Mau B, Sigler J, et al., 1995：921.

2 莫万莉，2019；王骏阳，周怡静，2019.

3 Girot C, 1999.

4 Giedion S, 1995；范路，2007；卢永毅，周鸣浩，2015.

5 陈竹，叶珉，2009.

在空间实体的可达性上——而他当时所用的词就是“渗透性”(penetrability)[1]。在城市公共空间的讨论中，可达性被认为是公共空间与私人空间最大的差异。它既包括物质空间特质的吸引力，如盖尔、本特利、怀特、雅各布斯、芦原义信等提出的紧凑宜人的空间尺度、适应行人的步行可达性和使人停留的公共设施、复合生动的街道生活，等等[2]；也被认为是社会意义上可以进入空间的权利，如卡尔提出人们对公共空间有“进入的自由”和“行动的自由”[3]，社会政治学者本和高斯指出接近和访问的权力是公共性的三要素之一[4]等。这也是西方学术语境下，城市公共空间因为在建成环境中引入社会政治范畴的“公共”含义后，使得研究的范畴从早期的视觉审美角度，发展到人与环境认知、环境行为研究，以及建成空间与背后的政治经济机制等跨学科趋势。

因此，在本书的讨论范围中，渗透性包括两个含义：①在城市中观尺度，针对滨水空间特有的城市形态，在空间实体的可达性上作出的回应；②在建筑的滨水界面上，空间的渗透和互动关系。

水岸从工业时代起，由于运输、生产的需求，在城市形态上，出现了典型的三重空间结构：沿水岸呈带状分布的厂房及仓储、面向城市腹地呈片状摊开的生活生产片区，以及连接水陆交通呈线性分布的铁路、高速公路线。从最早的城市规划开始，滨水地区就与城市中心不可避免地存在割裂、分离的情况。而从工业建筑的建造来看，滨水工业建筑（尤其厂房、仓储建筑）本身的巨型体量，也往往成为步行和视线的屏障。

因此，渗透性的提出，目的在于促进垂直水岸、伸向滨水街坊内部的公共空间，将周边居民的生活场景引入水岸。从城市尺度，体现在基础设施的景观化改

1　萨尔曼对公共空间和私有空间探讨的原文为：Perhaps the most essential difference between public and private space within a city is their relative penetrability. Public space is, almost by definition, penetrable, i.e., accessible to all within relatively few limits. Private space, whether it be enclosed or open, is impenetrable.（Saalman H, 1968：28）而陈竹在“可达性”的讨论中，将 penetrability 翻译为“可透性”。（陈竹，等，2009）

2　White W H, 1980；Jacobs J, 1992；芦原义信 , 2006；Gehl J, 2011.

3　Carr S, 1992.

4　本和高斯认为公共性的讨论无法回避可达性（access）、经营者（agency）、利益（interest）三个方面。（Benn S I, Gaus G F, 1983）

造；而从建筑形态上，可以体现在平面多孔性、沿街界面的毛躁度和透明性[1]。

2. 城市尺度：景观基础设施提升

西雅图奥林匹克雕塑公园（Seattle Olympic Sculpture Park）和多伦多桥下公园（Toronto Underpass Park）都是成功提升城市渗透性、极具启发的城市基础设施景观案例。北美大都市如纽约、波士顿、多伦多等，在经历20世纪50年代城市中心衰落、郊区化之后，修建了大量绕城高速以方便郊区居民往返市中心工作，城市滨水区被进一步与城市中心分离开来。如何修复被高架割裂的城市肌理和高架下的灰色空间，是北美各大城市面临的挑战。

如果说西雅图奥林匹克雕塑公园和波士顿"大挖掘"（Boston Big Dig）是超级地表、重塑地形的大手笔，那多伦多桥下公园则是渐进式的、微更新式的景观改造。通过一系列的公共艺术装置、社区游乐设施、灯光设计等极具想象力的方式（表5-1），将荒废昏暗的钢筋混凝土桥下空间，改造成为城市景观公园。既为当地社区打造了一个个活跃的娱乐和社交空间，也极大地提升了垂直于水岸方向的可达性，是在城市尺度上提升水岸渗透性的重要方式。

多伦多桥下公园同时也是多伦多中央水岸（Toronto Central Waterfront）更新的一部分。在2006年举办的多伦多中央水岸设计竞赛中[2]，组委会明确提出两个目标：第一，对中央水岸绵延20公里的水岸线进行综合规划。其设计框架应保持充分的灵活性，以应对未来5～10年，各个地块单独设计开发出现不可预计的变化时，仍然能够保持中央水岸整体愿景的一致性。第二，考虑多伦多市中心与水岸线纵向相连的南北向道路的设计，包括它们与东西向滨海大道交接的各个节点公共空间设计，以及中央水岸线上伸出的八个码头设计。可见主办方已经意识到，平行水岸的连续性和垂直水岸的渗透性，在保证滨水区活力、提升滨水区与社区的联系上缺一不可。

1　真正要提升空间的渗透性，无法避免城市空间的管理策略，但本文的重点仍然是探讨物质空间的改善。

2　加拿大多伦多中央水岸设计竞赛，来自15个国家的38个竞赛队伍参与了竞赛，经过第一轮为期六周的竞赛，评委会选出5支设计团队，最终获胜的是荷兰West 8景观事务所和加拿大DTAH的联合设计团队。

表5-1　通过景观手法改造基础设施来激活城市滨水地带的经典案例

名称	改造手法	改造前	改造后
西雅图奥林匹克雕塑公园	采用地形折叠的方式，跨越临近滨水岸线的铁轨和道路，形成Z字形的绿色平台，将重塑的地形和既有的基础设施重新连接并活化了城市中心的滨水区域		
波士顿大挖掘	将波士顿沿海湾的快速高架干道拆除并埋入成地下隧道，地表成为城市绿色廊道		
多伦多桥下公园	将立交桥下无人问津的灰色空间变为社区所共享的活力公园，成为激活滨水区域的重要节点		

资料来源：西雅图奥林匹克雕塑公园图片来自WEISS/MANFREDI事务所官方网站（https://www.weissmanfredi.com/projects/386-seattle-art-museum-olympic-sculpture-park）；波士顿大挖掘图片来自2015年12月25日波士顿全球日报（https://www.bostonglobe.com/magazine/2015/12/29/years-later-did-big-dig-deliver/tSb8PIMS4QJUETsMpA7SpI/story.html），由David L. Ryan拍摄；多伦多桥下公园图片来自2016年ASLA通用设计杰出奖介绍（https://www.asla.org/2016awards/165332.html）

3. 建筑形态：建筑界面的渗透性提升

滨水工业建筑往往体量巨大且立面封闭，建筑本身即成为城市腹地通往水岸的视线和路径阻断。如何提升原工业建筑在滨水界面的渗透性，成为激活城市活力、满足周边居民需求不得不考虑的内容。而提升滨水工业遗产在滨水建筑界面的渗透性可以体现在平面多孔性、沿街界面的毛躁度和透明性上（图5-6）。

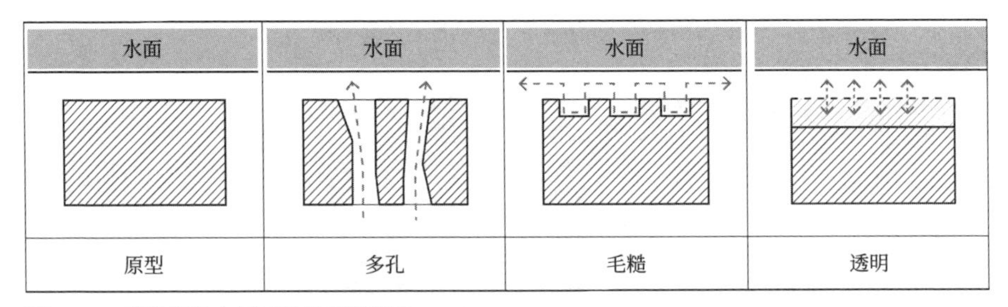

图5-6　工业建筑滨水界面的渗透性提升

纽约布鲁克林帝国仓库1936年建造时，其巨大的体量成为邻里和水岸之间的屏障；改造后的帝国仓库最为突出的特点，是在外立面表皮维持连续的基础上，将建筑体块一切为二，创造出层次丰富的内庭院，同时在保存外表皮的前提下，综合使用多孔、毛躁和透明的处理手法，成为水岸不可或缺的共享空间，也为游人从街道到达水岸提供了一条新的路径（图5-7）。从建筑物中心挖出的4层高的庭院，形成为租客、社区居民以及访客共同享用的公共空间。屋顶也被改造成公共露台，可以远眺布鲁克林大桥和曼哈顿的天际线。同时，底层的商业利用原有立面拱门的特征，在沿街界面上形成多个出入口，为步行活动提供了多样的选择和丰富的活动。布鲁克林海军码头77号楼底层虽然在进入园区的一端设置门禁，但整个首层大厅，都设置有面向社区方向开放的餐饮、零售空间，对滨水街坊中居民的交融起到了一定的促进作用。

渗透性不仅仅只是城市设计师、规划专家的理想，它也是周边居民生活客观需求的反映。上海苏州河畔的衍庆里就是一个很好的例子。衍庆里坐落在黄浦区南苏州路951—955号，是建于1929年的英式仓库。仓库背后就是同时期建造的四排里弄，居民长期借用仓库东西两翼中间的门洞出入，从而形成澳门路到南苏州路的一条非正式南北向巷道（图5-8）。这条巷道也成为2017年衍庆里仓库改建过程中，居民一再坚持和反复协调的拉锯点。衍庆里仓库被改造为时尚创意中心后，曾经用隔板封闭的门洞被打开，东西两翼之间的空间成为南北巷道紧邻河岸的公共客厅，并配套公共厕所、垃圾房、值班室等服务里弄居民的公共功能。再加上首层沿街立面的橱窗设计，既方便里弄居民直接到达苏州河畔，也缓解了仓库巨大体量对滨河界面的压迫感。

历史照片

改造后实景

图5-7　帝国仓库改造
资料来源：布鲁克林历史学会Brooklyn Historical Society V1976.2.286. https://empirestoresdumbo.com/about/（左）;自摄于2019年6月（右）

图5-8　衍庆里修复后连接邻里和苏州河的公共巷道
资料来源：自摄于2019年1月

对沿街界面毛躁度和透明性的鼓励，也反映在城市设计的引导上。美国绿色社区评估体系（LEED-ND）中对于步行街道的评价标准，如建筑沿街立面不超过75英尺（约22.86米）设立穿行入口、首层不超过40%的界面为封闭界面（无窗或无门洞）等，或许可以作为打破工业建筑巨型体量的参考[1]。

1　此条款为 NPD credit: walkable streets 分项中的积分条款，非强制性条约。（USGBC, 2018：33-34）

三、分时性：时间维度的交错使用

分时（time-sharing）的概念出现在20世纪60年代，是计算机科学中对资源的一种共享方式。其目的是让个人与组织可以在不实际拥有电脑的情况下使用电脑，以降低计算资源的成本。

在城市空间的领域，分时性也是共享城市空间资源的重要策略。与空间的分割、分层不同，分时更多的是一种空间的使用策略，强调的是能否建立不同时间段、容纳不同群体的开放循环体系。它使共享超脱物质空间的束缚，得以在时间维度上达到交错使用。

1. 空间组织的策略

城市功能的混合具有空间和时间两个参数。不仅包含城市功能在一定空间范围内的并置，也包括一定城市空间在不同的时间内具有不同的使用功能[1]。从场所精神的角度出发，场所认同必然是一种多元性和时间性的建构，即任何场所的构建应该涵盖不同的认同诉求和多重空间尺度[2]。

利用分时性作为城市空间组织策略和方法的典型案例，是1991年大都会事务所（OMA）在横滨总体规划（Yokohama Masterplan）竞赛的入选方案。库哈斯发现场地已经被两座巨大的市场及其停车场永久占据，剩余空间极其有限。但占据绝大部分空间的市场却仅在早上4：00—10：00时被使用，其余时段没有任何用途。于是OMA的目标非常清晰，即利用现有的基础设施，用最少的永久性结构支撑最丰富的公共活动，创建由马赛克式的24小时不间断的21世纪生活（图5-9）。OMA从停车场入手，创建一个扭曲的平面，在不同的时段分别扮演道路、停车、屋顶的角色，容纳24小时不间断的活动以不固定、非正式的方式随时置入。可见，“以时间换取空间”是在空间紧缺的旧区更新中的重要思路。

1 黄毅，2008.

2 陈峥能，2018.

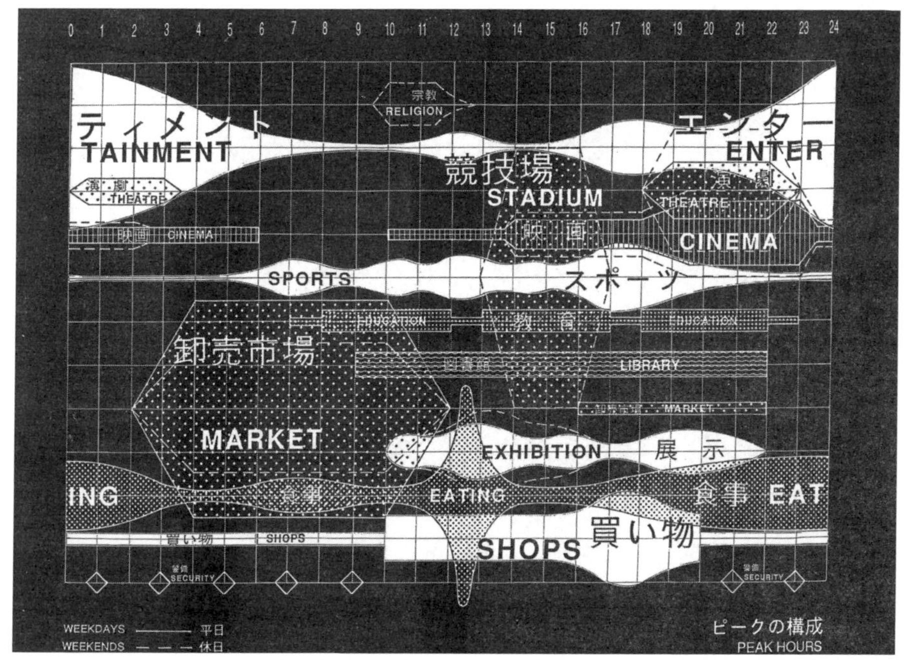

图5-9　大都会事务所在横滨总体规划竞赛的入选方案：不同时段考虑不同的公共生活
资料来源：Koolhaas R, Mau B, Sigler J, et al., 199：1214-1221.

2. 空间使用的策略

大都市中心城区的滨水工业遗产往往占据稀缺的滨水空间。其主体的文化或办公功能使其往往只在工作时间开放，而恰恰在市民最能前往滨水区域休憩、放松的时段属于关闭状态。滨水空间公共价值的最大化，即便不要求滨水工业遗产在全时段开放，也至少不应成为大部分市民休憩时间前往的阻碍。因此，分时的策略对大都市中心城区滨水工业遗产更新极其重要。

艺仓美术馆原为黄浦江畔老白渡码头的废弃煤仓，借助2015年上海城市空间艺术季的契机改造而来。美术馆设置有大量的穿越和户外停留空间。北侧原有的运煤廊架，被用作美术馆的艺术衍生品店和高架滨江步道，二层有天桥和坡道在三个方向上与城市公共空间连接。即便美术馆关门，访客仍可穿越美术馆，或看到玻璃后面若隐若现的煤仓遗迹，或欣赏北侧黄浦江的壮丽景象。五层设有咖啡馆，饱览江景的同时，也可以在美术馆关门后继续营业。如此，可以让美术馆在

图5-10　八号桥艺术空间首层
资料来源：自摄于2018年8月

每天的不同时段，都与城市有交汇的地方。相比汉堡音乐厅观景平台更多为游客服务的目的，艺仓美术馆室外的廊桥空间则更加平民化、日常化。

在苏州河畔，八号桥艺术空间是难得的可以在24小时享有公共生活的空间。八号桥艺术空间原为中国通商银行第二仓库，后为杜月笙私家粮仓。也曾经作为王献箎影视公司的工作室。2017年由百联集团重新更新后，首层为对外开放的啤酒吧台和体验书店，二、三层的一部分为文化艺术空间，引入各种艺术展览；另一部分则是设计工作室、瑜伽工作室等，成为小型仓储建筑功能复合的典型代表。再加上临河界面与蜿蜒的滨水步道、层层跌落的亲水平台结合，形成活跃的滨河空间（图5-10）。

在滨水工业遗产更新的讨论中，分时性也往往与渗透性、多元性和日常性密不可分。分时作为空间资源优化利用的管理方式，是其他三种特性的催化剂和实现工具。

四、多元性：功能多样以及使用主体的多元

在工业遗产的讨论中，多元性的提出是针对当下工业遗产改造为创意产业、文化会展等具有公共属性，却因单一功能为主导，从而导致受众单一、缺乏生活常态、空间闲置、街区融合不够的情况。多元性一方面强调功能的复合、多样和叠加，但更加强调的是使用主体的多元（长期居住的居民、周期性的工作人员、有目的的访客和非预期的闯入者）。

1. 功能的混合多元

城市功能的混合是一个相对概念，即功能混合不仅仅是城市区域内的混合功能，也包括了建筑单体或综合体中的多功能并置[1]。可见，工业遗产的功能多元，体现在建筑和城市的多重尺度。

1）基于工业遗产的城市综合体开发

工业遗产的再生和城市综合体的“混合功能”概念同属于城市更新的范畴。城市综合体的开发应该利用工业景观复苏的契机，形成多样性的空间以激活废弃的工业场所。两者的结合也为城市复兴、居民就业、牢固税收等问题提供有效的解决办法[2]。

基于工业遗产再生的城市综合体开发，一方面可以盘活城市中心区的存量土地资源，再利用工业遗存作为珍贵的历史和文化样本，形成城市综合体独特的市场优势；另一方面，城市综合体能为工业遗存的维护、修缮、激活、文化传播提供更多的渠道和资金支持。

以华盛顿海军码头社区为例。美国华盛顿海军码头的历史可以追溯至1799年，是美国海军最早的海岸根据地，并一度是美军最大的造船基地[3]。1886年华盛顿海军大院被指定为海军军械制造中心（Bureau of Ordnance），美国最早的

1 黄毅，2008.

2 Berens C, 2011.

3 Naval History and Heritage Command, 2017.

蒸汽机便诞生于此。第二次世界大战后，海军码头迅速走向衰落。华盛顿海军码头的军械生产一直持续到1961年开始逐步停止[1]。1963年，其中55英亩（约2万平方米）的土地被转让给总务管理局(General Services Administration)。

2005年由房地产开发商森林城市（Forest City Washington）与总务管理局达成协议，在尊重和振兴前海军造船厂工业历史遗迹的前提下，通过适应性再利用赋予其新的生命（表5-2），营造集办公、居住、商业、休闲为一体的城市开放社区（推广名为The Yards）。计划2030年第二期全面建设完成后，应占地48英亩（约194 249平方米），涵盖180万平方英尺（约167 225平方米）的办公空间，3400个居住单元，40万平方英尺(约37 161平方米）的零售、餐饮和服务，一个225间客房的酒店，以及一个滨水开放公园[2]。

海军码头社区The Yards同时也是华盛顿地区最大规模的都市水岸。2003年，由哥伦比亚特区规划办公室提出的“河滨总体发展框架”（The Anacostia Waterfront Framework Plan），明确提出华盛顿东南部395号州际公路和阿纳卡斯蒂亚河（Anacostia River）之间的区域，应该作为城市与水岸联系的强劲纽带，成为城市办公、体育、娱乐、休闲的目的地之一。2007年，海军码头社区被纳入华盛顿首都滨水商业改进区[3]，整个地区的经济得到快速发展，经过10年的开

表5-2 华盛顿海军码头社区中原工业场所功能改造

功能	零售＋餐饮	办公＋餐饮	居住	公园
改造后	 锅炉制造商商店 建于 1919 年， 改造完成于 2013 年	 木材棚 改造完成于 2013 年	 铸造阁楼 建于 1918 年， 改造完成于 2011 年	 码头公园 公园于 2010 年开放

资料来源：图片自摄于2019年6月

1 Clark C M, 2012.

2 来自园区招商信息手册。

3 商业改进区（Business Improvement District，简称 BID），源于北美城市，现已推广到英国、德国、新加坡等国家。其本质是一种多方合作的城市管理方式，基于一个固定范围的商业区，由各方利益相关者组成管理机构，自筹费用，在政府提供的基本公共服务基础上营造更好的建成环境。

发，到2018年，总收入打平了11亿美元的公共投资，为整个区域的转型提供了强有力的经济支撑[1]，实现了工业遗产保护与城市开发建设的双赢。

2）滨水工业遗产建筑单体的功能复合

除了在城市街区尺度的功能混合，工业遗产建筑单体的保护更新在功能设置上也呈现出多元复合的特征，可以概括为以下五种：①以商业功能为主导；②以办公功能为主导；③以文化功能为主导；④以居住功能为主导；⑤以新制造业为主导（表5-3）。

此外，工业遗产保护更新的功能定位与原有工业遗产的保护等级、区位、城市发展政策、工业遗产的可持续运营密切相关。例如，“I+ M +X”复合模式需要建立在制造业企业生产方式升级的基础上，即研发、设计、制造、市场、展示、销售可以在一个建筑空间内并肩合作。这意味着整个工作流程将更加紧密，与产品、客户直接对接。因而除生产制造外，自然包括研发实验、灵活办公、展演洽谈等相关复合功能。又例如“I+C+X”中，当今文化功能的注入往往与城市体验、艺术氛围、社交生活紧密相连，画廊、咖啡、书店、餐馆、培训和教育等功能开始融入原本单一的文化建筑中。

表5-3　滨水工业遗产中建筑单体的功能复合模式

功能复合模式	“I+B+X”复合模式	
案例	船厂 1862	在工业遗产保护（Industrial heritage protection）的基础上，以商业功能（Business）为主导，复合其他功能（X：文化、艺术、教育等）的模式。通常该模式将工业遗产作为特殊的文化资本以提升经济价值和品牌推广。 2017 年对外开放的上海“船厂 1862”，由上海船厂的老厂发改造而来，由商业店铺、多功能厅、剧院 3 个功能组成。既是陆家嘴滨江金融城商业空间的一部分，也是黄浦江畔独特的文化艺术地标
		功能组成：16 000 平方米商业 + 8000 平方米国际剧院 + 其他

1　RCLCO, 2018.

续表

<table>
<tr><td>功能复合模式</td><td colspan="2">“I+ O +X”复合模式</td></tr>
<tr><td rowspan="2">案例</td><td rowspan="2"> 费城海军大院</td><td>在工业遗产保护基础上，以办公功能（Office）为主导，复合其他功能（X：餐饮、居住、教育等）的模式。通常该模式将工业遗产作为特殊的文化资源，与知识、技术、创意资源相结合，以促进社会经济和社区活力的发展。
2014 年，美国服装巨擘 Urban outfitters 迁入费城海军大院 5 栋历史厂房中。象征着传统制造业生产的大跨度造船厂房，转变为开放式办公、设计工作室、服装展示、公共艺术、餐饮休憩的场所，成为当代时尚文化的孵化器，体现了历史建筑与现代企业文化碰撞所产生的巨大潜力</td></tr>
<tr><td>功能组成[1]：开放式办公 + 设计工作室 + 展示 + 餐饮，共 43 020 平方米</td></tr>
<tr><td>功能复合模式</td><td colspan="2">“I+ C +X”复合模式</td></tr>
<tr><td rowspan="2">案例</td><td rowspan="2"> 汉堡易北爱乐音乐厅</td><td>在工业遗产保护基础上，以文化功能（Culture）为主导，复合其他功能（X：餐饮、教育等）的模式。强调文化资源和遗产资源的复合利用，往往成为提升城市竞争力、具有新文化象征符号的旗舰项目。
易北河爱乐音乐厅在既有 37 米的红砖仓库上，加载了一个现代、轻盈、通透的新建筑，最高点高 110 米。既有红砖仓库的 2/3 改造为立体停车库，其余空间为音乐培训和后台区。新建核心部分是音乐厅，两侧为五星级酒店和高端公寓。37 米平台处还设置有咖啡、酒吧、画廊等商业功能，成为融合多重功能的城市广场</td></tr>
<tr><td>功能组成[2]：2100 人爱乐大厅 + 室内音乐厅 +4000 平方米公共广场 + 餐厅酒吧 + 公寓 + 酒店 + 停车设施，共 120 383 平方米</td></tr>
<tr><td>功能复合模式</td><td colspan="2">“I+ L +X”复合模式</td></tr>
<tr><td rowspan="2">案例</td><td rowspan="2"> 维也纳煤气罐城</td><td>在工业遗产保护基础上，以居住功能（Living）为主导，复合其他功能（X：餐饮、零售、教育等）的模式。其目的在于打造与历史文化相结合的、具有特色的居住环境。同时，有利于提升历史街区的整体品质。
维也纳煤气罐建筑群由 4 个高 72.5 米、直径 64.5 米的罐体组成。2001 年起在让·努维尔等建筑师共同努力下，将煤气罐改造为集居住、购物、文娱、旅游为一体的城市综合体</td></tr>
<tr><td>功能组成[3]：800 余套住宅 +20 000 平方米商业 +11 000 平方米办公 +7000 平方米活动大厅 +15 800 平方米档案空间 +12 家影院 + 其他</td></tr>
</table>

续表

功能复合模式	“I+ M +X”复合模式	
案例	布鲁克林海军造船厂 77 号楼	在工业遗产保护基础上，以新制造业（Manufacture）为主导，复合其他功能（X：餐饮、展示、办公、研发等）的模式，是近年来新兴的复合模式。通常是大都市为应对产业结构转型、重振制造业的挑战，在原有工业园区改造的基础上，发展高端制造业、引入更多的高科技公司，以解决大都市地价高昂对制造业、传统蓝领社区带来的沉重打击。 布鲁克林海军造船厂如今是纽约高科技制造业的重要基地，其愿景是成为将中小型制造业、科技研发、餐厅、零售、酿酒厂、杂货店、屋顶农业无缝集成的微缩城市
		功能组成[4]：1～3 层为食品、零售商业，3～9 层为制造业、14～15 层为办公空间，共 89 765 平方米

注：汉堡易北爱乐音乐厅图片来自支文军，潘佳力，2017；维也纳煤气罐城图片来自王达仁；其余图片为作者在2018—2019年拍摄。

[1] 数据来自建筑设计事务所MSR官网（https://msrdesign.com/case-study/urban-outfitters-corporate-campus/）。

[2] 数据来自赫尔佐格德梅隆事务所官网（https://www.herzogdemeuron.com/index/projects/complete-works/226-250/230-elbphilharmonie-hamburg.html）。

[3] 数据来源煤气罐城官网（https://www.gasometer.at/de/architektur/geschichte/die-revitalisierung）。

[4] 数据来自建筑事务所Marvel Architects官网（https://marvelarchitects.com/work/building-77/41）。

2. 使用主体的多元

社会学者艾利斯·马瑞恩·杨（Iris Marion Young）将城市公共空间与她主张的“差异性的政治”（Political of Difference）联系起来，指出“城市公共空间所支撑的、建立在陌生人交往上的、容纳差异性的社会生活，与建立在共同性基础上的社区关系相比具有更积极的社会意义”[1]。一个共享的滨水工业遗产，应该涵盖四类使用主体：①长期居住的居民；②周期性的工作人员；③有目的的访客；④非预期的“闯入者”。

其中，居民、工作人员和有目的的访客（如游客等）对场所的访问频次和消费能力是相对稳定的（空间品质的好坏，改变的是访问频次和消费的高低，但三者之间的关系应该是相对稳定）：居民更倾向于免费或日常消费的空间，而游客更愿意为一次性的旅行进行较高的消费，在场所内办公的职员或工作人员的访问

1　Young I M, 1986.

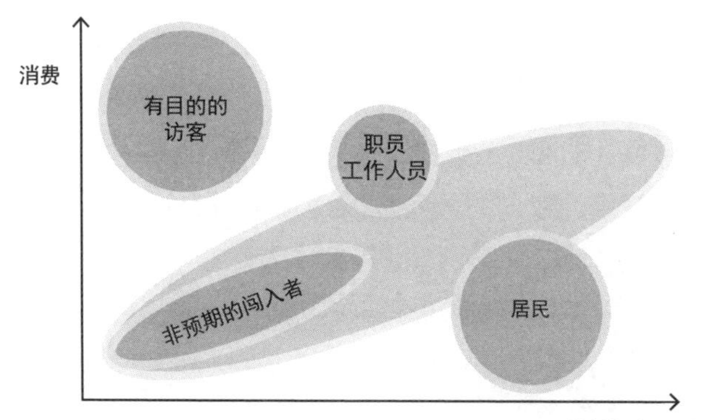

图5-11　四组人群访问频次（空间使用黏性）与消费的关系

频次则是相对固定，且包含有午餐、零售等必须消费。而非预期的闯入者，对场所的访问频次和消费能力则与空间品质成正相关关系（图5-11）。

在奥斯陆的沃坎（Vulkan）社区，直到20世纪60年代都是阿克塞尔瓦河（Akerselva River）河畔活跃的工业区。自2004年以来，经过10年的更新重建，由破败的厂区成为奥斯陆第一个集餐饮、公寓、办公、零售、娱乐、学校、酒店为一体的生活场所。更新后的沃坎社区拥有10 000平方米办公空间、14 000平方米的零售空间、7500平方米的酒店、14 000平方米教育空间、50 000平方米公共空间，以及147户住宅单元[1]。

低层空间为当地艺术家、各种餐馆、咖啡厅和酒吧使用，形成街道的焦点。商业楼层则用作办公和工作室。社区内所有户外空间均对外开放。由铸铁厂房改造的室内公共市场及美食广场（图5-12），既是职员和居民用餐、社交、休闲的场所，同时也深受游客喜爱，每年约有100万人（每周至少有20 000～30 000游客）参观，成为阿克塞尔瓦河畔不可错过的停留驻足之处，并进一步促进社区及其周边地区的发展。

在上海衍庆里仓库改造中，既要考虑仓库变身时尚创意中心后的创客办公需求，也更要考虑仓库背后整个里弄居民到达河岸的便捷。改造完成后的衍庆里成

1　2016 年沃坎社区成为 ULI 全球卓越奖入围者，数据来自 ULI 官网介绍（https://americas.uli.org/awards/vulkan-2016-global-awards-excellence-finalist/）

图5-12　沃坎社区内由铸铁厂房改造的室内公共市集，成为商业复兴的典范
资料来源：自摄于2019年9月

为时尚发布会、艺术展、产业论坛、学术讲座的重要平台，成为设计师、买手、媒体等时尚圈各类人士倍加推崇的热事。但由于衍庆里的定位，是针对专业买手而非直接服务消费者个体的B2B产业运营空间[1]，再加上沿苏州河道路与防汛墙空间过于逼仄，对偶尔路过、被历史建筑吸引停留驻足的“闯入者”而言，并没有太多可以停留的空间（图5-13）。

图5-13　衍庆里靠近苏州河一侧空间
资料来源：自摄于2018年12月

1　王铮，2019.

五、日常性的介入

“日常”代表了普通人平凡经验中的元素。伊恩·怀特（Ian D. Whyte）指出对景观的解释存在“局内人”（insiders）和“局外人”(outsiders)的不同视角，对局外人而言，景观是新鲜的，而对每天在景观内居住、工作、生活的局内人而言，景观只是日常生活的必要组成部分[1]。城市规划有“宏大叙事”，就必然有“微小叙事”，后者是指每个人从自己的日常生活中获得的感受和发出的声音，而这往往更贴近城市的本真。

城市遗产保护与发展的最终挑战是：如何解决遗产的超然地位与日常生活需求之间的差距[2]。正如彼得·拉茨所言，人性化场所的发展在某种程度上注重传统和文化本身的重要性，而工业废墟也遵循同样的方式来适应人们的日常生活[3]。不得不说，在工业遗存的更新中，既存在“上帝视角”下波澜壮阔的恢宏场景，也存在“蚂蚁视角”出发看上去微不足道却与日常息息相关的残余“片段”（图5-14）。日常性的介入就是对后者的回应。除去博物馆式的展示、高端文化艺术活动外，工业遗产在更新过程中应置入与普通市民日常生活更为贴近的生活场景。

北京冬季奥运会作为核心IP的首钢工业园区

上海苏州河畔更加贴近日常生活的工业遗存

图5-14　工业遗产更新中的宏大叙事和日常片段
资料来源：自摄于2018年9月—2020年1月

1　伊恩·D. 怀特，王思思，译，2011：3-4.

2　Smith L, 2006.

3　孙蓉蓉，孔祥伟，俞孔坚，2007.

1. 日常图景的营造

1）边界模糊，偶发变常态

章明提出“显性的日常图景”作为对工业遗存“日常性”的回应——通过多重复合关联系统的完善，将日常活动引入滨水空间的营造。将弥漫性的、走街串巷般的日常体验，作为营造水岸空间复合日常功能关联系统的方式。在上海杨浦滨江景观实践中，即通过模糊“功能性交通空间与日常性休憩空间的边界”，使原初单纯满足交通功能的水岸码头，以开放积极的姿态融入城市生活[1]。

图5-15　上海当代艺术博物馆创意衍生空间psD临街界面
资料来源：自摄于2018年8月

采用同样策略的还有上海当代艺术博物馆（由原南市发电厂改造而来的）。2016年，博物馆在临街一侧置入4个两端通透的金属盒，作为创意衍生空间psD（Power Station of Design）。盒子里既有咖啡店、商店等日常消费空间，又有以年轻新锐艺术家为主的面向公众开放的免费展示空间，同时还担负通向主展览空间的通道功能。建筑师张永和希望沿江漫步的人们，即便不是美术馆的爱好者，也能够被这些街边“店面”所吸引，进入psD停留片刻。或看展，或买小工艺品，或喝一杯咖啡，或由此走向博物馆的深处，开始一场不期而至的艺术之旅（图5-15）。

2）修复城市网络，激活老旧街区

日常图景的营造也可以成为城市社会网络修补与再组织的方式，从而重新构建城市街道的公共领域。2019年上海城市空间艺术季“相遇•贵州路”主题展

1　章明，孙嘉龙，2017.

览，就呈现出一种通过日常性的共享空间的再组织从而促进街区内生更新的图景。梓耘斋建筑（TM Studio）通过梳理街区的公共空间系统，整理出关键的节点，然后从这一系列微小碎片式的狭小空间，为居民提供生活服务便利的同时，也适当置入文化交流和街道生活展示的空间。这种通过城市碎片的梳理、拼贴和日常性展示的微更新方式，对于历经百年变化，社会、文化、历史、社区资源不断分解、重组、不成体系的老旧街区而言，尤为重要。

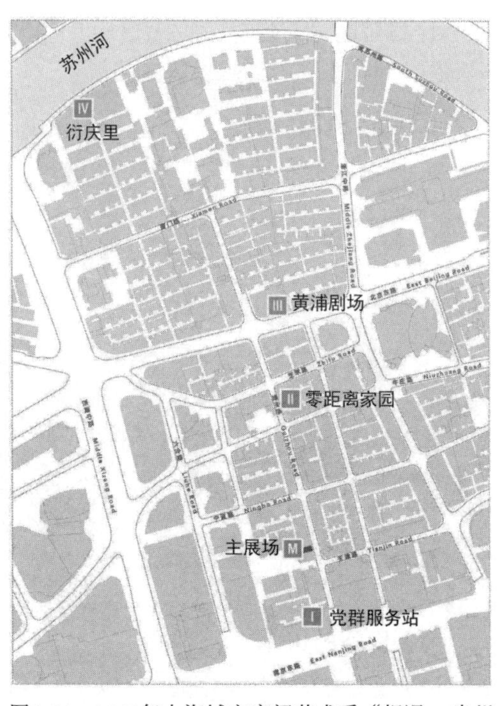

图5-16　2019年上海城市空间艺术季“相遇 • 贵州路”主题展览及分展场分布

资料来源：根据展览相关宣传图纸调整绘制

更为难得的是，贵州路共享空间的构建方式，为滨水城市街区“渗透性”的实现，提供了可能的样本。在长约670米的贵州路上，通过主展场和四个分展场的串联，使南京东路和苏州河之间的联系被短暂地激活（图5-16）。社区单位、老字号商铺、影剧院、人气餐厅等原来就存在的城市住户，在几个共享空间和城市事件的激活下，重新搭建与城市网络互动的关系。在形成一个更大范围的空间网络的同时，也为一个地区的城市更新和文化再生提供了可持续的动力。

2. 工业遗存的社区化更新

1）以社区振兴为导向的工业遗存更新

日常性对工业遗存的介入，还体现在工业遗存的“社区化”更新模式中。

即以混合用途开发为手段、以社区振兴为目的的更新模式[1]。相比于长三角地区工业遗存流行的创意园、博物馆、景观公园等模式，以社区融合为导向的更新模式，更易被中小城市和中小规模的工业遗存所接受。

其中，以房地产开发商为主导的再开发，往往保留部分工业遗存为社区或商业中心，形成以住宅、商业、办公、休闲一体化的综合地产模式。虽然在宣传和最初定位上，无不试图凸显加载在工业遗存、滨水景观上的高端文化、艺术、创意等概念，但往往在进入最后的运营阶段，还是无法避免地回归社区日常生活运营的定位。例如，无锡“运河外滩”二期新建小型商业中心的两轮方案比选，从文创艺术主题“新外滩艺术之谷”的城市客厅，调整为更接地气、以提升周边高购买力的居民生活品质为目标的“日常生活聚集地”[2]，就是当下市场真实的写照。

值得注意的是，无锡“运河外滩”作为典型的由地产商主导的工业遗存更新与中产阶级社区开发结合的项目，虽然厂区的70%以上的部分都夷为平地新建高层住宅，但滨水工业遗存的更新却是相对成功。地块分为拆迁老厂房后新建的商品住宅“万科金域蓝湾”和以厂房改造为主的艺术商业街区“运河外滩”（图5-17）。“运河外滩”总体量约4.9万平方米，包含6幢民族工商业的保留建筑、5幢新建筑等。其中，体量最大的老厂房由隈研吾改造为外滩美术馆。新建的5座小型独立商业沿河布局，在形式与体量上与周边的厂房呼应，形成了独立于商品住宅之外、对公众开放的滨水休闲商业带。

2）工业建筑改造为居住建筑

此外，工业建筑单体改造为居住建筑，也是日常性的重要体现。纽约SOHO地区最早就是以LOFT的生活方式闻名于世。当前国际建筑实践中，也不乏将工业建筑改造为居住建筑的经典案例，例如前文提到的维也纳煤气罐城。

在作者的实地调研中，华盛顿海军码头社区160号铸造阁楼（Foundry Lofts, Building 160）的适应性再利用，就是将原工业生产的车间改造成工业LOFT风格

1　李振宇，孙淼，2017.

2　作者根据项目建筑师李霞（加合设计）2019 年 11 月在同济大学的演讲整理。

图5-17 无锡运河外滩工业遗存再利用
资料来源：自摄于2019年11月

图5-18 从公园望向LOFT
资料来源：自摄于2019年6月

的居住建筑。在保留原有结构和外立面的基础上，将原建筑的中庭改造作为住户的公共客厅，并在顶层加建两层跃层公寓。金属面板和落地橱窗的结合以及锯齿形平面布局，可俯瞰阿纳卡斯蒂亚河的壮丽景色(图5-18)。改造后共有177套公寓，包括185 000平方英尺（约17 187平方米）居住面积、10 000平方英尺（约929平方米）的零售。

六、滨水工业遗产共享性评价模型构建

成功的公共空间的共同特点就是公共性得到充分体现：功能整合、活动多样、有包容性、可达性强且与市民生活充分融合[1]。科恩等多位学者曾指出城市公共空间应被理解为“集群概念”（Cluster Concept)，涉及相互关联甚至矛盾的多个定义，解决这种概念的唯一方法就是将一系列可能的含义或标准组合起来，以避免将概念简化为单个维度的连续趋势[2]。因此，国外相关研究基本按照四个步骤来进行空间品质评价：①界定公共性组成维度或影响因素；②建立评估或估

1 徐磊青，言语，2016.

2 Kohn M, 2004；Németh J, Schmidt S, 2011.

值标准体系；③数据收集；④讨论特征、计算估值，并获得评价结果[1]。

在这一技术路线之上，针对不同的维度设定和布置标准，国外对公共空间品质审定的方法呈现出多元状态。其中，通过将各个影响因素获得的估值标注到多轴坐标从而获得几何图形的可视化评价，可以用于多个城市空间的横向比较，也使得分析结果简单易读。

1. 基于几何图形可视化的七个城市空间评估模型

近年发表的国外文献及相关研究中，针对公共空间的几何图形模型评估法至少有七种（表5-4）：情景/安全模型（六辐模型，Cobweb Model）[2]、CABE空间塑造者模型（Spaceshaper Model）[3]、三轴模型（Tri-axial Model）[4]、星形模型（Star Model）[5]、OMAI模型[6]、PSI公共空间指数模型（Public Space Index，简称PSI模型）[7]和六轴模型（Six-axial Model）[8]。

表5-4　当前公共空间公共性评价的七种几何模型评估法

模型评估法	几何模型基本图	影响维度	描述
情景 / 安全模型	1 2 3 4 5 6	分为安全公共空间的三个维度：①监视，②停留的限制，③规则；情景化公共空间的三个维度：④事件，⑤有趣的购物，⑥路边咖啡座	以低、中、高三种程度判断，以有趣的购物为例：低（没有商店）、中（便利商店）、高（自由货品商店）

1　王一名，陈洁，2016.

2　Van Melik R, Van Aalst I, Van Weesep J, 2007.

3　CABE, 2007.

4　Németh J, Schmidt S, 2011.

5　Varna G, Tiesdell S, 2010.

6　Langstraat F, Van Melik R, 2013.

7　Mehta V, 2014.

8　Mantey D, 2017.

续表

模型评估法	几何模型基本图	影响维度	描述
CABE 空间塑造者模型	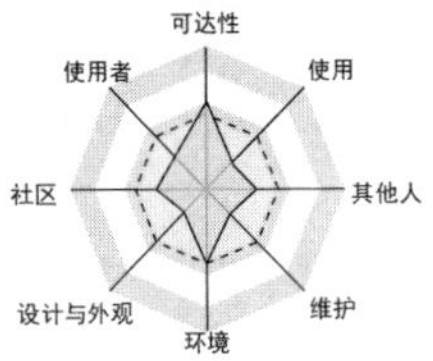	社区参与者对场所的 41 个特征做出评定，得到公共空间综合品质的 8 个维度，分别为：维护、环境、设计与外观、社区、使用者、可达性、使用、其他人	以网状结构（spider diagram）呈现，如果画出来的形状的某部分在图中虚线部分，则说明得分较差
三轴模型	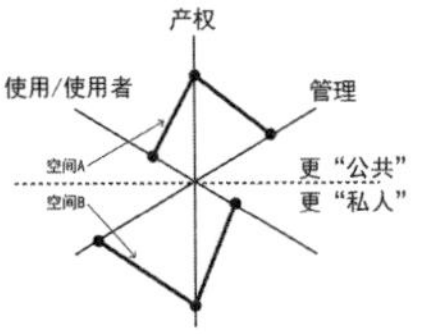	使用情况、产权和运行管理；打分规则 - 2，- 1，0，1，2 五个层次，针对管理与控制维度提出 20 个子变量，其他两个维度未能实现可操作化	通过得分三点的连线来展示空间在运营管理问题上的偏向程度
星形模型	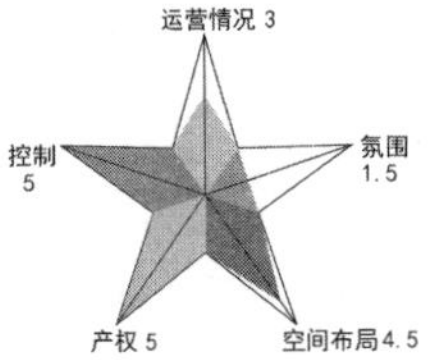	在产权、控制、运营状况、空间布局与氛围 5 个维度，每个维度包含的子因子个数不均等，从最多包含 8 个因子的空间布局到只包含 1 个因子的产权都被赋予相同的权重	通过形成的 5 向度雷达图的面积规模得到空间品质的整体评价，并通过偏倚程度对公共空间的改造提出建议
OMAI 模型	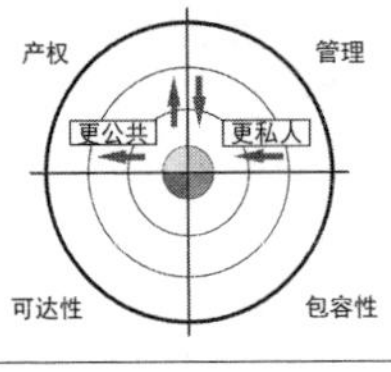	针对“伪公共空间”（Pseudo-Public Space）现象，提出产权、管理、可达性和包容性四个向量，每个向量有 4 个等级打分	与星形模型相似，通过面积和偏倚程度对公共空间进行评价
PSI 公共空间指数模型	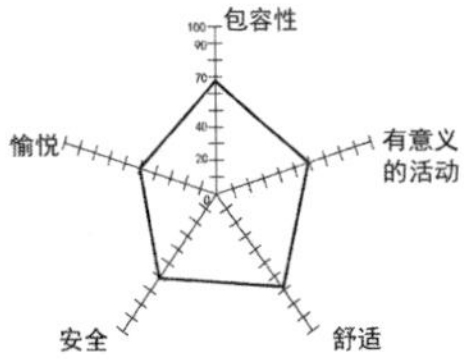	基于社交性的五个维度：有意义的活动、包容性、愉悦、安全、舒适。包括 45 个子因子的评价体系，大部分子因子配有 4 个等级打分	五个维度的权重经过优化设计，各自维度分数上限为 30 分，总分为 150 分，但最终转化为 100 分的 PSI 得分
六轴模型	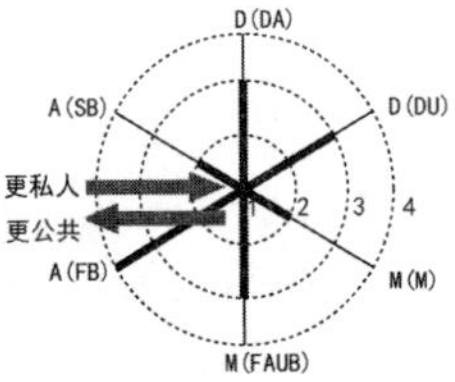	分为多样性、管理、可达性三个维度，每个维度都包括两个子因数，例如，多样性包括活动多样性和使用者多样性，可达性包括空间和经济可达；因此有 6 个向量，每个向量有 4 个等级打分	适用于任何类型的聚集场所，包括建筑物内的聚集场所。这解释了为什么该模型没有详细考虑场所的设计

注：各模型图像由作者根据相应参考文献重新绘制。

几何图形强调了城市空间品质的多维度，具有较强的操作性。虽然该方法中，几何图形的边数即反映空间评价维度的个数，具有一定的限制性（边数最多的为CABE模型具有8边，也就是八个维度）。但通过每一个维度在子因子的设计，并结合权重设计，仍然能够较为清晰、快速地获得空间品质的评价。

在众多模型比较中，PSI模型和星形模型通过较为细致的打分规则和较为均衡的维度选择标准，被认为是能够获得相对全面、客观的城市空间品质评价方法。

2. 共享性的星形评价模型

1）公共性评价与共享性评价的异同

那么，星形模型和PSI模型是否可以直接用于滨水工业遗存改造项目的共享性评价呢？本书认为这两个模型具有以下局限。

（1）核心维度的差异

两个模型都是用于城市空间的公共性评价，然而公共性与共享性具有一定的差异。如前文所述，公共性的探讨中离不开对空间所有权的判定，并且在具体的评分标准中，往往认为公有产权的公共性得分越高，公共性越强，私有产权的公共性得分越低，公共性越弱[1]。然而，正如第二章所述，共享的概念源于当代城市空间使用权与所有权分离的既有事实，空间所有权对城市空间的共享程度而言，理应不再是决定性因素。并且，在滨水工业遗存的改造更新项目中，绝大部分改造为滨水开放空间或博物馆、展示馆功能的城市空间，在所有权上毫无疑问属于公共空间，但其共享性究竟如何，却是值得质疑的。即公共空间未必是共享的，公有产权的共享性未必比私有产权的共享性高。

同时，国外研究中对公共性的评价是基于当地政治经济体系、社会文化和法律制度基础之上，与我国的土地和城市管理制度，以及市民对公共领域的理解和认知差异极大。而在我国的城市空间，何谓“公共”，何谓“私有”，也尚未得到国内学者的充分讨论[2]。

1　Varna G, Tiesdell S, 2010；Németh J, Schmidt S, 2011.

2　王一名，陈洁，2016.

（2）适用范围的差异

本书的研究对象是滨水工业遗产，即“具有历史积淀，处在城市滨水地区或有紧密联系的，生产、仓储、交通运输、市政公用事业等景观、建（构）筑物及其所在的地段”（见第一章）。前文所述的七种模型，都未曾将遗产的、历史积淀的维度考虑在内。大部分模型也是针对室外开放空间的评价，但本书的研究范围既包括滨水开放空间，也包括滨水工业建筑遗存。虽然六轴模型适用于所有集会空间（室内或室外），但由此也将大部分的空间设计因素排除在外，而恰恰本书研究的重点在于空间实体对共享性的影响。

由此，现有的公共性评价模型并不能直接用于共享性的讨论。但星形模型和PSI模型的技术路线仍然对共享性评价模型的建立有极大的启示。由于PSI模型中涉及维度权重的转换，其转换的依据需要额外论证。因此，本书将参考星形模型的技术路线，建立滨水工业遗产共享性的评价模型。

2）共享性评价的技术路线

关于滨水工业遗存共享性评价的技术路线应分为如下四个步骤：①界定共享性组成维度或影响因素：历时性、渗透性、分时性、多元性和日常性（表5-5）；②建立评估或估值标准体系：对各核心维度建立子因数，分五级进行评价（表5-6）；③数据收集：选取滨水工业遗存进行数据收集；④可视化评价、讨论特征：生成星形模型（图5-19）。

表5-5　对滨水工业遗存各个维度“更共享”或“不够共享”的描述

更加共享	维度	不够共享
能够反映工业遗存及其周边城市街区、居民社区各个时期的演化过程，使得更广泛的人群能够与遗存的历史价值相关	历时性	只反映某一个时期片段或某一个群体的历史价值
使用者能够更快、更方便、更舒适地从腹地到达滨水岸线；建筑的滨水界面对行人友好	渗透性	城市腹地通向水岸的路径被阻断、不可见、不方便；建筑滨水界面对行人不友好，无法停留
灵活、自由、多个时间段可以访问；可以有周期性的变化	分时性	只有有限的固定时间段可以访问或使用

续表

更加共享	维度	不够共享
开展活动、事件具有多元性；可以访问或使用的群体具有多元性	多元性	开展的活动有限，能够使用空间的群体有限
能有免费的，或符合日常消费的空间使用；可以开展易被大众接受、理解的活动；烟火气	日常性	纯消费或高消费空间；开展的活动或场地装置过于超前、高端或含有隐喻的排他性

表5-6　滨水工业遗存共享性评价各个维度的指标

共享状态	更加共享				不够共享
分值	5	4	3	2	1
历时性					
历史信息的梳理、选择和表达	a. 可以反映各个时期历史信息的层积；		反映特定时段的历史信息；		记录残缺；
历史信息的梳理、选择和表达	b. 同时反映物质与非物质文化的价值；		/		只反映工业遗存的实物价值；
历史信息的梳理、选择和表达	c. 建筑和工业构筑物的适应性再利用反映原真性；		建筑适应性再利用；		没有保留或者破坏性地再利用；
保护、设计策略	d. 关注形成过程的设计策略		考虑棕地生态修复的需求		只关注形式
渗透性					
景观基础设施的提升	a. 提升城市腹地与水岸线纵向联系，使其具有舒适的、指引明确的可达、安全、寻路性；		具有平行水岸线的连续性、水岸贯通；		滨水岸线不可达、不贯通、寻路性差；
景观基础设施的提升	b. 功能性雨水景观、废水管理、树木带和遮荫街道景观作为生态调节设施；		/		/

续表

共享状态	更加共享				不够共享
分值	5	4	3	2	1
滨水建筑界面的友好性	c. 建筑滨水界面立面具有一定的透明性、互动性；		/		建筑界面封闭；
	d. 平面多孔性、剖面可穿越；		建筑具有物理或视觉穿越的可能；		不具备视线和物理穿越的可能性；
	e. 街道高宽比适宜；		/		建筑体量形成压迫；
	f. 促进骑廊、首层空间等私有空间的让渡共享		建筑首层具有可停留空间；		建筑界面没有让渡共享的空间
分时性					
促进场地在不同时段的使用	a. 促进场地在不同时间段的灵活使用；		/		仅在工作时间或有限的时间段对外开放
	b. 允许场地在不同季节、周末和周中进行功能用途的转变		/		/
多元性					
实践与活动	a. 促进面向公共和面向社区的不同事件、活动的发生；		单一的公共属性功能		仅允许“官方”批准的活动和事件；
使用者	b. 促进场地使用者的多元性；		/		仅对特定群体开放；
	c. 促进不同使用者使用场地的平等性；		/		场地对某些群体使用设置障碍、排他性；
运营维护	d. 社区志愿者协助和维护场所的鼓励机制；		有监控无维护		无维护、无监控；
	e. 政府、企业、社区多方参与		/		仅靠政府财政支持

续表

共享状态	更加共享				不够共享
分值	5	4	3	2	1
日常性					
日常图景的营造	a. 具有日常休憩空间、免费使用空间;		/		只允许消费人群使用,且消费水平较高;
	b. 营造日常性活动、普通市民心理接受的环境;		博物馆式展示		高消费活动
工业遗存的社区化更新	c. 考虑居住功能的融入;		/		/
	d. 具有为社区配套服务的功能		/		仅为游客服务

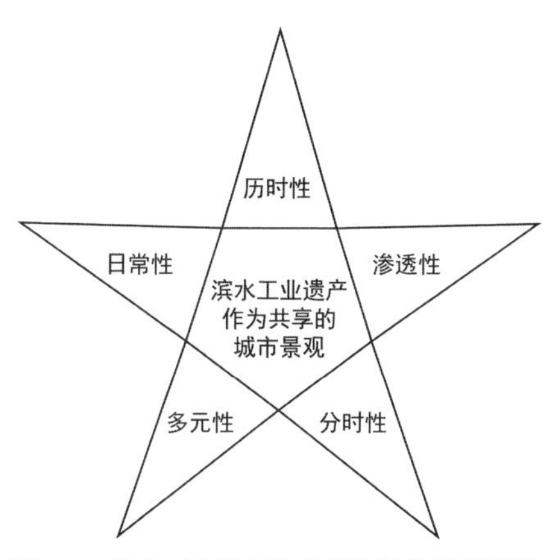

图5-19　滨水工业遗存的共享性评价星形模型

3）评价模型适用范围

对于滨水工业遗存共享性评价的使用范围，应该分为两个部分：①滨水工业遗存改造更新项目，即经过设计的、通过规划建设部门认定的改造项目，包括适应性再利用的建筑单体和滨水开放空间等；②仍然维持工业关停后状态、仍待保护或更新的工业遗存。对于前者，共享性模型是对当前使用状况的评估，属于“后评估”的范畴，并希望借助于此标准，提供后续的设计和运营改善。而对于

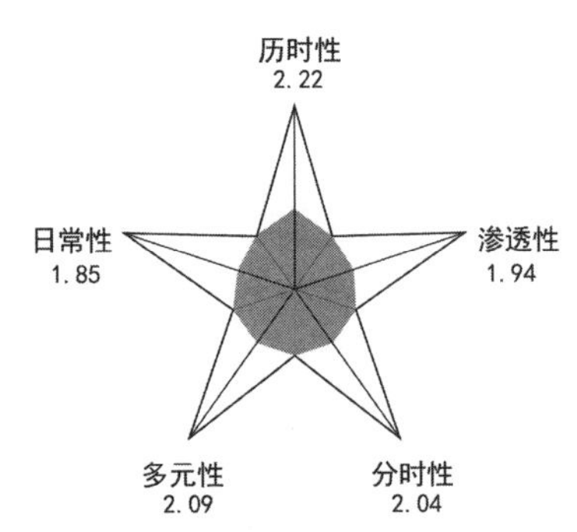

图5-20　苏州河两岸工业遗产共享性整体评价（截至2019年12月）

后者，则应该在工业遗存相关的遗产价值评估基础上，通过共享性模型的评价标准，对后续保护更新发方案的策划、城市设计、建筑设计和景观基础设施等方面提供建设性意见。

3. 苏州河滨水工业遗产共享性评价

根据上文提出的滨水工业遗产共享性星型模型，本书进一步对苏州河两岸工业遗产[1]进行共享性评价。

1）共享性评价的总体情况

结合苏州河两岸调研数据，参照表5-7的评价分级，对苏州河沿岸工业遗存的共享性评价，可以发现以下五个特征：

a）当前苏州河两岸工业遗产共享性的整体情况不理想，五个维度的平均分分别为：历时性（2.22）、渗透性（1.94）、分时性（2.04）、多元性（2.09）、日常性（1.85）（图5-20）。

b）共享性与工业遗存的改造更新时间有关，近五年来更新改造的工业遗存优于早年更新改造工业遗存；近年来更新改造过的工业遗存中，以面向社区为导向的更新优于以文物修缮为主的更新（表5-8）。可以发现，近年来更新的项目，在共享性上已有一定的体现。这源于最近几年建筑学界对城市性、开放性、

1　评价数据依据2018年12月至2019年12月期间的调研状况，此时尚有12处因正在建设、闲置、待拆迁、处于未使用状态等无法评价，因而共有53处工业遗存纳入本次评价讨论。

公共性的思考。但从共享的视角出发，仍有许多可以提升之处。

c）以城市综合体开发为导向的5个项目，从更新理念、功能配置和目前所有的方案信息看，共享性值得期待。但由于仅有一处正式完工并完全对外开放（N02 上海总商会），无法与其他类型进行比较，因此在本次评价中无法体现其可能的优势。

d）与景观绿地结合为导向的更新中，工业建筑本身的共享性普遍较低（功能单一、开放时间有限等）。但城市开放绿地具有的开放、景观属性，对整个地段的共享性有一定的补充，典型案例如梦清馆、蝴蝶湾绿地、长风游艇游船馆等。

e）经过正式改造更新利用的工业遗存共享性明显高于非正式更新的工业遗存。仍在使用但原工业功能已被替换，且未经过企业、设计参与的工业遗存，共享性普遍较低，几近于无。例如南苏州路507—551号（S08 中宇橡塑等）、南苏州路562—651号（S09 光大不锈钢材料公司等）、南苏州路723号（S11 中国银行金库）等。

表5-7　共享性与工业遗存的改造更新时间关系

	尚未经过更新设计（10处）	1995—2005年更新（5处）	2005—2015年更新（26处）	2015—2020年更新（12处）
历时性	1.30	2.10	2.40	3.08
渗透性	0.98	1.83	2.15	2.89
分时性	1.05	2.20	2.09	2.83
多元性	0.86	2.20	2.42	2.83
日常性	1.02	1.75	2.15	2.48
星形模型	尚未经过更新设计的遗存 历时性 1.30 渗透性 0.98 分时性 1.05 多元性 0.86 日常性 1.02	1995-2005年更新的遗存 历时性 2.10 渗透性 1.83 分时性 2.20 多元性 2.20 日常性 1.75	2005-2015年更新的遗存 历时性 2.40 渗透性 2.15 分时性 2.09 多元性 2.42 日常性 2.15	2015-2020年更新的遗存 历时性 3.08 渗透性 2.89 分时性 2.83 多元性 2.83 日常性 2.48

表5-8　近年来经过改造更新的工业遗存共享性评价比较示例

方式	案例		
以面向社区为导向的更新	 S34 创享塔 历时性 3.25 渗透性 4.17 分时性 4.00 多元性 3.80 日常性 4.50 创享塔	 S41 红坊166 历时性 3.00 渗透性 3.00 分时性 4.00 多元性 3.40 日常性 3.50 红坊 166	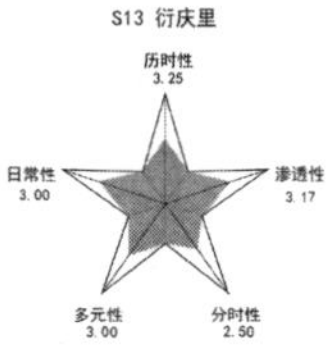 S13 衍庆里 历时性 3.25 渗透性 3.17 分时性 2.50 多元性 3.00 日常性 3.00 衍庆里
以历史保护为主的更新	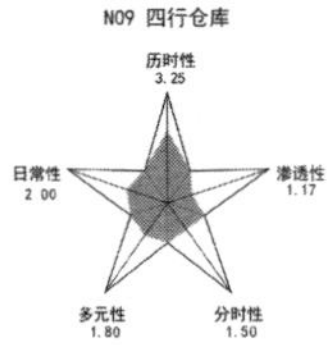 N09 四行仓库 历时性 3.25 渗透性 1.17 分时性 1.50 多元性 1.80 日常性 2.00 四行仓库	 N21苏州河工业文明展示馆 历时性 3.25 渗透性 2.33 分时性 2.00 多元性 3.40 日常性 2.75 苏州河工业文明展示馆	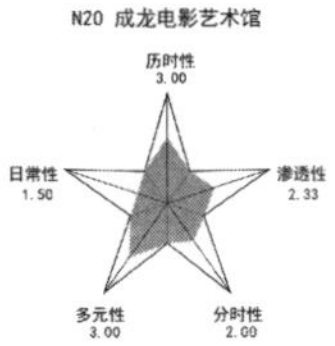 N20 成龙电影艺术馆 历时性 3.00 渗透性 2.33 分时性 2.00 多元性 3.00 日常性 1.50 成龙电影展示馆

2）城市形态和建筑类型对共享性的影响

（1）园区组团式的工业遗存在共享性上有较大优势

以历时性为例，这一类型的建筑群往往本身就具有一定的时间跨度，采取适当的改造设计手法即可有效反应历史信息的层积。而建筑单体在适应性再利用时，有些受制于历史建筑保护法规的约束，有些又被改造得看不出任何工业历史痕迹，整体挑战相比园区组团式的要大很多。

（2）毗邻河岸的遗存在共享性上优于街坊内部的工业遗存

毗邻河岸的功能工业遗存在渗透性上具有天然的优势。例如，周家桥创意产业园和苏州河DOHO毗邻，规模接近，虽然后者滨水腹地狭窄且被停车占据，但依靠屋顶对外开放的咖啡露台，获得了更多共享的可能。

（3）苏州河的贯通，有效提升了滨水工业遗产的共享性

以E仓、景源和M50创意园为例，在苏州河贯通后，它们的滨水空间品质得到显著提升（表5-9）。园区与园区之间、园区与城市在滨水沿线的断点得以修复，原先封闭、闲置的滨水空间得以对市民开放。

表5-9　苏州河贯通前后滨水空间品质的提升

贯通前	 		
贯通后	 		
场所名称	M50 创意园	E 仓创意产业园	景源时尚创意产业园

注：贯通前照片为作者自摄于2018年8月—2019年3月，贯通后照片为作者自摄于2019年10月—2019年12月。

3）共享性的提升途径

从共享性的提升途径来看，日常性的提升是在不大规模改动空间形态的情况下，改善场所共享性的最佳方式，最难操作的则是历时性。

例如，同样是创意园区且位置相邻的盛·醒和1501 Art Studio，都面临着防护墙偏高、腹地狭窄、滨水不见水的窘境。但后者作为石门二路街道每年一度"邻居节"的承办地，得以以游园会的形式为近千位居民服务[1]。同样毗邻的创享塔和E仓，前者将商业广场和生活空间结合，引入租赁居住单元，从而形成工作、休闲、教育、生活相融合的空间需求。相比后者，共享性明显得到提升。

历时性是所有维度中最难实现的。大都市中的中小工业建筑遗存往往缺乏生态修复的必要性，多数工业建筑遗存的风貌要么属于保护级别太高，必须凝固在某一个时间点的历史风貌；要么则因为原风貌不具有足够高的审美价值，被后续的改造完全掩盖了历史的痕迹。需要指出的是，历时性提出的初衷之一，是为了通过历史层积信息的表达，以强化工业遗存与曾经在工业社区生活、工作的人之间的纽带。历时性的缺失，会对城市记忆的存续造成严重伤害。

1　上海市静安区人民政府，2018.

4）共享性评判方法的优化

从评价方法的优化看，当前的共享性评价是基于作者对苏州河沿岸65处遗存调研之后的整体评价，或者说是在第三章的研究基础上结合实地调研相对比较得出的结果。从评价过程看，共享性的星形模型优点在于可以快捷、方便地对不同案例的空间品质进行可视化处理，得到五星图后可以通过比较偏倚程度，迅速得出对空间共享性改造的建议。但考虑到在之后的实际运用中，若只针对某一处或几处工业遗存提出共享性的优化方案，则需要在表5-7基础上，提供更加细化、可量化、可合作操作的指标。

a）明确的量化数据以进一步支撑操作性和权威性。例如，使用空间句法[1]的方法来优化渗透性、多元性中关于城市形态、建筑密度、功能混合度的评判，从而进一步优化星形模型[2]；在多元性的评价中，可参考LEED-ND中对混合社区中功能、使用的多样性评价方法[3]，对功能空间的类型进一步细化、标准化，以提升对多元性评价的客观性。

b）增加对使用者的主观体验的考虑。当前模型中日常性的评价，是基于对使用者的观察得出，后续研究中可考虑对使用者、管理人员、运营人员等进行访谈或问卷研究。

c）权重因子设计。由于星形模型中，每个维度包含的因子个数并不均等，在对多个空间进行空间品质比较时，只需要比较其偏倚程度仍可迅速得到对空间的改造建议。但若需在有限资源下，寻求对空间改造方向的最优解，后续研究可考虑采用德尔菲法[4]处理评估标准权重的赋值问题。

1 空间句法（Space Syntax），一种以空间拓扑形态为基础的空间分析方法及计算机软件。

2 Varna G, Cerrone D, 2013.

3 LEED-ND v4 版评价中，对社区多样性的评判标准为：50% 使用人员在社区 400 米步行范围内能使用到的功能，并配有详细的功能清单，满足功能清单里的 4-7 项为合格，超过 20 项为最高分。（LEED v4 Neighborhood Development Addenda：37）

4 德尔菲法（Delphi Method），也称专家调研法，本质上是一种反馈匿名函询法，针对特定问题采用多轮专家调查的方法。具有匿名性、反馈性、统计性。

第六章
共享水岸：苏州河工业遗产的未来

共享对于苏州河工业遗产而言，究竟是什么？作者认为，从空间过程来看，是一种必然；从社会过程来看，是一种可能。本章第一节，探讨作为空间过程的共享，如何指导城市空间的更新，提出以“共享”为导向的苏州河滨水工业遗产更新设计目标与方法。本章第二节，探讨作为社会过程的共享，如何通过多元主体的参与实现苏州河两岸工业遗产社会空间的重构。

一、作为城市更新空间设计方法的共享

在苏州河滨水工业遗产共享性评价基础之上，能否提出以“共享”为导向的苏州河滨水工业遗产更新设计方法？本节从三个方向讨论：空间更新设计的目标与愿景、设计表达体系的探索，以及不同空间尺度的方法应用。

1.苏州河滨水工业遗产更新设计框架

根据第二章对共享水岸的展望，第三、四章对苏州河工业遗产更新现状的调研，以及第五章对滨水工业遗产共享性要素的分析，本节试提出在城市建筑空间层面的苏州河滨水工业遗产更新设计框架（表6-1）。

表6-1　苏州河滨水工业遗产更新设计框架

目标与愿景：全民共享的苏州河水岸
1. 创造对全体市民共享的滨水空间，是滨水工业遗产更新的整体目标
苏州河滨水空间是城市宝贵的公共资产，滨水工业遗产的土地价值既是各大地产商和各级政府中的稀缺资源，更是城市中难得的、可能对公众开放的空间资源。应作为滨河沿岸的催化剂，激发地区活力，将当下割裂、封闭的水岸，转变为面向为居民、社区、企业和城市开放共享的生活岸线，实现存量资源的优势利用

续表

2. 促进城市腹地与水岸的联系
通过对工业建筑巨大体量的消解、园区边界的消弭、城市闲置空间的重建和重组，加强滨河与腹地的渗透。联系腹地公共活动区域和轨交站点，使滨河空间充分融入城市网络，打造宜于居民活动的开放和共享平台，避免成为一次性的旅游目的地
3. 反映苏州河工业文明的过去、当下与未来
工业文明是苏州河人文历史的重要组成，是打造富有城市文化底蕴水岸的关键元素。鼓励创新和地域性的设计手法，以深入挖掘和反映苏州河工业场地的特征。在尊重既有环境、保障历史层积清晰可辨的同时，反映当代城市经济文化特征，提升地方性文化资源作为城市提供竞争优势

总体原则
1. 历时性原则：在充分反映各个时期历史信息层积的基础上，创造反映当代社会经济文化特征的城市景观
2. 渗透性原则：通过提升景观基础设施和滨水建筑界面的渗透性，促进城市腹地通往滨水岸线的可达性
3. 分时性原则：苏州河滨水工业遗产应能够在不同时间段、容纳不同群体的使用
4. 多元性原则：促进功能的多样性，促进不同事件的发生，促进不同使用群体使用场地的包容性和平等性
5. 日常性原则：具有日常休憩空间，营造生活化的日常叙事活动，从而保障普通百姓和居民对空间的使用

设计指引		
1. 设计前：评估与策划		
项目评估	1. 充分收集、调研场地的历史和遗产信息，包括空间格局与肌理、文物保护要求、非物质文化遗产、人口与社会经济、古树名木、上位规划等，注重历史层积信息的梳理、选择与表达	历时性原则

续表

项目评估	2. 充分了解、沟通、梳理现状条件、业主需求、法律规范、建设资金等前提条件，了解历史环境周边居民、社区的需求	多元性原则
	3. 滨水工业遗产的更新改造应主动介入城市公共系统的调整和提升中，协商促进使用权与所有权分离的私有公共空间政策支持，从而使更多闲置或低利用的空间能为公共生活服务，共同提升场所的公共价值	渗透性原则；多元性原则；日常性原则
内容策划	4. 预留空白空间，以应对当代高度复杂社会生活下，灵活多变且混杂的功能需求	多元性原则
	5. 功能设计让位于叙事设计，节点营造让位于剧情化的事件营造	多元化原则
	6. 考虑生活配套设施等社区功能的置入，提供符合日常消费或免费的空间，如理发、健身、早餐、便利店、洗衣等；结合社区或街道现有资源，提供阅读、放映、展示、工作坊等社区互动交流的空间；考虑滨河休息空间，并与座椅、饮水、储物柜、共享充电宝、卫生间等便民和应急保障设施结合	日常性原则；多元性原则
	7. 考虑租赁住宅、保障住宅等居住功能的植入，以促进城市空间全天候的活力，兼顾社会保障和经济效应	日常性原则；多元性原则
	8. 除创意产业、服务业以外，考虑新制造业、智能制造业的入驻	多元性原则
2. 街区形态与设计		
边界消解	1. 考虑建筑或厂区的可穿越性，以及跨河连接的可能性；增加跨河步行廊道，加强南北两岸的慢行缝合，加强两岸之间的交流互动	渗透性原则
	2. 淡化厂区边界，拆除围墙，通过大体量消解为有序的多重体量组合，使厂区与城市无缝衔接，使城市生活融入工业遗产	渗透性原则；日常性原则
	3. 重建和重组街道碎片空间，形成从城市腹地到滨水界面之间的街区公共空间体系。可能的路径包括自力大楼—自来大楼；苏河湾 42 街坊—衍庆里；月星家具城—M50—金岸 610 等	渗透性原则
	4. 考虑通过景观手法提升城市基础设施的联系，从而激活城市滨水界面的渗透性，例如通过水面搭设栈桥、界定步行慢跑区域等方式，打通断点，促进平行水岸的滨河连通性与完整性	渗透性原则；日常性原则
	5. 考虑结合街道闲置空间的整合，打造微小碎片化的共享客厅，嵌入居民日常生活中，从而构建整个路径的共享生态系统	渗透性原则；日常性原则
功能复合	6. 利用工业遗产周边的闲置空间打造具有工业景观特色的复合市集，形成具有复合功能的停留空间，满足餐饮、展示、活动、市集、休憩等多功能的植入，衔接周边社区，同时吸引不同使用主体在不同时段的参与，形成活力聚集点	历时性原则；多元性原则；分时性原则；日常性原则

续表

功能复合	7. 平衡风貌保护与空间利用效率之间的关系，适当调整容积率和建筑密度，提供居民更高效的空间利用方案	多元性原则
空间品质	8. 通过街道家具、公共艺术等微更新手段，改善桥下公共空间品质，促进滨河步道的步行友好性	渗透性原则；日常性原则
	9. 保证各个年龄段的人安全、舒适、可达	多元性原则
	10. 通过空间尺度、重点建 / 构筑物、景观再现突出工业场所感，强化社区可识别性，强化工业遗产的场所存续	历时性原则
叙事设计	11. 通过线性空间的空间组织和体验，强调滨水社区的叙事性。通过涂鸦设计、情境雕塑、栏板、灯光演出、原生植物复原和二维码检索结合等方式，传达工业构筑物、地段和景观的文化历史价值，从而获得最广泛受众群体的支持与认同，促进遗产保护的培训和研究	历时性原则
	12. 在平行水岸的滨水路径上，通过不同节点、地标的组合，体现工业遗存从工业生产时代到当代再生产的各个阶段变化，由此使观赏者认知苏州河在城市功能转变过程中的发展历程；更多是一个能够成为城市滨水形象、城市文化历史、城市消费、旅游目的地的事件营造	历时性原则；多元性原则
	13. 在垂直水岸、连通城市腹地和滨水空间的路径上，塑造更加生活化、多样化、唤醒个体记忆的日常叙事设计。通过街道中的社区单位、老字号店铺、影剧院、原厂区职工和在地文化机构的共同参与，挖掘不断变迁的城市发展中一直不变的城市文化基因	多元性原则；日常性原则
	14. 放大可识别性，通过实体的、事件的、复合的、跨界的手段，将工业厂房从初期廉租型空间转化为打卡型的城市风景线	多元性原则
	15. 妥善设计导引系统，加强区域内各个工业遗产之间的联系	历时性原则；渗透性原则
3. 建筑和景观设计		
内部空间	1. 创造活力聚集的共享空间，创造庭院、前室、大天井、露台、垂直交通等虽是建筑内部，却具有丰富互动与沉浸体验的“城市客厅”。通过内容的制造，形成可以在互联网社交平台上获得关注从而吸引人前来的场所	渗透性原则；多元性原则
	2. 通过内向的空间层叠，为不同群体的差异性需求提供相对私密、可多种组合的“方舱”空间，成为群共享的场所	多元性原则
	3. 考虑结合垂直交通在建筑的不同高度提供面向公众开放的水吧、茶室、阅读、餐饮、网店体验馆、小零售空间、展示空间、屋顶花园等，可以与内部主体功能分离并错时使用的功能，以促进场地在不同时间段的活力，支持全天 24 小时的使用	多元性原则；分时性原则；日常性原则

续表

内部空间	4. 分层共享：首层考虑休闲文化业态的置入，例如引入艺术展馆、画廊、室外放映等文化活动，咖啡、轻餐等小型消费业态；高区可以为联合办公、设计媒体等办公业态，或健身、摄影工作室、教育培训等商业服务	多元性原则；分时性原则
流线	5. 考虑可直接穿行的线性空间，支持腹地到滨水界面的联系	渗透性原则
	6. 考虑环绕室内主要事件空间的线性路径，并沿线设置话题性节点，促进空间信息的传播	多元性原则
首层界面	7. 创造可穿越的首层空间，促进城市街道与工业遗产之间的对话，促进滨水空间与城市腹地的连接	渗透性原则；多元性原则
	8. 首层界面应保证立面在视线范围内的通透性	渗透性原则
	9. 通过局部退让、折叠等手法促进首层界面的毛躁度，形成柱廊或小庭院等停留空间，为居民、路人和访客提供必要的休憩和停留空间	日常性原则；渗透性原则
	10. 通过首层橱窗、门牌、招贴的设计，增加滨水界面的趣味性和可停留性，以吸引居民、访客进入空间内部	多元性原则
场所特色	11. 结合历史文化积淀，积极营造场所感、地方感，建立居民和当地社区认同的积极个性，有助于培养居民的归属感、幸福感、包容性和社区凝聚力	历时性原则；日常性原则
	12. 场所在视觉上具有独特性，在网络平台具有话题性，从而推广场地信息的传播，吸引更多的人，也使本地居民对场所的使用保证一定的频率	多元性原则
	13. 在材料选取上，强调场地记忆的挖掘与新旧环境的对话	历时性原则
4. 运营与维护		
运营与维护	1. 促进空间的灵活应用，例如从面积收费变为人数收费或小时收费	分时性原则
	2. 通过策划和运营团队的持续性努力，提供导览、文化展示、教育培训、社区交流、展览装置、沉浸式演出、周末市集等周期性或季节性体验方式，创造场所与周边社区互动的机会，在时间维度上对空间使用进行协调与再组织，提升场所的使用效率	分时性原则；日常性原则
	3. 通过与学校、社团合作，建立定期教育、体验、导览环节，加深社区和市民对场所的理解与认同	日常性原则；多元性原则
5. 地域特征		
鼓励彰显和适应地域特征的设计手法与工作方式		
6. 创新性解决方案		
鼓励创新性的设计手法和工作模式		

需要指出的是，滨水工业遗存往往已经处在各个层级的保护规划和设计导则之中。以上海苏州河为例，就有如《苏州河滨河景观规划》（2002）、《苏州河滨河地区控制性详细规划》（2006）、《一河两岸滨水地区规划设计导则》（2017）、《黄浦江、苏州河沿岸地区建设规划（2018—2035）》（2018）等各个层面的规划设计导则，以及《上海市历史文化风貌区和优秀历史建筑保护条例》（2002）、《优秀历史建筑保护修缮技术规程》（2014）等建筑层面的保护利用修缮法规。因此，以"共享"为导向的苏州河滨水工业遗产更新设计导则，既可以成为一个独立的设计框架，也可以形成"共享模块"，以嵌入现有的各级规划、建筑法规中，形成基于共享的专项设计指引（图6-1）。

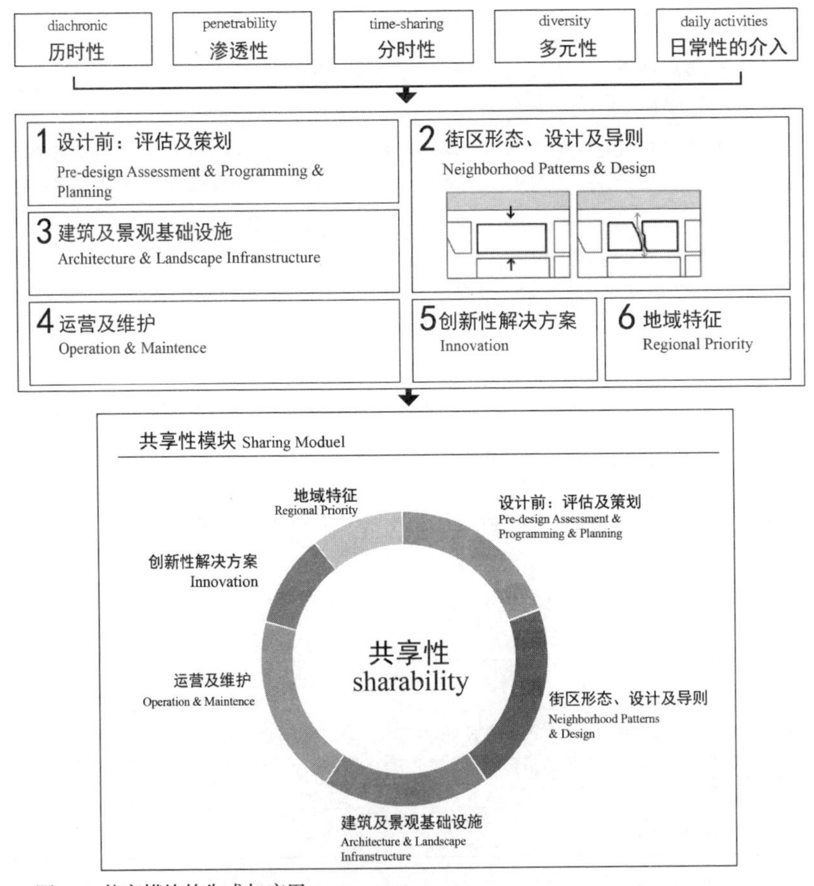

图6-1　共享模块的生成与应用

2. 设计表达体系的展开

滨水工业遗产的共享性在空间的表达上可以分为"硬表达"和"软表达"两个体系（表6-2—表6-5）。

硬表达：仅仅依靠空间本体就能达到共享的方式，即通过分隔、分层、分化等空间塑造手法来达到空间的共享。

软表达：需要通过管理才能达到共享的方式，即对空间的维护和在时间维度上对空间使用的协调与组织。软表达同时也包括全息投影、虚拟现实、数字装置艺术等引导、再现和体验手段。

滨水工业遗产共享性的5个核心维度在空间上的体现，都是"硬表达"与"软表达"的结合。但每个维度的侧重点不同。例如，分时性基本依靠"软表达"来实现，渗透性则更多地强调"硬表达"，历时性、多元性和日常性则需要两种表达体系的配合。

表6-2　"硬表达"与"软表达"体系的部分表达方式

表达类型	硬表达（空间）			软表达（时间）
表达方式	分隔	分层	分化	分时
图示				
侧重点	通过在平面上塑造空间的实与虚、闭合与开放、个体与集体、私密与公共的应对关系	分层是分隔在剖面上的扩展，既可以是垂直方向上的水平层叠，也可以是剖面上的空间折叠	信息时代行为的变化，导致传统单一专有空间的消解，具体体现为功能的分解与重组	空间使用策略，在时间维度上的交错使用，使得不同需求的不同群体在同一空间的不同时段达到共享

表6-3　当下苏州河畔工业遗产共享性的硬表达与软表达示例

	案例及特征	图示	现场照片
硬表达	**苏州河贯通** 手法：平面分隔——沿河退让； 共享维度：渗透性	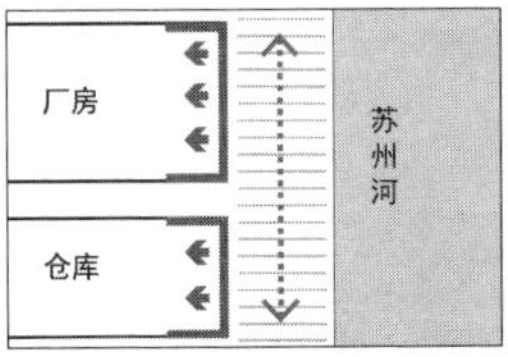 厂房 仓库 苏州河	
	衍庆里 手法：平面分隔——垂河贯通+沿河界面透明； 共享维度：渗透性+日常性	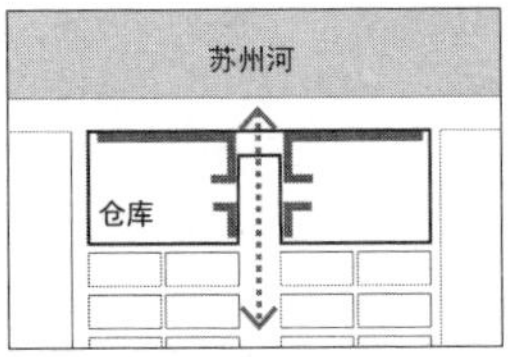 苏州河 仓库	
	创享塔 手法：平面分隔——垂河贯通+沿街界面透明化； 共享维度：渗透性+日常性+多元性+分时性	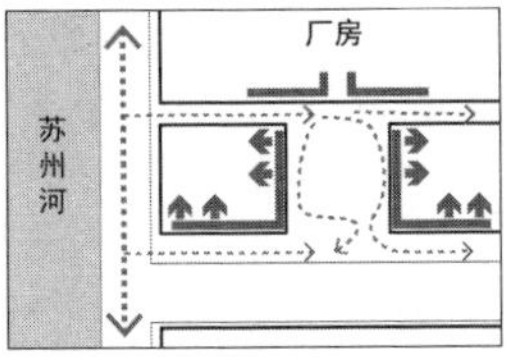 厂房 苏州河	
	苏州河 DOHO 手法：垂直分层——屋顶退台； 共享维度：日常性+多元性+分时性		
	八号桥艺术空间 手法：垂直分层——沿河界面透明化； 共享维度：日常性+多元性+分时性	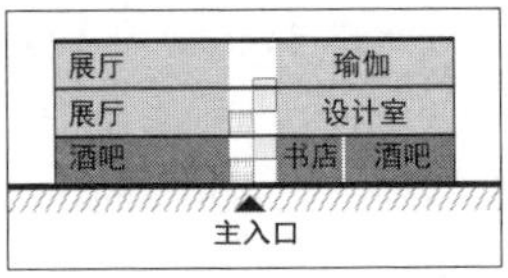 展厅 瑜伽 展厅 设计室 酒吧 书店 酒吧 主入口	 BEER Congerlo
	天安阳光广场（千树） 手法：分化； 共享维度：历时性+渗透性+日常性+多元性	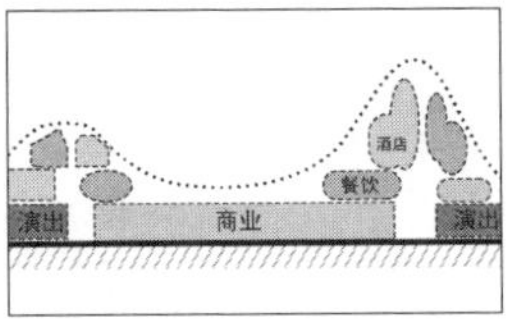 酒店 餐饮 演出 商业 演出	

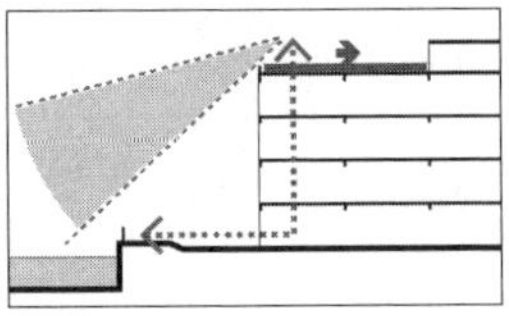

续表

	案例及特征	图示	现场照片
软表达	**上海丰田纺织厂纪念馆** 定期开放； 共享维度：历时性 + 日常性	/	
	M50 空间艺术季，M50 历史展示； 共享维度：历时性	/	

表6-4 国内外滨水工业遗产共享性的硬表达与软表达示例

硬表达	特征	示例	
分隔	共享维度： 渗透性 + 日常性 + 分时性 + 多元性； 首层界面的错动，激发漫游式体验	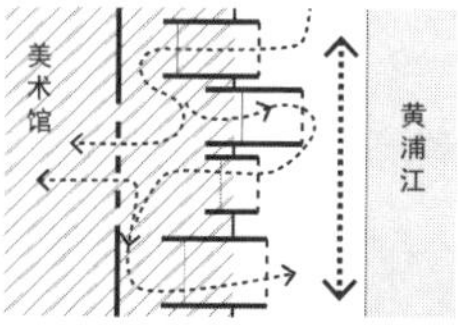 美术馆 黄浦江	
		上海当代艺术博物馆	
分隔 + 分化	共享维度： 渗透性 + 多元性 + 历时性 + 日常性 + 分时性； 大空间的划分和空间尺度的转换	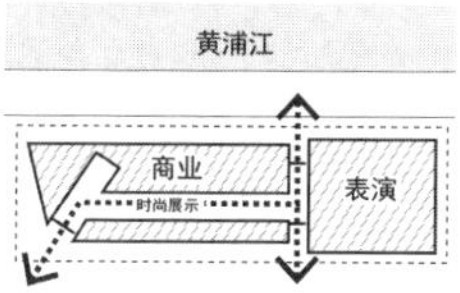 黄浦江 商业 时尚展示 表演	
		船厂 1862	
分隔 + 分层	共享维度： 历时性 + 渗透性 + 日常性 + 多元性 + 分时性； 保留外表皮的同时，内部空间灵活分隔、分层	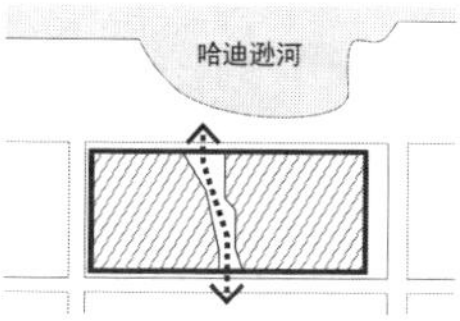 哈迪逊河	
		纽约布鲁克林帝国仓库	

续表

硬表达	特征	示例	
分层	共享维度： 渗透性＋日常性＋分时性＋多元性＋历时性	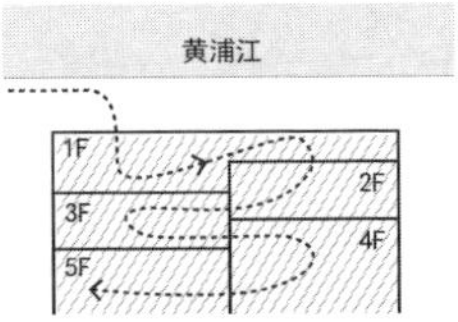 黄浦江 1F 2F 3F 4F 5F	
		绿之丘	

表6-5　国内外滨水工业遗产共享性的软表达示例

软表达	特征	示例一	示例二
全息投影	共享维度： 历时性＋日常性＋多元性＋分时性； 优势：快速还原性；沉浸式体验		
		柏林发电厂（Kraftwerk Berlin）内的沉浸式视听装置"深网"（DEEP WEB）	杨浦滨江上海船厂段夜晚通过投影展示杨树浦工业区历史
三维建模＋遗产信息数字化	共享维度： 历时性＋分时性； 优势：遗产信息快速获取＋沉浸式体验		
		谷歌艺术与文化网站上汉堡仓库群的运河视角	谷歌艺术与文化网站德国沃尔克林根炼铁厂（Volklingen Ironworks）第四层瞭望塔视角
遗产信息数字化＋移动终端交互	共享维度： 历时性＋日常性； 优势：遗产信息快速获取＋可还原再加工		
		杨浦滨江示范段：实墙上遗产信息二维码与历史地图的结合	伯利恒钢铁厂HMT高架栈桥线性公园遗产信息呈现

续表

软表达	特征	示例一	示例二
遗产信息艺术化表达	共享维度： 历时性＋日常性； 优势：遗产信息快速获取＋与景观小品、公共艺术、公共宣传结合		
		杨浦滨江：遗产信息融入景观小品设计	华盛顿乔治城运河遗址(Georgetown Heritage)的公共宣传

注：伯利恒钢铁厂HMT 高架栈桥线性公园遗产信息呈现来自魏方，2017；柏林发电厂内的沉浸式视听装置“深网”图片来自张篪。

3. 不同空间尺度的应用：节点—路径—区域

1）节点—路径—区域的空间关系和相互关系

信息技术的变革，城市进入共享时代。作为城市景观的滨水工业遗产出现新的体验方式：面向全民的、虚实交互的即时分享。在这种背景下，工业遗产的空间认知方式必然发生改变。可能的变化体现在：

一是边界必然呈现出在空间向度上的“淡化边界”方向发展。通过大体量的消解使得原生产边界与周边城市融合，城市生活介入，几乎是所有工业建筑改造的第一个动作。作为滨水区域内的工业遗存，促进滨水界面到工业遗存再到城市腹地的融合，是滨水区作为最大化的公共利益的要求，也是当下任一类型的滨水工业遗产更新需要考虑的最基本因素。

二是传统城市设计中的节点和地标，也将向剧情化发展。每个人共享在虚拟世界的照片、视频短片和推文构成的庞大信息流，成为算法的基础，并由算法优化后又推送到为每个人“独家定制”的界面。这种虚实交互的分享，再加上移动导航系统，实际上取代了地标作为路途线索、暗示指引的功能。节点和地标都成为环环相扣的叙事设计中的一环。只是地标是更具有场所特色、身份可辨别的体现。

因此，本书认为苏州河两岸滨水工业遗产的更新设计，应重点加强节点—路径—区域三个层面（表6-6）。从空间关系而言，节点是最基础的元素，路径是节点的线性分布，而区域是节点在一定尺度内的网络化连接。节点的更新设计框架是路径和区域的基础，而路径和区域则在更大的尺度中充分利用、组织空间以形成共享的网络。

表6-6　滨水工业遗产更新设计的三个尺度

类别	适用对象
节点	滨水工业建筑、景观、构筑物，甚至地段
路径	滨水工业建筑为主构成的街道或可以由滨水步道串联的工业遗产
区域	滨水工业遗产街坊、地段或融入更大范围城市腹地的滨水工业遗产

节点不仅仅是孤立于社区中的个体，也可能是串联起来构成路径或呈网络布局构成区域的节点。因此，从节点的辐射范围，可以分为三种类型：①仅辐射周边的节点，例如苏州河工业文明展示馆、红坊166、湖丝栈、瑞华公馆等；②路径中的节点，例如四行仓库、中国实业银行货栈、怡和打包厂、衍庆里等；③区域网络中的节点，例如月星家具城、福新面粉厂三厂、M50创意园、中华1912、金岸610等。

从某种程度而言，所有的工业建筑、景观、构筑物，甚至地段，都可以算作是节点，都可以参照节点的更新设计框架进行共享性的提升。但类型①是所有节点更新设计的基础。路径和区域网络中的节点则可以结合不同的空间形态，强化空间特征，并考虑在更大的城市网络范围内的辐射作用。

路径是节点的线性串联，因此相对于节点，路径层面更强调线性空间的空间组织和体验。因此，在设计导则的制定上，应加入叙事设计的内容。在空间组织上，强调边界的渗透和多元；在空间体验上，强调滨水的叙事性。在滨水工业遗产的讨论中，路径同样包括平行水岸的滨河路径和垂直水岸通往城市腹地的街道路径两种类型。

以苏州河为例，典型的滨水河道串联的滨水工业遗产路径包括：苏河湾41街坊、42街坊—四行天地—四行仓库—创意仓库—福新面粉厂一厂。尚未形成但具有潜力的包括：八号桥艺术空间—南苏河创业产业园—醒·盛（原上海粮食局仓库）—1501 Art Studio —蝴蝶湾；创邑・河—上海丰田纺织厂旧址—周家桥创意产业园—苏州河DOHO等。目前，苏州河沿岸尚未有以滨水工业遗产为节点构建的城市街道的成功案例。但可能的路径包括：自力大楼—自来大楼；苏河湾42街坊—衍庆里；月星家具城—M50—金岸610；等等。

区域则是由节点和路径共同交织构成。从某种程度而言，区域意象的形成也意味着节点和路径的共享性得到充分体现。在苏州河畔，M50所在的原莫干山工业区及其周边的中华印刷书局澳门路园区、上海啤酒厂旧址（梦清园）、宜昌路救火会大楼、中央造币厂旧址、福新第三面粉厂旧址，是极具潜力、可以成为滨水工业遗产区域的空间。需要指出的是，区域的形成离不开腹地路径和节点的构成，因而并非所有的滨水工业遗产都能形成区域的意象。而上海独具特色、与居住区犬牙交错的小型工业街坊（如M50、中华印刷书局），恰恰为构成区域意象提供基础，理应最大化地利用，以形成苏州河沿岸工业遗产景观的特色。

节点—路径—区域的空间关系和相互关系在苏州河沿岸工业遗产的体现可参考图6-2。

2）共享方法在不同空间尺度的应用——以节点为例

就节点而言，共享的五个核心维度在历时性的体现是最有难度的。因为通过硬表达的手法，节点往往只能表现出一个时间片段的状态，却很难体现出不同时段演进、叠加的过程。在苏州河畔，工业遗存多为仓库、厂房，并不具有黄浦江畔造船厂、水厂、电厂等那么庞大的体量，因此单个节点能够发挥的空间有限。

同时，不少仅辐射周边的节点，往往都是城市建设中极其幸运的残存，其周围的城市肌理早已彻底改变。它得以保留的原因，也恰恰是因为它们凝固在某一个历史瞬间，从而可以作为人们怀旧的空间而存在。例如，瑞华樟园的修缮是完全回到清末的老洋房状态，对于之后的几经变迁只能从负一层的展厅中得知。

在这种背景下，仅通过硬表达希望获得历时性的提升，对策划、设计和运营都极具挑战。因此，历时性的提升往往需要借助软表达，或是在路径和区域的范畴内通过连续的、环环相扣的印象叠加来实现。

节点

节点可以是与工业文明相关的景观、建筑物、构筑物，地段。

与相邻的工业遗存具有一定距离，仅能辐射周边社区的节点

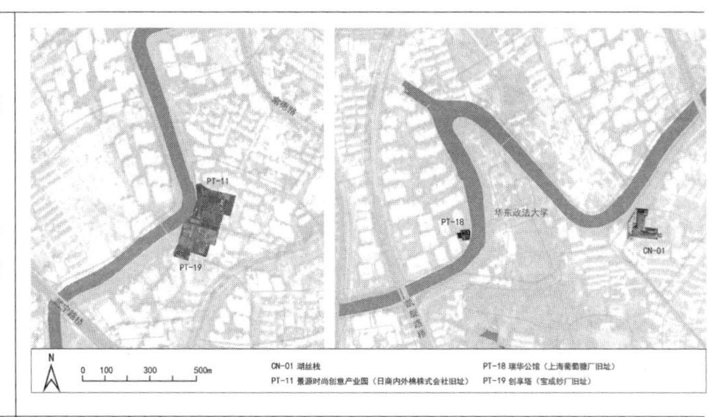

路径

路径既可以是平行水岸的、体现水岸文明历史的宏大叙事，也可以是垂直水岸、深入社区街坊的日常叙事。

由节点构成的路径，形成城市尺度的完整叙事

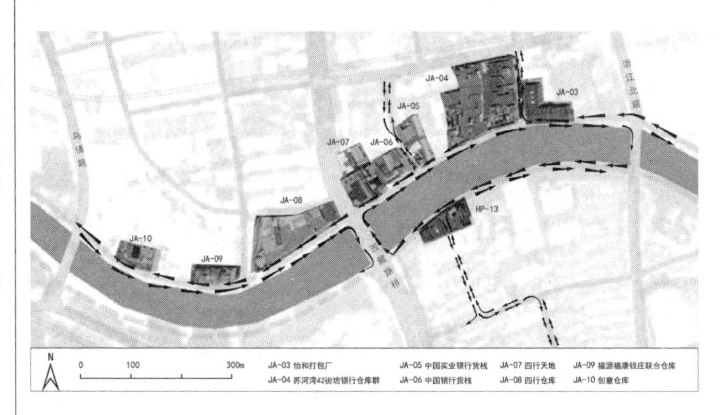

区域

区域由工业遗产与城市闲置空间、路径结合，形成城市公共开放网络，促进滨水工业遗产与城市腹地的连接。

由节点构成的区域，也可以理解为呈网络布局构成区域的节点，纵横交织的路径，三者相互影响

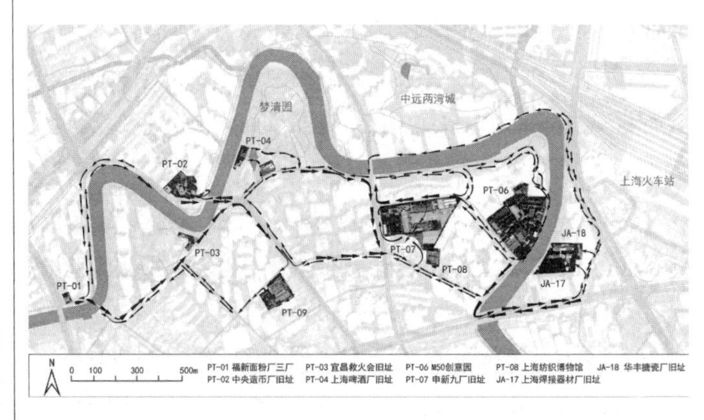

图6-2 当下节点—路径—区域的空间关系和相互关系

就节点而言，硬表达上最能得到提升的方面是建筑界面的渗透性提升，以及内部空间的多元性、日常性。在功能配置和运营中也可以进一步考虑多元性、日常性和分时性。同时需要在更高层级的城市环境中，考虑路径和区域内其他空间的辅助，由此促进单个节点相对于更大空间网络所起的作用。具体而言，硬表达的目的在于通过空间本体的灵活划分，创造活力聚集的共享空间，促进内部内容的制造，由互联网的传播吸引访客的到来。软表达的目的是通过内容和活动的持续更新，维持热度。同时，结合周期性举办的展览装置、沉浸式演出、周末市集等体验方式，在时间维度上对空间使用进行协调与再组织。

对于仅辐射周边的节点而言，外部环境往往与工业历史或水岸文明彻底割裂，如何将人吸引过来，成为更新设计的重中之重。对于路径中的节点，已然具有一定的流量，因此更新设计的重点在于如何提升空间的品质和空间的叙事性。在硬表达上，加强面向路径的建筑界面渗透性提升，增加滨水界面的趣味性和可停留性，以吸引路人进入空间内部。同时，在滨水界面结合工业元素设计城市家具、指引系统，促进滨水工业遗产区域意象的形成。

因此，本书构建一个节点的理想模型，以作为节点尺度滨水工业遗产共享性提升的参考：①漫游回路系统连接水岸和腹地；②内部性特质空间打造热点城市空间，形成城市客厅；③回归生产空间，为生产（办公、研发、制造）功能的升级、城市制造业的复兴做准备；④模糊边界，促进建筑界面在滨水路径和腹地路径的渗透；⑤首层界面与周边闲置空间联动，打造复合市集，促进建筑内外交流；⑥结合垂直交通形成不同高度的、独立于其他功能可独立运营的屋顶露台（图6-3）。

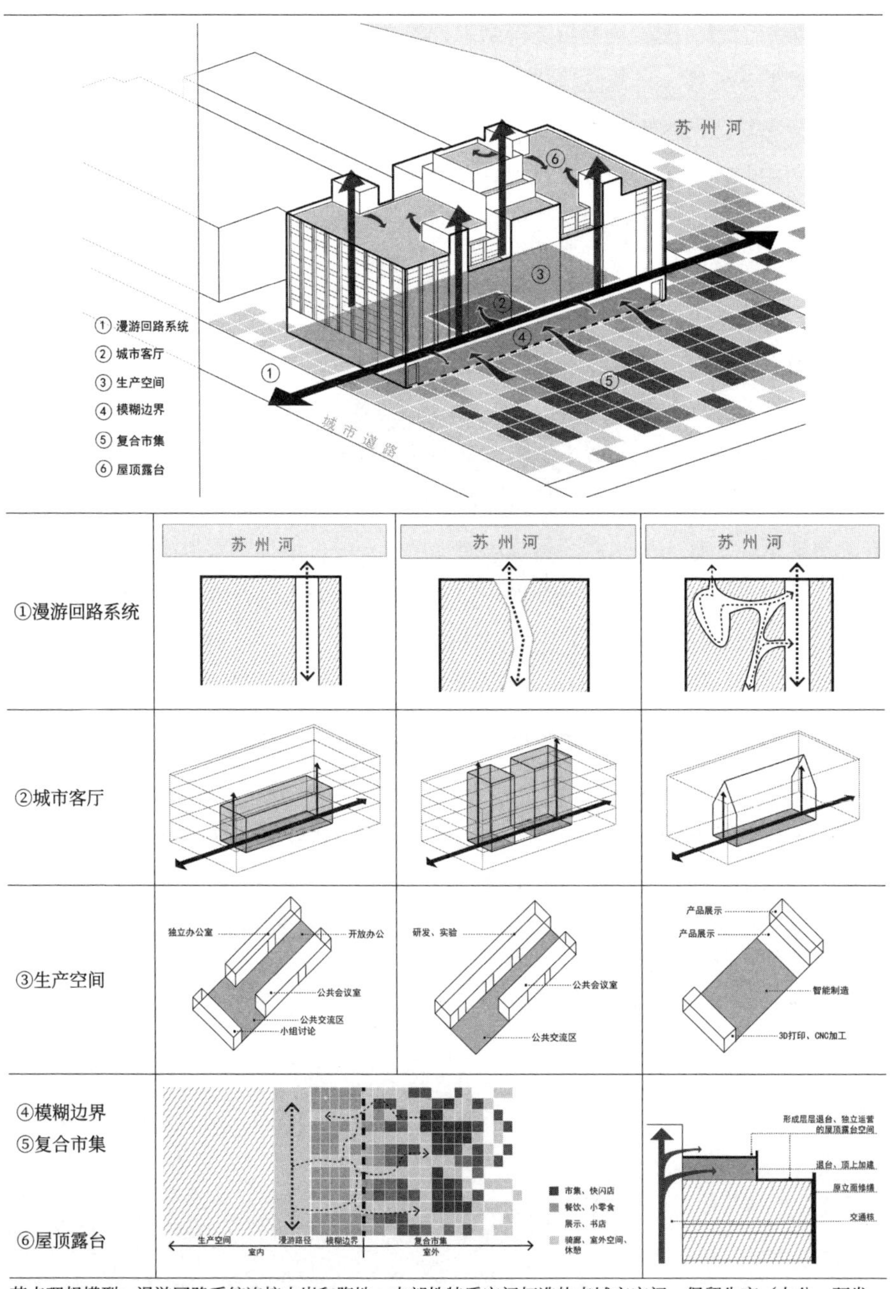

节点理想模型：漫游回路系统连接水岸和腹地；内部性特质空间打造热点城市空间；保留生产（办公、研发、制造）功能；首层界面与周边闲置空间联动，打造复合市集，促进建筑内外交流；结合垂直交通形成不同高度的、独立于其他功能可独立运营的屋顶露台。

图6-3 共享方法在不同空间尺度的应用——以节点为例

二、共享作为苏州河两岸社会空间重构的可能

1. 空间重构的范式

在过去二十年苏州河两岸工业遗产的保护更新历程中，以艺术家、建筑师、城市保护学者等为代表的自发地、自下而上的保护运动推动了大众对工业遗产价值的认知，也真正意义上为城市在2000年前后的大拆大建中，保留了大多数今天还能继续探讨的工业遗产。但在后续的历史空间运营和再更新的决策中，作为工业遗产空间的保护者和使用者，却很难再有发言权。

都市公共空间的重构与复兴，其要旨就是拒绝任何形式的权力对于公共领域的干预和操纵[1]。城市空间的共享可以视为一种集体权力的再现，即以平等的集体权力代替个人权力和私人物权，以建构一种不同的城市日常生活[2]。

当前世界大部分城市更新项目，与奥斯曼改造时期的三个基本原则从根本意义而言没有根本改变[3]。张庭伟认为，当前在城市更新中真正可以称为范式转移的，纽约高线公园可以算一例。即它的价值取向发生了根本转变：项目动力上，以社区为主导；项目运作中，采用公共参与、公私协作的PPP模式；城市更新从仅仅是政府的目标，变成居民大众的积极参与，从而彻底改变了奥斯曼巴黎改造以来从上而下的价值体系。

参考这个评价方式，可以发现当前苏州河两岸的城市更新，是以“一江一河”为代表的自上而下的政策驱动。其动力来自上海对“世界级滨水区”的新一轮空间改造。在更新运作中，以政府推动为主。在具体场地的方案推进中，开始纳入公众参与、居民自治等形式。但本质上并未改变传统城市更新的范式。

2. 空间重构的多元主体

城市空间的共享，应该是根植于实践过程和参与角色的多元[4]。在城市空间组织机制上，共享意味着多元主体的参与，甚至共治。现代社会复杂多样的发展

1　包亚明，2008：224.

2　亨利・列斐伏尔，2015.

3　张庭伟，2020.

4　陈立群，2017..

趋势使得治理的主体已不再局限于政府、市场与社会组织[1]三个层面。企业和各种市场主体、公民和公民各种形式的自组织也应该纳入，可以出现各种跨界主体的构成。城市设计不仅仅是对视觉、美学和功能角度的形态探讨，更应该强调长期性、综合性和多维度的整体过程[2]。

过去上海的城市更新历程中，政府是主要的组织方、责任方、实施方和利益方。然而随着存量发展的进一步要求，需要多方治理的更新模式来解决和应对各方诉求，多元主体的参与迫在眉睫[3]。随着移动互联网大大提升了人们、获取、解读信息的能力，一方面增强了政府和私营企业或机构在公共空间建设和公共服务的供给效率和灵活性；另一方面也使得专家学者、市民拥有更多参加空间营造的途径，让使用者同时成为管理者和实践者。

从苏州河两岸工业遗产保护的历史进程来看，不同主体在各自领域不约而同地推动，是改变历史进程的真正力量。在M50的案例中，艺术家的坚持、企业的自救、专家学者的呼吁、规划部门的介入以及政府对工业遗产价值认知的转变，共同推动了M50的保留。但多元主体的参与不仅体现在不同群体的参与，更体现在群体内部不同个体的坚持。当年保护运动的亲历者曾谈到，很多艺术家和专家已然因为西苏州河1131号和1133号仓库的保护失败而灰心，但仍有一些后来偶然被卷入的艺术家与专家，以市民的身份坚持不懈地发声，呼吁对上海工业文明历史的重视和补救，最终促成了M50的保护和重生。可以说，在苏州河工业遗产的保护层面，多元主体的参与已实实在在介入到空间的重构当中。

从工业遗产保护之后的运营和管理来看，多元主体的参与有待进一步提升。在20年前那段轰轰烈烈的苏州河艺术仓库保护运动之后，南苏州河路1305号的登琨艳工作室早已搬离；曾经的Creek苏河现代艺术馆（原福新面粉厂一厂旧址），孤零零地立在一片废墟之中好一段时间；M50也曾被认为“对艺术价值的忽略和对艺术家本身的忽视”对未来的发展埋下隐患。通过访谈也发现，当年的保护者中不乏因为对后续的运营和管理与企业持不同意见而被迫离开。

1　国外学界普遍认为治理的主体概括为公共机构、私人机构和非营利组织，按我国的话语体系表达即为政府、市场与社会组织。（王名，蔡志鸿，王春婷，2014）

2　黄烨勍，孙一民，2004.

3　张帆，葛岩，2019；涂慧君，屈张，李宛蓉，2019.

不过在近期的遗产保护实践中，尤其是对于进入二次更新的工业遗产而言，已呈现出不同主体在各层面的交融与合作。通过与相关参与更新实践的设计师访谈交流，至少设计方就必须担负项目早期与业主的策划对话，以及项目实施期间与使用者开展的参与式沟通。一体化设计服务成为设计公司从事城市更新项目必然提供的选项。红坊160、衍庆里等面向社区开放的实践都是这一趋势的呈现。

在移动互联网时代，使用者参与空间重构的方式更加灵活与多样。2020年澎湃新闻的城市漫步项目“沿苏州河而行”就是一种由机构媒体主导、普通公众参与的媒介行动，通过“共同参与式的协作性新闻策展，公众以线上和线下相互嵌入的方式连接起来，创造出移动互联网时代的新公共社区”[1]。虽然当前使用者直接参与空间实践的机会不多，但依托城市行走、上海城市空间艺术季和线上线下相结合的媒介行动，普通市民作为城市滨水空间的使用者却是有更多的途径介入苏州河作为表达空间的重构。

以“共享”为导向的苏州河滨水工业遗产更新，至少应有四方主体介入：市区级政府、企业和市场主体（物业持有方、运营方）、使用者（社区、居民、访客、入驻商户或公司职员）、专业技术人员（社区规划师、建筑设计师、景观设计师等）。而在关于滨水工业遗产共享性的论述中，可以发现5个核心维度的子因素在参与空间构建的时间序列上存在4个不同的阶段：①设计前的策划评估（包括遗产信息提取、价值评定、项目定位等）；②街区形态控制及城市设计导则；③建筑及景观基础设施建设；④运营与维护。

需要指出的是，不同主体在共享性的5个核心维度中发挥作用的能级是不同的，并且在不同阶段介入空间营造的所能发挥的效力也是不同的（表6-7，表6-8）。因此，以共享为导向的滨水工业遗产更新可以考虑各主体在各个阶段的介入方向，以最大化地发挥各主体在各阶段和各个维度的能效（图6-4）。

1 陆晔，赖楚谣，2021.

表6-7　共享性的核心维度与参与主体的相关性分析

参与主体＼核心维度	历时性	渗透性	分时性	多元性	日常性
政府	●	●	○	◎	○
企业和市场主体	○	○	●	●	●
专业人士	●	●	○	◎	○
使用者	◎	○	●	◎	●

注：●强相关，◎中相关，○弱相关。

表6-8　共享性的核心维度与空间营造阶段的相关性分析

营造阶段＼核心维度	历时性	渗透性	分时性	多元性	日常性
设计前的策划评估	●	◎	○	●	◎
街区形态控制及城市设计导则	●	●	○	◎	◎
建筑及景观基础设施	◎	●	◎	◎	○
运营与维护	○	○	●	◎	●

注：●强相关，◎中相关，○弱相关。

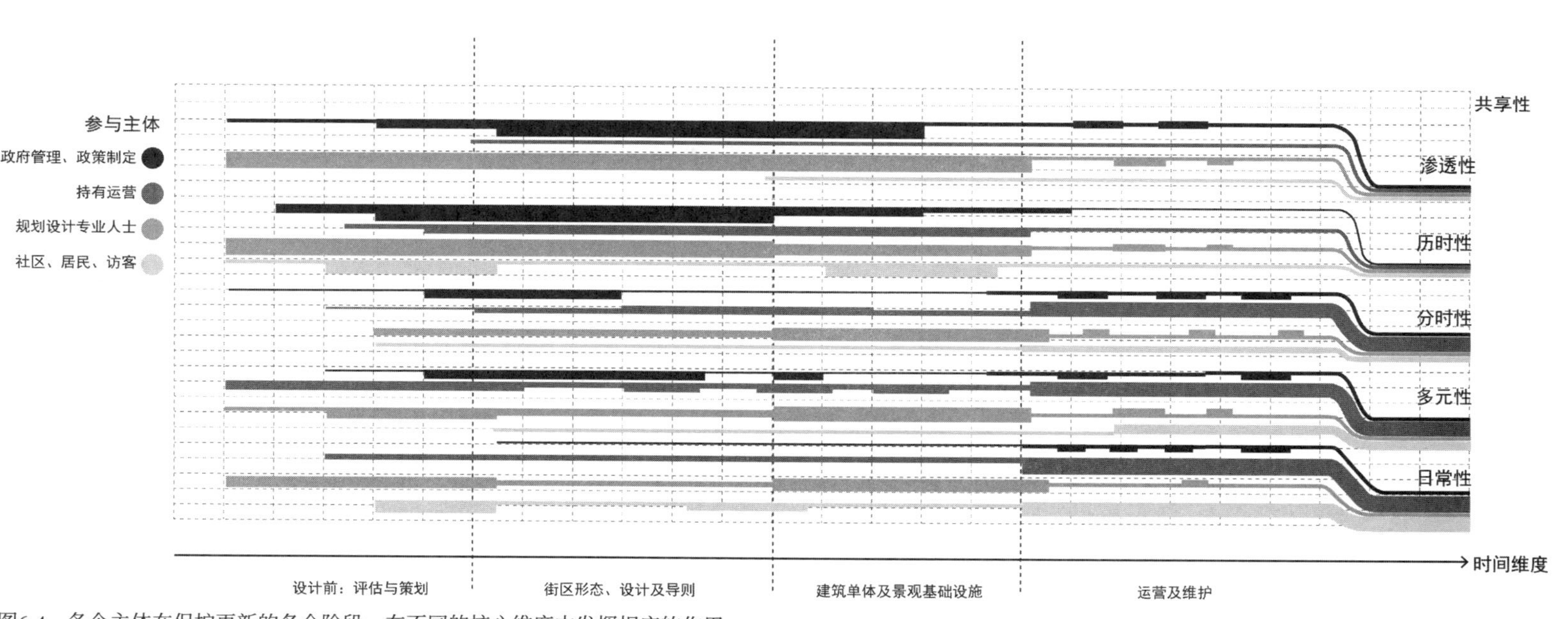

图6-4　各个主体在保护更新的各个阶段、在不同的核心维度中发挥相应的作用

结语

滨水空间是城市稀缺的公共资源。滨水工业遗产既是城市文化的基因载体，更占据城市大量优质的滨水空间。在工业遗产保护已成共识的今天，最大程度地激发滨水工业遗产的公共价值，是城市发展和遗产保护共同的追求。

共享是促进资源高效利用的方式。“使用权”与“所有权”分离，是共享的核心所在，也是共享得以促进城市空间资源高效利用的前提。因此，“共享”作为城市空间的组织方法，具有一定的必然性。“共享”既是城市景观追求的状态，也是一种方法。作为追求的状态，即有限的空间在最多的时间段内吸引最多的人群来进行最丰富的活动；但这种状态并非要求每一个单独的空间达到对所有人或所有事物的包容，而是可以通过一个系统内不同空间之间的共享来达到城市空间对使用者最大的享用，这也是“共享”作为组织城市空间的方法的体现。共享在城市空间的实现，既需要区域发展战略的支持，也需要从城市管理政策的精细量化进行引导。

共享是信息时代城市空间体验的方式，并直接影响空间形式的塑造。布景与在场，是过去滨水工业遗产作为城市景观的两种重要的表达方式。信息技术的变革，尤其是互联网移动终端的发展和共享经济带动下的交往模式改变，使滨水工业遗产出现新的体验方式：面向全民的、虚实交互的即时分享。人们对实体空间的体验基于人工智能筛选后的信息，人们共享反馈的信息又进一步促进实体空间的改变。这种体验方式源于空间认知方式的改变，并对空间组织方式和空间形式的塑造产生直接影响。

研究的意义与贡献

本书从共享的视角切入城市发展中的遗产保护，将滨水工业遗产的更新从建筑层面的保护与修缮，扩展到城市层面的更新与发展。“共享”应该成为滨水工业遗产更新的目标，推动滨水空间整体公共利益的提升，实现遗产保护与城市发展的相互平衡。

滨水工业遗产的共享性应有5个核心维度：历时性、渗透性、分时性、多元性和日常性。其中，历时性是针对遗产保护的价值取舍，强调工业遗存的呈现既要考虑到历史的层积，也要创造反映当代经济文化特征的形式语言。渗透性、分时性、多元性和日常性是对城市空间可达性、包容性、空间活动潜力的体现。其中，渗透性是针对滨水空间这一特殊城市形态的可达性而存在；分时性则是空间资源紧缺的情况下，以时间换空间的空间组织和使用策略；多元性既包括功能的混合多元，也包含使用主体的多元；日常性从局内人的视角，强调工业遗产的更新应置入与普通市民日常生活更为贴近的生活场景。

从苏州河工业遗产20年更新的历史研究发现，沿岸工业遗产的更新经历了5个阶段：独享—群享—专享—有限的共享—迈向共享。苏州河沿岸工业遗产更新已经从单体的遗产保护、适应性再利用，转向城市滨水公共资源价值的提升。作为一种状态的“共享的城市景观”开始成为水岸更新的目标并得到推广。

城市建成遗产保护与发展的平衡，是特大城市中心城区面临的巨大挑战。随着城市建设用地接近极限，上海已经进入存量发展、可持续建设、提升空间品质的阶段。苏州河沿岸被定位为特大城市宜居生活的典型示范区，苏州河的品质提升与市民的生活密切相关。2018年年初，苏州河中心城段滨水贯通工作启动。从某种程度而言，贯通并不是最终目标，而是通向“共享”的过程。因此，本书的研究不仅是对当下苏州河工业遗产的更新进行剖析，更是对未来苏州河滨河空间公共价值的提升进行展望。

附录

附录A 苏州河沿岸工业遗产分布

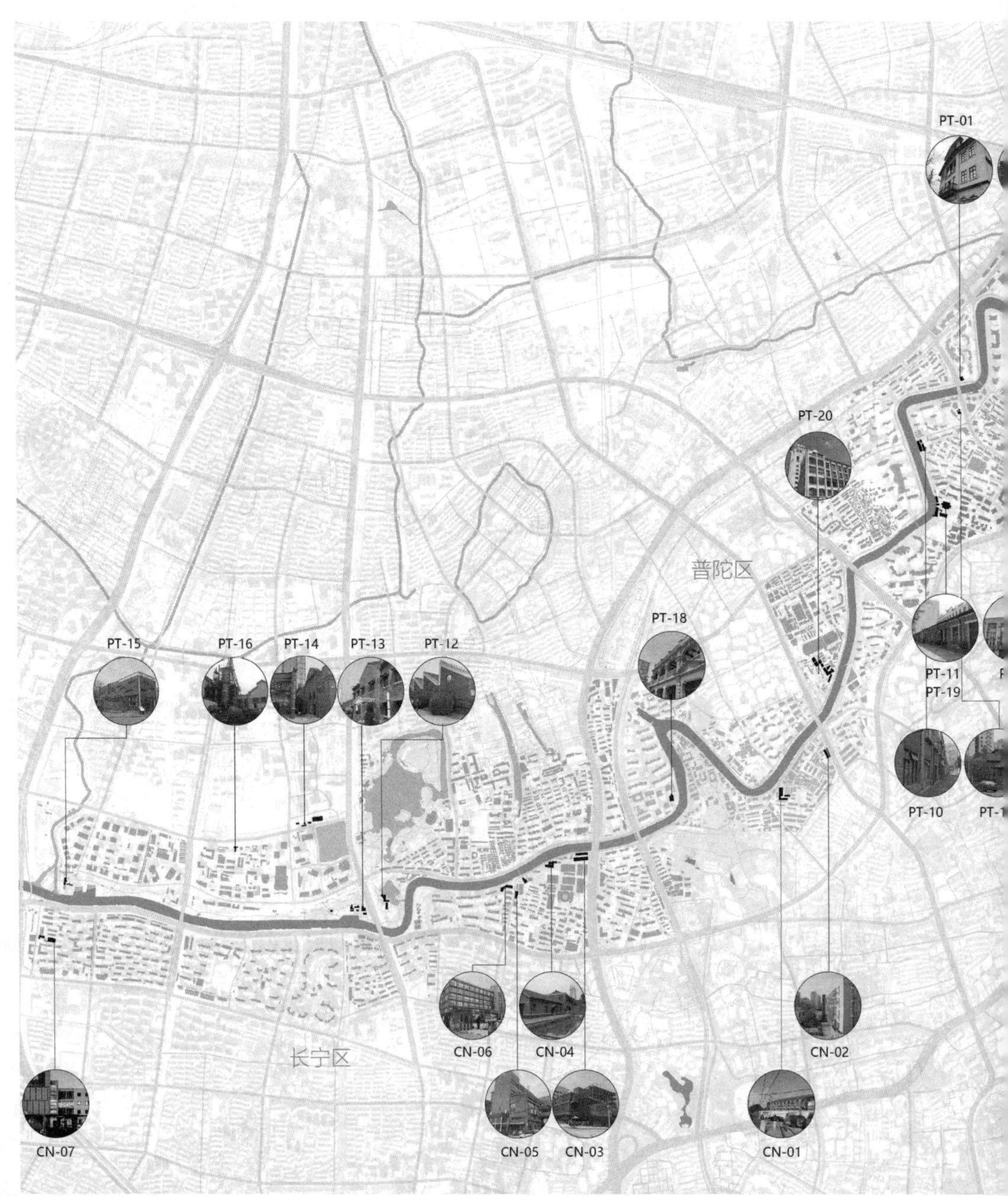

附图A-1 苏州河沿岸工业遗产分布

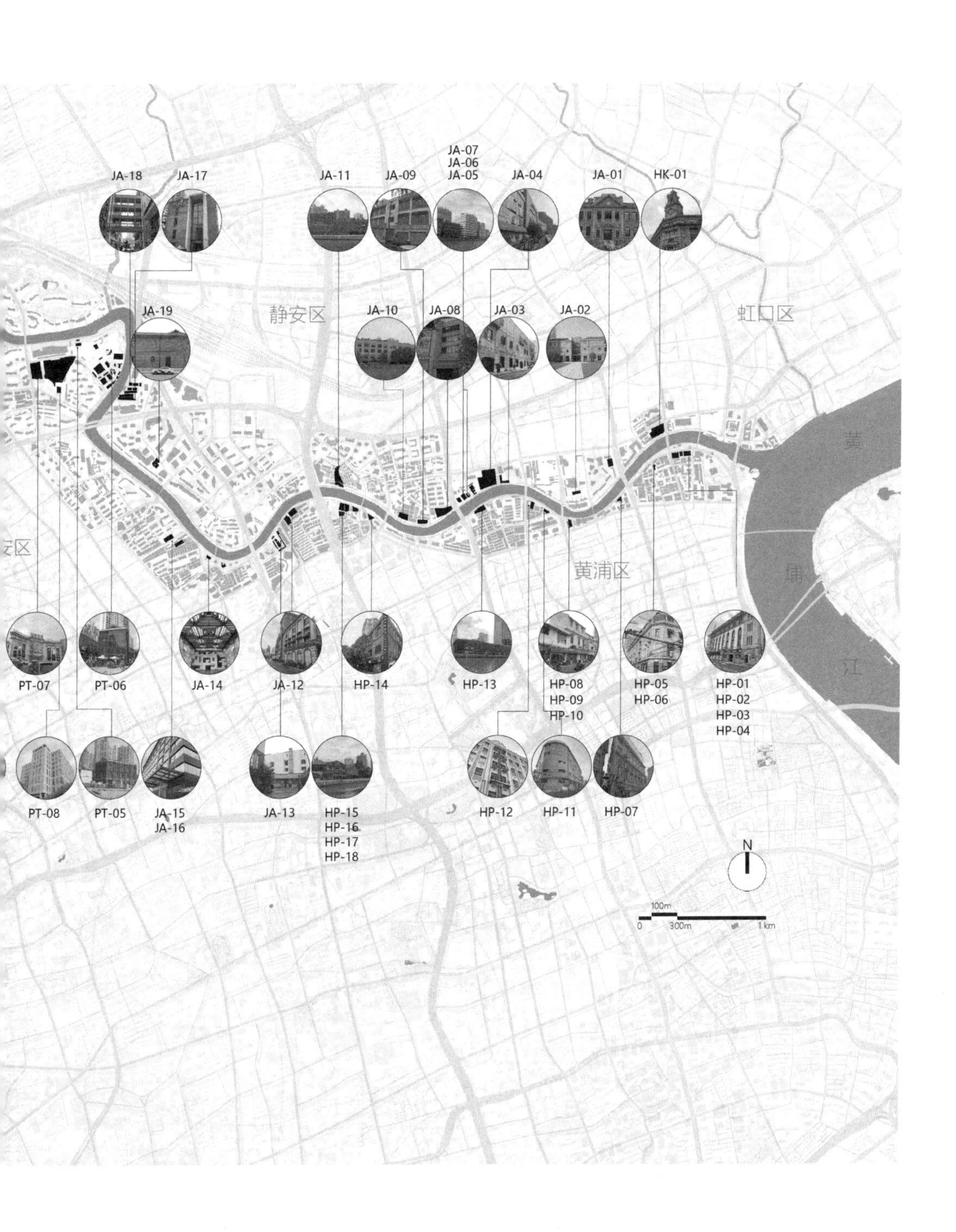
JA-18
JA-17
JA-11
JA-09
JA-07
JA-06
JA-05
JA-04
JA-01
HK-01
JA-19
静安区
JA-10
JA-08
JA-03
JA-02
虹口区
黄
黄浦区
浦
江
PT-07
PT-06
JA-14
JA-12
HP-14
HP-13
HP-08
HP-09
HP-10
HP-05
HP-06
HP-01
HP-02
HP-03
HP-04
PT-08
PT-05
JA-15
JA-16
JA-13
HP-15
HP-16
HP-17
HP-18
HP-12
HP-11
HP-07
N
100m
0
300m
1 km

附录B　苏州河沿岸工业遗产列表

说明：（1）左一列为南北两岸编号，北岸（N）共计 24 处，南岸（S）41 处；

（2）左二列为行政区编号，如 HK 代表虹口、JA 代表静安。其中虹口区 1 处，静安区 19 处，黄浦区 18 处，普陀区 20 处，长宁 7 处。

（3）本表的调研时间为 2018 年 12 月至 2019 年 12 月。

附表B-1　苏州河沿岸工业遗产列表

<table>
<tr><th colspan="7">苏州河北岸</th></tr>
<tr><td rowspan="9">N01</td><td>HK-01</td><td>虹口区北苏州路 276 号</td><td colspan="4">上海邮政大楼
原：上海邮政总局</td></tr>
<tr><td colspan="2" rowspan="8"></td><td>建成年代</td><td>1924 年</td><td>改造时间</td><td>2005 年</td></tr>
<tr><td>原设计</td><td>英商思九生洋行</td><td>改造设计</td><td>/</td></tr>
<tr><td>曾用途</td><td>上海邮政管理</td><td>现用途</td><td>四川路桥邮政支局；上海邮政博物馆</td></tr>
<tr><td>原建筑类型</td><td>办公</td><td>建筑层数</td><td>地面 4 层，地下 1 层</td></tr>
<tr><td>建筑结构</td><td>钢筋混凝土结构</td><td>建筑面积</td><td>占地面积 6500 平方米，总面积 25 291 平方米</td></tr>
<tr><td>保护级别</td><td colspan="3">上海优秀历史建筑第 1 批 1F003; 全国重点文物保护单位</td></tr>
<tr><td>其他</td><td colspan="3">英商思九生洋行负责设计，余洪记营造厂负责营建，折中主义风格，素有“远东第一大厅”之称</td></tr>
<tr><td>可访问时间</td><td colspan="3">二楼邮政博物馆周三、四、六、日，9:00—16:00 开放，16:00 停止入场；周一、二、五闭馆</td></tr>
</table>

N02	JA-01	北苏州路 470 号	上海总商会及其门楼			
			建成年代	1916 年（总商会大楼），1920 年（门楼）	改造时间	2011—2018 年
			原设计	通和洋行	改造设计	华东建筑设计研究院、上海联创建筑设计公司
			曾用途	上海电子管厂、联合灯泡厂、上海市电子元件研究所	现用途	上海宝格丽酒店宴会厅
			原建筑类型	办公	建筑层数	3 层
			建筑结构	钢筋混凝土结构	建筑面积	3800 平方米
			保护级别	上海优秀历史建筑第 3 批 3H001		
			其他	2011 年由华侨城苏河湾开启总商会大楼保护性开发，2018 年验收通过[1]		
			可访问时间	需消费或活动邀请可进入		
N03	JA-02	新泰路 57 号 / 福建北路 22 号	新泰仓库 原：闸北区中心仓库（1958 年）、华联商厦新泰路仓库（2009 年）			
			建成年代	1920 年	改造时间	2015—2016 年
			原设计	泰利洋行	改造设计	Kokaistudios
			曾用途	纺织品厂和仓库	现用途	企业高端商务会所及文化展示中心
			原建筑类型	仓库	建筑层数	3 层
			建筑结构	砖木结构	建筑面积	6600 平方米
			保护级别	上海优秀历史建筑第 4 批 4H001		
			其他	上海首座民营企业成功参与优秀历史建筑保护和城市功能更新的案例		
			可访问时间	企业总部，一般不对外开放		

1 根据 2018 年 6—12 月举办的《上海总商会百年展》。

编号	代码	地址	项目	内容	项目	内容
N04	JA-03	北苏州路 912 号	商坊会馆（华侨城苏河湾规划展示中心） 原：怡和打包厂			
			建成年代	1907 年	改造时间	2011—2012 年
			原设计	/	改造设计	福斯特建筑事务所规划、Kokaistudios 设计
			曾用途	打包厂、超市（20 世纪初）	现用途	华侨城规划展示中心；二楼为会所；三楼为严培明、刘小东工作室
			原建筑类型	仓库	建筑层数	3 层
			建筑结构	砖木结构	建筑面积	1600 平方米
			保护级别	上海优秀历史建筑第 5 批 ZB-J-005-V		
			其他	华侨城苏河湾 41 街坊一部分		
			可访问时间	需邀请入内，不对外开放		
N05	JA-04	北苏州路 1016 号	华侨城苏河湾 42 街坊 42-C，1，4，5，8，9 号楼 原：银行货栈群（中一信托公司仓库、中国工业银行仓库、滋康钱庄仓库、浙江兴业银行仓库、金城银行仓库、聚兴盛银行第一仓库、江苏农民银行上海分行仓库、浦东银行仓库、扬子仓库）			
			建成年代	20 世纪 20—30 年代	改造时间	2014 年至今
			原设计	Charles Y.Lee.C.E. 和康益洋行	改造设计	华东建筑设计院等
			曾用途	上海市工业品批发市场（20 世纪 90 年代）	现用途	闲置，改造后将为商业、文化中心
			原建筑类型	仓库	建筑层数	4 ～ 6 层
			建筑结构	钢筋混凝土结构	建筑面积	77 000 平方米
			保护级别	保留历史建筑		
			其他	无梁楼盖、装饰艺术风格		
			可访问时间	正在施工中，计划改造为苏河湾商业综合体		

N06	JA-05	北苏州路文安路交口，北苏州路 1028 号	华侨城苏河湾 42 街坊 42-D 楼 原：上海中国实业银行货栈			
			建成年代	1931—1932 年	改造时间	2014 年至今
			原设计	通和洋行	改造设计	华东建筑设计院等
			曾用途	上海工业品跳蚤市场（20 世纪 90 年代）	现用途	目前临时设一层为 OCAT 当代艺术中心上海馆，二层三层办公
			原建筑类型	仓库	建筑层数	5，7 层（塔楼）
			建筑结构	钢筋混凝土结构	建筑面积	8435.35 平方米
			保护级别	上海优秀历史建筑第 4 批 4H002		
			其他	计划改造为苏河湾商业配套，一至五层为商铺，屋顶为上人花园		
			可访问时间	首层艺术中心周二至周日 10:00—18:00		
N07	JA-06	北苏州路 1040 号	茂联丝绸大厦 原：中国银行办事所及堆栈仓库			
			建成年代	1935 年	改造时间	2019 年至今
			原设计	陆谦受、吴景奇	改造设计	罗昂建筑设计公司
			曾用途	东方国际创业股份公司所有的办公楼（2018 年）	现用途	改造中
			原建筑类型	仓库、办公楼	建筑层数	11 层
			建筑结构	钢筋混凝土结构	建筑面积	约 1.39 万平方米[1]
			保护级别	上海优秀历史建筑第 4 批 4H003		
			其他	2019 年 12 月修复改造为 JK1933 商务大厦		
			可访问时间	施工中，计划改造为创意办公		

1 上海市文物管理委员会编，2009：200.

编号						
N08	JA-07	西藏北路 18 号	四行天地 原：中国银行仓库			
			建成年代	1935 年	改造时间	2014 年
			原设计	通和洋行[1]	改造设计	/
			曾用途	批发市场	现用途	创意办公园区
			原建筑类型	仓库	建筑层数	5 层
			建筑结构	钢筋混凝土结构	建筑面积	约 8 万平方米
			保护级别	/		
			其他	/		
			可访问时间	首层均为对外营业的零售、商铺，可在营业时间访问		
N09	JA-08	光复路 21 号	四行仓库 原：大陆、金城、盐业、中南四家银行（北四行）的货栈仓库			
			建成年代	1931 年	改造时间	2014—2015 年
			原设计	通和洋行[2]	改造设计	华建集团
			曾用途	做家具城、文化用品市场（20 世纪 80 年代）	现用途	上海四行仓库抗战纪念馆；四行仓库孵化器
			原建筑类型	仓库	建筑层数	6 层
			建筑结构	钢筋混凝土结构	建筑面积	2.55 万平方米
			保护级别	上海优秀历史建筑第 2 批 H- Ⅲ -001；上海文物保管委员会批准为文物保护单位		
			其他	入选第二批国家级抗战纪念遗址名录之一		
			可访问时间	纪念馆周二至周日 9:00—16:30 免费开放，16:00 停止入场		

1 根据上海市城市建设档案馆资料。

2 唐玉恩，邹勋，2018.

编号	编码	地址	项目	内容	项目	内容
N10	JA-09	光复路 115—127 号	上海福源福康钱庄联合仓库 原：四行光三仓库（1952 年）			
			建成年代	1931 年	改造时间	2018 至今
			原设计	/	改造设计	华建集团
			曾用途	底楼曾是文化用具交易市场	现用途	改造中
			原建筑类型	仓库	建筑层数	原建筑层数为 3 层，1990 年后获得许可加建 1 层[1]
			建筑结构	钢筋混凝土结构	建筑面积	4000 平方米
			保护级别	上海优秀历史建筑第 5 批 ZB-J-004-V		
			其他	将来拟作为商业办公功能		
			可访问时间	施工改造中，不可访问		
N11	JA-10	光复路 181 号	创意仓库 原：交通银行仓库、四行光二仓库			
			建成年代	1927 年	改造时间	1999 年
			原设计	邬达克	改造设计	刘继东
			曾用途	创意园（1999 年）	现用途	再次改造中
			原建筑类型	仓库	建筑层数	4 层
			建筑结构	钢筋混凝土结构	建筑面积	5000 平方米
			保护级别	上海优秀历史建筑第 5 批 ZB-J-003-V		
			其他	1999 年留美回国的建筑师刘继东，最先把自己的设计事务所开在这里，并最终在市经委、原闸北区政府等各界支持下，把这里改造成为“创意仓库”		
			可访问时间	不可访问		

1 邬勋，2019.

编号	代码	地址				
N12	JA-11	长安路 101 号；光复路 423—433 号	CREEK 苏河现代艺术馆 原：福新面粉厂一厂旧址、上海市第一服装厂			
			建成年代	1912 年	改造时间	2004 年
			原设计	/	改造设计	/
			曾用途	艺术交流平台	现用途	改造中
			原建筑类型	仓库	建筑层数	7 层
			建筑结构	砖木结构	建筑面积	10 000 平方米
			保护级别	上海优秀历史建筑第 4 批 4H008		
			其他	外观以红砖为主，内部是实木结构，内墙面是青砖结构。2004 年挪威华人袁文儿先生及夫人丽莎女士改造为国内外艺术交流平台[1]		
			可访问时间	施工改造中，不可访问		
N13	JA-17	长安路 1088 号	焊点 1088 公社 原：上海焊接器材厂			
			建成年代	/	改造时间	2008 年[2]
			原设计	/	改造设计	/
			曾用途	焊接器材厂房	现用途	办公
			原建筑类型	厂房	建筑层数	4，6 层
			建筑结构	钢筋混凝土结构	建筑面积	12 000 平方米
			保护级别	/		
			其他	/		
			可访问时间	有滨河平台，园区有保安，可进入		

1 刘伟惠，2007.

2 2008 年由泛文机构（上海）和上海吉泰酒店管理有限工作合作投资改建。

N14	JA-18	恒丰路 510 号	金岸 610 创意园 原：上海华丰搪瓷厂			
			建成年代	约 1935 年[1]	改造时间	2001 年，2016 年
			原设计	/	改造设计	摩锐建筑
			曾用途	都市工业园	现用途	综合创意园区
			原建筑类型	厂房	建筑层数	5，8 层
			建筑结构	钢筋混凝土结构	建筑面积	22 000 平方米
			保护级别	/		
			其他	有滨河平台，园区有保安，可进入；2001 年改造为上海不夜城都市工业园，2016 年园区产业升级改造		
			开放时间	首层有河畔艺术空间，免费展览或收费演出		
N15	JA-19	长安路 900 号	苏河洲际中心 原：裕通面粉厂宿舍			
			建成年代	1919 年	改造时间	2015 年
			原设计	/	改造设计	/
			曾用途	/	现用途	商业中心
			原建筑类型	宿舍	建筑层数	2 层
			建筑结构	砖木结构	建筑面积	2400 平方米
			保护级别	闸北区登记不可移动文物		
			其他	共 3 幢，呈品字形分布，未来为商业综合体		
			可访问时间	施工中		

1 来自苏州河工业文明展示馆官网华丰搪瓷厂主页（http://www.scicm.com/content/ 华丰搪瓷厂）。

编号	代码	地址	项目	内容	项目	内容
N16	PT-01	光复西路 145 号	福新第三面粉厂 原：福新第三面粉厂、上粮一站的仓库			
			建成年代	1916 年	改造时间	2011 年
			原设计	/	改造设计	曹永康
			曾用途	/	现用途	教育机构办公
			原建筑类型	仓库	建筑层数	3 层
			建筑结构	砖混结构[1]	建筑面积	2068.9 平方米
			保护级别	2015 年列入第一批普陀区文物保护点，2018 年 1 月 27 日，入选第一批“中国工业遗产保护名录”[2]		
			其他	现仅存临河建筑的主体部分，2011 年整体平挪移位，原址往西北方向平移 55 米，并加固、贴建		
			可访问时间	办公空间，不对外开放		
N17	PT-02	光复西路 17 号	上海造币厂主楼 原：中央造币厂、上海人民印刷厂铁工分厂、国营六一四厂、中国造币公司上海造币厂			
			建成年代	1930 年	改造时间	2005 年
			原设计	通和洋行设计，仿美国费城造币厂样式[3]	改造设计	/
			曾用途	/	现用途	上海造币博物馆；上海造币厂行政办公大楼
			原建筑类型	铸币厂房	建筑层数	3 层
			建筑结构	钢筋混凝土结构	建筑面积	4972 平方米
			保护级别	上海优秀历史建筑第 2 批 N- Ⅲ -001；2019 年 4 月 12 日列入第二批“中国工业遗产保护名录”[4]；2019 年 12 月列入第三批国家工业遗产名单		
			其他	/		
			可访问时间	博物馆只接受集体预约		

1 根据 2019 年城市空间艺术季“福新第三面粉厂保护与利用设计”展览信息。

2 中国城市规划学会，2018.

3 上海市普陀区文化局，2009：28.

4 中国城市规划学会，2019.

编号	代码	项目	内容	项目	内容
N18	PT-12	大渡河路 251 号	上海商标火花收藏馆 原：日商燧生火柴厂（1923 年）、明光火柴厂（1931 年）、美光火柴厂（1932 年），并入大中华火柴公司上海荧昌火柴厂（1958 年），上海火柴厂（1966 年）		
		建成年代	1931 年	改造时间	2006 年
		原设计	/	改造设计	/
		曾用途	锯齿形厂房	现用途	收藏馆，长风 1 号绿地
		原建筑类型	厂房	建筑层数	1 层
		建筑结构	钢筋混凝土结构	建筑面积	400 平方米（保留厂房），新建收藏馆 3775 平方米
		保护级别	/		
		其他	2006 年除一栋锯齿形老厂房博保留外，其他建筑物全部铲平为长风 1 号绿地。目前唯一以商标火花为主的专题博物馆		
		可访问时间	9:00—11:30；12:30—16:45 周一及国定节假日闭馆		
N19	PT-13	大渡河路 160 号	上海长风游艇游船馆 原：陈家渡老渡口和上海试剂总厂旧址		
		建成年代	/	改造时间	2009 年
		原设计	/	改造设计	/
		曾用途	/	现用途	展示馆，长风 2 号绿地
		原建筑类型	办公楼	建筑层数	2 层
		建筑结构	砌体结构	建筑面积	400 平方米
		保护级别	/		
		其他	2009 年，保留五幢老建筑，其中三幢为原物，二幢根据原样重建，另保留一座 62 米高老烟囱		
		可访问时间	周二到周日，9:30—17:00；免费		

N20	PT-14	云岭东路 88 号	成龙电影艺术馆 原：上海轻工机械二厂[1]			
			建成年代	20 世纪 50 年代	改造时间	2014 年
			原设计	/	改造设计	/
			曾用途	/	现用途	室外广场雕塑群、成龙电影艺术馆、“禅边”茶馆和“龙庭”餐厅
			原建筑类型	厂房	建筑层数	2 层
			建筑结构	混合结构	建筑面积	3100 平方米
			保护级别	/		
			其他	共有三幢保留房屋，一幢为老工业厂房，建筑面积约 1390 平方米，被分为两层，使用面积达 2000 平方米；另外两幢是老式办公房，面积约为 1100 平方米。目前全球唯一以“成龙”命名的专题电影艺术馆		
			可访问时间	周二到周日，9:30—17:30；票价 158 元 / 人。		
N21	PT-15	光复西路 2690 号	苏州河工业文明展示馆 原：上海眼镜一厂原址			
			建成年代	20 世纪 50 年代	改造时间	2014 年
			原设计	/	改造设计	/
			曾用途	/	现用途	展示馆，长风生态商务区 5 号绿地
			原建筑类型	厂房	建筑层数	2 层
			建筑结构	砌体结构	建筑面积	室内展示面积约 800 平方米
			保护级别	/		
			其他	/		
			可访问时间	周一至日 8:30—16:30；全年免费对外开放（节假日另行通知）		

1 嵇启春，2015：311.

编号	编码	地址	项目	内容	项目	内容
N22	PT-16	云岭东路 345 号[1]	天利氮气厂旧址（现上海化工研究院内）[2] 原：天利氮气制品厂			
	资料来源：上海市普陀区文化局，2009：58.		建成年代	1934 年	改造时间	/
			原设计	/	改造设计	/
			曾用途	/	现用途	/
			原建筑类型	厂房	建筑层数	1，4 层
			建筑结构	砌体结构；开敞钢架	建筑面积	合成氨车间建筑面积 1000 平方米，硝酸车间建筑面积 1100 平方米，氢气储气罐 1400 立方米
			保护级别	上海优秀历史建筑第 3 批 3N003；2009 年被公布为第二批普陀区登记不可移动文物		
			其他	/		
			可访问时间	单位大院内，不对外开放		
N23	PT-18	凯旋北路 1555 弄	瑞华公馆 原：上海葡萄糖厂旧址			
			建成年代	清末民初	改造时间	2009 年
			原设计	/	改造设计	/
			曾用途	/	现用途	售楼处、高端餐饮
			原建筑类型	厂房	建筑层数	2 层
			建筑结构	砌体结构	建筑面积	/
			保护级别	上海优秀历史建筑第 5 批 PT-J-001-V		
			其他	清末为徐凌云建立的别业，1943 年宋梧生集资创办大中化学化工厂，即后来的上海葡萄糖厂，1963 年后开办学校为南林师范学校；现存建筑为巴洛克风格的砖木结构院落，2009 年向苏州河岸平移 80 平方米		
			可访问时间	位于华府樟园小区内，小区有保安，可进入		

1 上海市普陀区文化局，2009：58.

2 上海市普陀区文化局，2009：57-60.

N24	PT-20	光复西路 1003 号	开伦·江南场 原：江南造纸厂旧址			
			建成年代	20 世纪 20 年代	改造时间	2010 年
			原设计	/	改造设计	/
			曾用途	江南造纸厂厂房	现用途	创意产业园区
			原建筑类型	厂房、仓库	建筑层数	3，4，5 层
			建筑结构	钢筋混凝土结构；砌体结构	建筑面积	12 000 平方米
			保护级别	/		
			其他	/		
			可访问时间	园区有保安，可进入		
苏州河南岸						
S1	HP-01	南苏州路 161—175 号	颐中大楼 原：英美颐中烟草股份有限公司、上海照相机总厂生产部			
			建成年代	1920 年	改造时间	2014 年
			原设计	/	改造设计	/
			曾用途	/	现用途	首层为玉器店；其余各层为各地驻沪办事处
			原建筑类型	办公	建筑层数	5 层
			建筑结构	钢筋混凝土结构	建筑面积	7221 平方米
			保护级别	上海优秀历史建筑第 3 批 3A010		
			其他	/		
			可访问时间	办公地，不可进入		

S2	HP-02	南苏州路 185 号	互惠大楼[1] 原：英商上海电车公司大楼			
			建成年代	1908 年	改造时间	/
			原设计	/	改造设计	/
			曾用途	1957 年 10 月起由房管部门管理	现用途	现由各省、自治区、直辖市驻沪办事处及上海生产资料服务公司经销部等单位使用
			原建筑类型	办公	建筑层数	6 层
			建筑结构	钢筋混凝土结构	建筑面积	/
			保护级别	上海优秀历史建筑第 5 批 HP-J-024-V		
			其他	/		
			可访问时间	办公地，有保安，不可进入		
S3	HP-03	南苏州路 191—215 号；四川中路 670 号	新礼和大楼 原：礼和洋行、资源委员会材料供应事务所仓库，上海储运公司仓库			
						/
			原设计	/	改造设计	2007 年
			曾用途	1957 年 10 月起由房管部门管理	现用途	底层艺术画廊、餐饮；上层办公、顶层居住
			原建筑类型	办公	建筑层数	5 层
			建筑结构	钢筋混凝土结构	建筑面积	/
			保护级别	上海优秀历史建筑第 5 批 HP-J-006-V		
			其他	/		
			可访问时间	首层艺术画廊 ART+ Shanghai Gallery 周二到周日，10:00—19:00；免费		

1　图片资源来源为行走上海 App。

编号	代码	地址	项目	内容	项目	内容
S4	HP-04	南苏州路 249—255 号	金樱商务楼 原：上海市联运总公司			
			建成年代	/	改造时间	/
			原设计	/	改造设计	/
			曾用途	仓库、零售	现用途	仓库、办公；顶层加建居住
			原建筑类型	仓库	建筑层数	5 层
			建筑结构	钢筋混凝土结构	建筑面积	/
			保护级别	/		
			其他	/		
			可访问时间	底层商业，营业时间对外开放		
S5	HP-05	江西中路 464—466 号	自力大楼 原：英商自来水公司办公楼			
			建成年代	1880 年	改造时间	/
			原设计	/	改造设计	/
			曾用途	办公	现用途	底层小商场；楼上办公
			原建筑类型	办公	建筑层数	3 层
			建筑结构	砖混结构	建筑面积	1302 平方米
			保护级别	上海优秀历史建筑第 4 批 4A003		
			其他	主立面为连续规整的券柱式外廊		
			可访问时间	不对外开放		

S6	HP-06	江西中路 484 号	自来大楼 原：英商自来水公司大楼			
			建成年代	1921 年	改造时间	/
			原设计	公和洋行设计[1]	改造设计	/
			曾用途	办公	现用途	办公
			原建筑类型	办公	建筑层数	3 层
			建筑结构	钢筋混凝土结构	建筑面积	3651 平方米
			保护级别	上海优秀历史建筑第 4 批 4A002		
			其他	立面为古典主义风格		
			可访问时间	不对外开放		
S7	HP-07	南苏州路 373、381 号	东亚联合控股有限公司 原：英商平治明第十号仓库[2]、上海东亚建筑实业有限公司			
			建成年代	20 世纪 30 年代	改造时间	/
			原设计	/	改造设计	/
			曾用途	/	现用途	底层小超市、顺丰流转中心；二层瑜伽工作室、三层健身房、摄影棚；四层以上办公
			原建筑类型	仓库	建筑层数	7 层
			建筑结构	钢筋混凝土结构	建筑面积	/
			保护级别	/		
			其他	/		
			可访问时间	四层以上办公，不可进入；其他楼层营业时间可入		

1 行走上海 App。
2 根据《老上海百业指南》上卷第五图。

编号	代码	地址	项目	内容	项目	内容
S8	HP-08	南苏州路 507—551 号、北京东路 412—472 号	上海中宇橡塑五金有限公司等 原：鸿益铁栈、大源五金号等[1]			
			建成年代	20 世纪 30 年代	改造时间	/
			原设计	/	改造设计	/
			曾用途	货栈	现用途	底层五金仓库；上层居住、办公、游艺城
			原建筑类型	商铺	建筑层数	3，6 层
			建筑结构	混合结构	建筑面积	/
			保护级别	/		
			其他	/		
			可访问时间	/		
S9	HP-09	南苏州路 562—651 号	上海光大不锈钢材料公司等 原：新源昌号、公顺昌木器号等[2]			
			建成年代	20 世纪 30 年代	改造时间	/
			原设计	/	改造设计	/
			曾用途	货栈	现用途	底层五金仓库；上层居住
			原建筑类型	商铺	建筑层数	2 层，局部 3 层
			建筑结构	混合结构	建筑面积	/
			保护级别	/		
			其他	/		
			可访问时间	/		

1 根据《老上海百业指南》上卷第六图。

2 同上。

S10	HP-10	南苏州路与石潭路路口	上海精致机械有限公司 原：货栈及小菜场等			
			建成年代	20 世纪 30 年代	改造时间	2019 年
			原设计	/	改造设计	/
			曾用途	五金批发市场	现用途	改造中
			原建筑类型	仓库	建筑层数	5 层
			建筑结构	钢筋混凝土结构	建筑面积	/
			保护级别	/		
			其他	原为无梁楼板工业建筑，经结构改造后作为上海北京东路小学的新校舍使用[1]		
			可访问时间	/		
S11	HP-11	南苏州路 723 号	中国银行金库			
			建成年代	20 世纪 30 年代	改造时间	2019 年
			原设计	/	改造设计	同济原作
			曾用途	/	现用途	金库
			原建筑类型	仓库	建筑层数	5 层
			建筑结构	钢筋混凝土	建筑面积	/
			保护级别	/		
			其他	地块整体改造为立体泵站公园，改善滨河环境，但不涉及对本楼的改造[2]		
			可访问时间	不可对外开放		

1 见设计事务所 TEKTAO 相关项目信息（http://tektao.com.cn/plus/view.php?aid=136）。

2 章明，张洁，范鹏，2019.

编号	编号	地址	名称			
S12	HP-12	南苏州路 777 号	元芳商厦 原：上海银行第二仓库[1]			
			建成年代	20 世纪 30 年代	改造时间	/
			原设计	/	改造设计	/
			曾用途	/	现用途	纺织品批发市场、橡塑批发
			原建筑类型	仓库	建筑层数	6 层
			建筑结构	钢筋混凝土结构	建筑面积	/
			保护级别	/		
			其他	/		
			可访问时间	/		
S13	HP-13	南苏州路 951/955 号	衍庆里（百联时尚创意中心） 原：上海银行第二仓库			
			建成年代	1929 年	改造时间	2017—2018 年
			原设计	/	改造设计	博埃里事务所
			曾用途	建材仓库	现用途	百联时尚中心
			原建筑类型	仓库	建筑层数	6 层
			建筑结构	钢筋混凝土结构	建筑面积	6233.12 平方米
			保护级别	上海优秀历史建筑第 5 批 HP-J-049-V		
			其他	青砖灰瓦砖木结构的石库门风格仓库，是上海仅有的一幢典型英国式仓库；建筑南面为居民小区		
			可访问时间	有门禁，可访问内部设计室或底层零售		

1　根据《老上海百业指南》上卷第二十五图。

<table>
<tr><td rowspan="10">S14</td><td>HP-14</td><td>南苏州路 1247 号</td><td colspan="4">八号桥艺术空间
原：中国通商银行仓库、杜月笙私家粮仓</td></tr>
<tr><td colspan="2" rowspan="9"> </td><td>建成年代</td><td>1908 年</td><td>改造时间</td><td>2017 年</td></tr>
<tr><td>原设计</td><td>/</td><td>改造设计</td><td>/</td></tr>
<tr><td>曾用途</td><td>银行仓库、粮仓；影视工作室</td><td>现用途</td><td>一层酒吧，二三层一部分为文化艺术展览空间，二层另一半为设计事务所，三层另一半为瑜伽工作室</td></tr>
<tr><td>原建筑类型</td><td>仓库</td><td>建筑层数</td><td>3 层</td></tr>
<tr><td>建筑结构</td><td>砖木结构</td><td>建筑面积</td><td>/</td></tr>
<tr><td>保护级别</td><td colspan="3">/</td></tr>
<tr><td>其他</td><td colspan="3">/</td></tr>
<tr><td>可访问时间</td><td colspan="3">展厅：周二至周日 9:30—17:00，免费；首层酒吧 24 小时营业</td></tr>
<tr></tr>
<tr><td rowspan="10">S15</td><td>HP-15</td><td>南苏州路 1289 号</td><td colspan="4">上海天学实业有限公司
原：新昌路 568 号仓库[1]</td></tr>
<tr><td colspan="2" rowspan="9"> </td><td>建成年代</td><td>/</td><td>改造时间</td><td>/</td></tr>
<tr><td>原设计</td><td>/</td><td>改造设计</td><td>/</td></tr>
<tr><td>曾用途</td><td>仓库、工作室</td><td>现用途</td><td>广告设计公司承租</td></tr>
<tr><td>原建筑类型</td><td>仓库</td><td>建筑层数</td><td>3 层</td></tr>
<tr><td>建筑结构</td><td>砖木结构</td><td>建筑面积</td><td>/</td></tr>
<tr><td>保护级别</td><td colspan="3">/</td></tr>
<tr><td>其他</td><td colspan="3">/</td></tr>
<tr><td>可访问时间</td><td colspan="3">荒废状态</td></tr>
<tr></tr>
</table>

1 顾承兵，2003.

编号	代码	地址	名称			
S16	HP-16	南苏州路 1295 号	南苏河创意产业园东楼 原：中国纺织建设公司第五仓库			
			建成年代	1902 年	改造时间	/
			原设计	/	改造设计	/
			曾用途	仓库、工作室	现用途	有为公社，创意办公园区
			原建筑类型	仓库	建筑层数	3 层
			建筑结构	砖木结构	建筑面积	12 000 平方米
			保护级别	上海优秀历史建筑第 4 批 4A031		
			其他	上海近现代早期仓储建筑，带有早期外廊式的特点		
			可访问时间	首层大堂可做活动场地承接，其他楼层办公需门禁；建筑北面有滨水广场		
S17	HP-17	南苏州路 1305 号	南苏河创意产业园北楼 原：杜月笙粮仓			
			建成年代	1933 年	改造时间	1998 年
			原设计	/	改造设计	登琨艳
			曾用途	仓库、登琨艳工作室	现用途	首层为骨瓷体验馆；二层为中国新三板研究院、上海旭中市场信息咨询有限公司等办公
			原建筑类型	仓库	建筑层数	2 层
			建筑结构	砖木结构	建筑面积	2400 平方米
			保护级别	上海优秀历史建筑第 5 批 HP-J-081-V		
			其他	由台湾建筑师登琨艳租下，并改造 LOFT 形式的设计工作室，并于 2004 年获得联合国人类文化遗产亚太奖项		
			可访问时间	首层商铺可进，其余需门禁；西侧为九子公园		

编号	代号	地址	项目	内容	项目	内容
S18	HP-18	南苏州路 1307 号	南苏河创意产业园南楼[1] 原：杜月笙粮仓			
			建成年代	1933 年	改造时间	/
			原设计	/	改造设计	/
			曾用途	/	现用途	青年旅舍
			原建筑类型	仓库	建筑层数	2 层
			建筑结构	砖木结构	建筑面积	—
			保护级别	/		
			其他	/		
			可访问时间	经营性场所，不对外开放；西侧为九子公园		
S19	JA-12	南苏州路 1455 号	盛·醒 原：福新第七面粉厂[2]、上海市粮食局仓库			
			建成年代	1920 年	改造时间	/
			原设计	/	改造设计	/
			曾用途	仓库、办公	现用途	创意办公园区
			原建筑类型	仓库	建筑层数	3，6，8 层
			建筑结构	钢筋混凝土结构[3]	建筑面积	/
			保护级别	/		
			其他	最初为荣氏粮行宿舍及库房，二三层阳台朝向苏州河一侧，采用折中主义建筑风格；库房原为 2 层，1949 年后改造为 4 层，曾为良友饭店		
			可访问时间	办公场所，不对外开放		

1 图片资料来源为 UNESCO Office Bangkok and Regional Bureau for Education in Asia and the Pacific, 2007: 381-384.
2 根据《老上海百业指南》上卷第五十七图。
3 根据现场对老建筑的宣传材料。

<table>
<tr><td rowspan="10">S20</td><td>JA-13</td><td>南苏州路 1501 号</td><td colspan="4">1501 Art Studio
原：上海市工务局基料处[1]</td></tr>
<tr><td colspan="2" rowspan="9"></td><td>建成年代</td><td>/</td><td>改造时间</td><td>/</td></tr>
<tr><td>原设计</td><td>/</td><td>改造设计</td><td>/</td></tr>
<tr><td>曾用途</td><td>/</td><td>现用途</td><td>创意办公园区、邮政速递</td></tr>
<tr><td>原建筑类型</td><td>仓库</td><td>建筑层数</td><td>1，2，3，4 层</td></tr>
<tr><td>建筑结构</td><td>混合结构</td><td>建筑面积</td><td>/</td></tr>
<tr><td>保护级别</td><td colspan="3">/</td></tr>
<tr><td>其他</td><td colspan="3">建筑面貌改变较大</td></tr>
<tr><td>可访问时间</td><td colspan="3">园区有门禁，但可以自由进入。每年与街道开展邻里节，对居民开放</td></tr>
<tr><td colspan="4"></td></tr>
<tr><td rowspan="10">S21</td><td>JA-14</td><td>康定东路 20 号</td><td colspan="4">蝴蝶湾绿地、静安投资公司等
原：新华薄荷公司、浦东第一玻璃厂、义泰兴煤球有限公司、大任小学校等[2]</td></tr>
<tr><td colspan="2" rowspan="9"></td><td>建成年代</td><td>/</td><td>改造时间</td><td>2008 年</td></tr>
<tr><td>原设计</td><td>/</td><td>改造设计</td><td>/</td></tr>
<tr><td>曾用途</td><td>厂房、办公、学校</td><td>现用途</td><td>公共绿地、办公</td></tr>
<tr><td>原建筑类型</td><td>厂房等</td><td>建筑层数</td><td>1，2，3，4 层</td></tr>
<tr><td>建筑结构</td><td>砖混结构</td><td>建筑面积</td><td>/</td></tr>
<tr><td>保护级别</td><td colspan="3">原大任小学校保留，为上海优秀历史建筑第 5 批 JA-J-017-V</td></tr>
<tr><td>其他</td><td colspan="3">蝴蝶湾绿地为工业废弃地改造的城市公园，占地面积约 16 000 平方米，地下为市政排水泵站和雨水调蓄池；地面厂房建筑全部拆除，公园内有三层高的厂房样式的展示空间</td></tr>
<tr><td>可访问时间</td><td colspan="3">公园全天对外开放</td></tr>
<tr><td colspan="4"></td></tr>
</table>

1 根据《老上海百业指南》上卷第五十七图。
2 根据《老上海百业指南》上卷第六十五图。

编号	代码	地址	项目			
S22	JA-15	西苏州路 53 号	石二开工业园 原：开滦矿务局麦根路煤栈、成记锯木厂等[1]			
			建成年代	/	改造时间	2003 年
			原设计	/	改造设计	/
			曾用途	羽毛球馆	现用途	办公
			原建筑类型	厂房	建筑层数	1，2，3，4 层
			建筑结构	钢筋混凝土结构	建筑面积	/
			保护级别	/		
			其他	球馆改造于 2010 年，有标准比赛专用羽毛球场地 8 块，面积共 850 平方米，层高 9 米		
			可访问时间	拆除建设中		
S23	JA-16	昌平路 68 号	现代产业大厦 原：永安纺织公司第三厂、上海无线电三厂厂房			
			建成年代	/	改造时间	2004 年
			原设计	/	改造设计	/
			曾用途	/	现用途	创意产业园
			原建筑类型	厂房	建筑层数	7 层
			建筑结构	钢筋混凝土结构	建筑面积	14 000 平方米
			保护级别	/		
			其他	由上海静工资产经营有限公司对旧厂房主体结构进行加固、改造；2005 年被授牌为“上海创意产业集聚区一静安现代创意产业园”。首层为 5.6 米超高层沿街商铺，二至七层为 4.2 米超高层办公区。外立面已没有任何明显的工业厂房特征[2]		
			可访问时间	办公空间，不对外开放。		

1 根据《老上海百业指南》上卷第六十六图。

2 刘伟惠，2007.

编号	编码	地址	项目	内容	项目	内容
S24	PT-03	宜昌路 216 号	宜昌路消防队 原：宜昌路救火会大楼旧址			
			建成年代	1932 年	改造时间	/
			原设计	/	改造设计	/
			曾用途	办公、住宿和车库	现用途	消防队
			原建筑类型	市政设施	建筑层数	4 层，局部加盖为 6 层，火警瞭望塔高 40 米
			建筑结构	钢筋混凝土结构和砖混结构	建筑面积	3130 平方米
			保护级别	上海优秀历史建筑第 3 批 3N001；2004 年被公布为第一批普陀区登记不可移动文物		
			其他	1932 年日商集资，公共租界工部局建造；1983 年至今为武警部队上海市总队消防处第三大队宜昌路消防队		
			可访问时间	市政设施，不对外开放		
S25	PT-04	宜昌路 130 号	梦清馆（上海苏州河展示中心） 原：上海啤酒厂灌装楼、酿造楼			
			建成年代	1935 年	改造时间	1958 年；2002 年
			原设计	邬达克	改造设计	黄一如等
			曾用途	办公、灌装、酿造	现用途	苏州河展示中心
			原建筑类型	厂房	建筑层数	5，9 层
			建筑结构	钢筋混凝土结构	建筑面积	9228 平方米
			保护级别	上海优秀历史建筑第 3 批 N- Ⅲ -02；2009 年被公布为第二批普陀区登记不可移动文物		
			其他	1933 年邬达克设计的厂区，平面呈马蹄形，总建筑面积约 32 700 平方米[1]；1958 年，由华东工业建筑设计院进行了较大规模的改造，只剩下原办公楼、灌装车间和酿造车间；2002 年梦清园建设中面临拆除，抢救性保留罐装楼整体及部分酿造楼[2]		
			可访问时间	周一至周五（团队）9:30—16:00（提前一周预约），周六、周日（散客）9:30—15:30；免费		

1 上海市文物管理委员会编，2009：218-219.

2 黄一如，等，2006.

S26	PT-05	莫干上路 120 号苏州河叉袋角区域	天安阳光广场（千树） 原：阜丰机器面粉厂，福新面粉厂二、四、八厂，上海面粉厂[1]		
		建成年代	1898 年（阜丰面粉厂厂房）、1899 年（阜丰办公楼）、1913 年（福新二厂仓库）	改造时间	2001 年至今
		原设计	/	改造设计	Heatherwick Studio, 上海建筑设计院等
		曾用途	/	现用途	作为商办综合体的活动中心、餐厅等
		原建筑类型	厂房、办公、仓库	建筑层数	2，3，4 层
		建筑结构	砖木结构	建筑面积	阜丰厂房 1045 平方米，办公楼 1241 平方米，仓库 1112.38 平方米
		保护级别	上海优秀历史建筑第 3 批 N- Ⅲ -05；2018 年 1 月 27 日入选“中国工业遗产保护名录”[2]		
		其他	2001 年 3 月普陀区城投公司和香港天安集团签署《面粉公司地块改造、开发合作协议书》，上海面粉公司决定动迁。基地现存 5 处保护建筑，一处是西地块的历史塔楼，将被平移至苏州河边，四处在东地块。东北侧为大型景观开放绿地、东南为 M50 创意园		
		可访问时间	施工中，不可进入		

1 1898 年孙多森等创办阜丰面粉厂，1955 年与福新第二、八面粉厂合并，改称公私合营阜丰福新面粉厂；1966 年更名为上海面粉厂。现尚存原厂房和办公楼。（代四同，2018）

2 中国城市规划学会，2018.

编号	编号	地址				
S27	PT-06	莫干山路 50 号	M50 创意园 原：信和纱厂（1937 年）、上海春明毛纺织厂（1994 年）、上海春明都市型工业园区（2002 年）、M50 创意园（2005 年）[1]			
			建成年代	20 世纪 30—90 年代各个历史时期	改造时间	2000 年至今
			原设计	/	改造设计	/
			曾用途	/	现用途	艺术家工作室、画廊、高等艺术教育及各类文化创意机构
			原建筑类型	厂房、办公、仓库	建筑层数	1 ～ 8 层
			建筑结构	砖木、砖混、钢桁架、排架等多种结构形式	建筑面积	各时期建造厂房建筑面积约 41 000 平方米
			保护级别	/		
			其他	2000 年，画家薛松入驻厂房，成为第一个进驻莫干山路 50 号的艺术家；2002 年香格纳画廊入驻，M50 开始成为当代艺术家聚集地		
			可访问时间	园区可进入		
S28	PT-07	澳门路 150 号	月星家具城、红子鸡美食总汇 原：申新纺织第九厂旧址			
			建成年代	1931—1933 年	改造时间	1996 年
			原设计	/	改造设计	/
			曾用途	纺布及织布车间	现用途	家具城（内设文化中心、博物馆等）、美食总汇、停车场
			原建筑类型	厂房	建筑层数	3，4 层
			建筑结构	钢筋混凝土结构	建筑面积	红子鸡美食总汇（原织布车间）建筑面积 7600 平方米；月星家具城建筑面积约 5.4 万平方米
			保护级别	/		
			其他	1996 年，申新九厂破产。6 月，申新九厂先后和惠州红子鸡集团、月星家具集团达成协议，租让部分厂房进行改造装修		
			可访问时间	商场营业时间：周一到周日，10:00—21:00		

1 代四同，2018.

编号	编号	地址 / 项目	内容	项目	内容
S29	PT-08	澳门路 128-150 号	上海纺织博物馆大厦 原：申新纺织第九厂旧址		
		建成年代	1931 年	改造时间	2002—2009 年
		原设计	/	改造设计	/
		曾用途	纺布及织布车间	现用途	博物馆（一至三层）、办公楼
		原建筑类型	办公楼	建筑层数	9 层
		建筑结构	钢筋混凝土结构	建筑面积	博物馆室内展示面积[1]约 4480 平方米
		保护级别	/		
		其他	原址为 1931 年的厂部办公室，现为拆除新建		
		可访问时间	博物馆周二到周日，9:30—16:00；春节长假闭馆；免费		
S30	PT-09	澳门路 477 号	中华 1912 原：中华书局上海印刷所澳门路旧址		
		建成年代	1935 年[2]	改造时间	2009 年
		原设计	/	改造设计	/
		曾用途	办公楼、仓库和北楼、中楼、南楼三个印刷车间	现用途	创业产业园，并包含商务、商业、菁英公寓三种涉外业态
		原建筑类型	办公、厂房	建筑层数	4 层
		建筑结构	钢筋混凝土结构	建筑面积	约 2.73 万平方米
		保护级别	上海优秀历史建筑第 3 批 N- Ⅲ -04		
		其他	2009 年修缮改建为“中华印务创意产业园”，并将其推广名定为“中华 1912”		
		可访问时间	园区有保安，可自由进入		

1 来自上海纺织博物馆馆内介绍。

2 1921 年在福州路开业，1935 年迁至现址。（上海市文物管理委员会编，2009：214）

编号						
S31	PT-10	宜昌路 751 号	E 仓创意产业园 原：诚孚动力机械厂（20 世纪 70 年代）；上汽集团零配件仓库			
			建成年代	20 世纪 30—50 年代	改造时间	2006 年
			原设计	/	改造设计	/
			曾用途	汽车配件仓库	现用途	现代创意设计产业园
			原建筑类型	仓库	建筑层数	3 层
			建筑结构	砖混结构	建筑面积	约 7000 平方米
			保护级别	/		
			其他	/		
			可访问时间	有滨河平台和屋顶平台，园区有保安，可进入		
S32	PT-11	长寿路 652 号	景源时尚创意产业园 原：日商内外棉株式会社仓库、上海市纺织原料公司长寿路仓库			
			建成年代	20 世纪 20—90 年代	改造时间	2009 年
			原设计	/	改造设计	/
			曾用途	仓库、水泵房等设备间	现用途	时尚产业园、时尚教育中心、时尚产业主题图书馆
			原建筑类型	仓库、厂房、设备	建筑层数	1，2，3 层
			建筑结构	钢筋混凝土、砖混、砖木	建筑面积	20 549 平方米
			保护级别	/		
			其他	/		
			可访问时间	园区内有 14 幢建筑，有滨河平台，园区有保安，可进入		

S33	PT-17	宜昌路 550 号	小红楼 原：美查制酸厂（1874 年）、江苏药水厂旧址		
	建成年代	1907 年	改造时间	/	
	原设计	/	改造设计	/	
	曾用途	厂房办公楼	现用途	学校办公楼	
	原建筑类型	办公	建筑层数	2 层	
	建筑结构	砖木结构	建筑面积	705 平方米	
	保护级别	2009 年被公布为第二批普陀区登记不可移动文物			
	其他	1874 年英商开办，初名为美查制酸厂，不久改名为江苏药水厂；1907 年迁至现址；1941 年被日军侵占，日本投降后重归英商所有；1954 年改地方国营，1963 年关闭。现址为同济大学二附中校园[1]			
	可访问时间	校园内，不可进入			
S34	PT-19	叶家宅路 100 号	创享塔 原：宝成纱厂（1918 年）、广濑军服厂（1942 年）、上海被服总厂沪西被服厂（1946 年）		
	建成年代	1918 年	改造时间	2018 年	
	原设计	/	改造设计	/	
	曾用途	厂房、仓库	现用途	创新互联网共享空间，包括创享办公、商业、生活（公寓）、教育	
	原建筑类型	厂房、仓库	建筑层数	两侧仓库厂房 4 层，瞭望塔 5 层	
	建筑结构	钢筋混凝土结构	建筑面积	/	
	保护级别	/			
	其他	/			
	可访问时间	底层有商业，可通达河边；顶层有屋顶花园，对园区内开放；沿岸苏河步道已贯通			

1 上海市文物管理委员会编，2009：56-57.

S35	CN-01	万航渡路 1364 弄	湖丝栈创意产业园 原：湖丝栈			
			建成年代	1874 年	改造时间	/
			原设计	/	改造设计	/
			曾用途	五金交电公司仓库	现用途	定位于影视广告产业链的创意产业园
			原建筑类型	仓库	建筑层数	2，3 层
			建筑结构	砖木结构	建筑面积	园区占地 3750 平方米
			保护级别	上海优秀历史建筑第 4 批 4M002		
			其他	曾为画家申凡工作室、设计师雷悟谛工作室[1]		
			可访问时间	园区有两幢楼，有咖啡厅、瑜伽馆、屋顶花园等消费场所，可进入		
S36	CN-02	江苏北路 125 号	华联创意广场 原：海鸥酿造五厂厂址			
			建成年代	1988 年，1992 年[2]	改造时间	2006 年
			原设计	/	改造设计	/
			曾用途	/	现用途	商业、办公为一体的综合性办公楼
			原建筑类型	厂房	建筑层数	12 层
			建筑结构	砖木结构	建筑面积	约 10 000 平方米
			保护级别	/		
			其他	/		
			可访问时间	园区仅有 1 幢楼，有保安，可进入		

1 韩好齐，张松，2004：98-99.

2 经长宁区房管局调研所得。

<table>
<tr><td rowspan="9">S37</td><td>CN-03</td><td>万航渡路 2170 号</td><td colspan="4">创邑·河
原：日本丰田纱厂仓库；国棉六厂仓库</td></tr>
<tr><td colspan="2" rowspan="8"></td><td>建成年代</td><td>20 世纪 30 年代</td><td>改造时间</td><td>2006 年</td></tr>
<tr><td>原设计</td><td>/</td><td>改造设计</td><td>/</td></tr>
<tr><td>曾用途</td><td>棉花仓库</td><td>现用途</td><td>媒体、设计类创意产业园</td></tr>
<tr><td>原建筑类型</td><td>仓库</td><td>建筑层数</td><td>4 层</td></tr>
<tr><td>建筑结构</td><td>砖木结构</td><td>建筑面积</td><td>约 5000 平方米</td></tr>
<tr><td>保护级别</td><td colspan="3">/</td></tr>
<tr><td>其他</td><td colspan="3">/</td></tr>
<tr><td>可访问时间</td><td colspan="3">有滨河屋顶平台，园区有保安，可进入</td></tr>
<tr><td rowspan="10">S38</td><td>CN-04</td><td>中山西路 178 号、万航渡 2318 号</td><td colspan="4">上海丰田纺织厂纪念馆等
原：丰田纺织厂铁工部、丰田机械制造厂（1921 年）、中国纺织建设公司上海第一机械厂（1945 年）、上海一纺机械有限公司</td></tr>
<tr><td colspan="2" rowspan="9"></td><td>建成年代</td><td>1921 年</td><td>改造时间</td><td>改造方案制定中</td></tr>
<tr><td>原设计</td><td>/</td><td>改造设计</td><td>/</td></tr>
<tr><td>曾用途</td><td>恒温烟囱，织造车间，大型车间、纺织机械厂办公楼和食堂</td><td>现用途</td><td>纪念馆、待改造更新</td></tr>
<tr><td>原建筑类型</td><td>仓库</td><td>建筑层数</td><td>/</td></tr>
<tr><td>建筑结构</td><td>砖木结构、钢筋混凝土等</td><td>建筑面积</td><td>/</td></tr>
<tr><td>保护级别</td><td colspan="3">2017 年 4 月进入长宁区文物保护点名单（上海丰田纱厂铁工部旧址，中山西路 178 号）</td></tr>
<tr><td>其他</td><td colspan="3">2007 年丰田纺织中国有限公司向上海一纺机械有限公司租赁下铁工部旧址（纺织机械厂办公楼和食堂），将其改造成该公司在中国的产业纪念馆；一机纺地块其他部分改造方案仍在讨论中</td></tr>
<tr><td>可访问时间</td><td colspan="3">产业纪念馆仅每年中国文化遗产日开放</td></tr>
</table>

编号		地址	名称			
S39	CN-05	万航渡路 2453 号	周家桥创意产业园 原：亚洲电焊条厂			
			建成年代	1977 年、1983 年、1993 年[1]	改造时间	2004 年
			原设计	/	改造设计	/
			曾用途	厂房	现用途	影视、摄影、网络、设计、艺术家工作室等
			原建筑类型	厂房	建筑层数	/
			建筑结构	钢筋混凝土结构	建筑面积	12 000 平方米
			保护级别	/		
			其他	/		
			可访问时间	园区可进入，办公空间不对外开放		
S40	CN-06	万航渡路 2452 号	苏州河 DOHO 创意园 原：上煤八厂			
			建成年代	1985 年	改造时间	2006 年
			原设计	/	改造设计	/
			曾用途	厂房	现用途	设计、广告内创意园区
			原建筑类型	厂房	建筑层数	北侧五层办公楼及西侧二层商务配套建筑
			建筑结构	钢筋混凝土结构	建筑面积	2052 平方米
			保护级别	/		
			其他	/		
			可访问时间	有屋顶平台消费空间 12:00—19:00 开放，园区有保安，可进入		

1 经长宁区房管局调研所得。

S41	CN-07	哈密路 166 号	红坊 166 文创艺术社区 原：上海实验仪表四厂			
			建成年代	20 世纪 80 年代	改造时间	2017—2018 年
			原设计	/	改造设计	水石国际
			曾用途	厂房	现用途	文创艺术社区
			原建筑类型	厂房	建筑层数	1，4，5 层
			建筑结构	钢筋混凝土结构	建筑面积	5000 平方米
			保护级别	/		
			其他	/		
			可访问时间	连通城市社区的开放式庭院，全天开放		

参考文献

Australia ICOMOS, 2013. The Burra Charter 2013[EB/OL].（2013-10）[2020-04-26]. https//:australia.icomos.org/wp-content/uploads/The-Burra-Charter-2013-Adopted-31.10.2013.pdf.

BANDARIN F, VAN OERS R, 2012. The historic urban landscape: managing heritage in an urban century[M]. Hoboken: John Wiley & Sons.

BENN S I, GAUS G F, 1983. Public and private in social life [M]. London: Croom Helm.

BERGDOLL B, NORDENSON G, 2011. Rising currents: Projects for New York's waterfront[M]. New York: Museum of Modern Art.

BERGER A, 2006. Drosscape – Wasting land in urban America[M]. New York: Princeton Architectural Press.

BERENS C, 2011. Redeveloping industrial sites: a guide for architects, planners, and developers [M]. Hoboken, N.J.: John Wiley & Sons.

BOTSMAN R, ROGERS R, 2010. What's mine is yours: the rise of collaborative consumption [M]. 1st ed. New York: Harper Business.

Brooklyn Tech Triangle, 2013. Brooklyn Tech Triangle Strategic Plan 2013 [EB/OL]. http://brooklyntechtriangle.com/reports/downloads/.

BUTTENWIESER A, 1987. Manhattan Water-Bound: planning and developing Manhattan's waterfront from the Seventeenth Century to the Present [M]. New York: New York University Press.

CABE, 2007. Spaceshaper: A user's guide [EB/OL].[2019-12-26]. https://www.designcouncil.org.uk/sites/default/files/asset/document/spaceshaper-a-users-guide.pdf.

CANIGGIA G, MAFFEI G L, 2001. Architectural Composition and Building Typology: Interpreting Basic Building [M]. Alinea.

CARMONA M, 2010. Contemporary Public Space, Part Two: Classification[J]. Journal of Urban Design, 15(2):157-173.

CARR S, 1992. Public Space[M]. Cambridge: Cambridge University Press.

CARSON R, 2002. Silent spring[M]. Houghton Mifflin Harcourt.

CLARK C M, 2012. Learning from experience: defense disposals in the UK contrasted with sustainable redevelopment in four US east coast navy yards [J]. WIT Transactions on The Built Environment, 123: 243-253.

CORNER J, Maclean A S, .1996. Taking measures across the American landscape [M]. New Haven: Yale University Press.

CORNER J,1999. Eidetic operations and new landscapes[C]//Corner J. Recovering Landscape: essays in contemporary landscape architecture. New York: Princeton Architectural Press: 153-169.

CORNER J, 2016. The ecological imagination: life in the city and the public realm[C]//Steiner F. Nature and Cities: the ecological imperative in urban design and planning. Cambridge: Lincoln Institute of Land Policy: 3-29.

CURULLI G I, 2014. The making and remaking of dismissed industrial sites[M]. Alinea International,.

CURULLI G I, 2018. Ghost industries: industrial water landscapes on the Willamette River in Oregon[M]. Altralinea Edizioni.

DOUET J, 2016. Industrial heritage re-tooled: The TICCIH guide to industrial heritage conservation[M]. New York: Routledge.

DUBLIN T, 1992. Lowell: The story of an Industrial City: a guide to Lowell National Historical Park and Lowell Heritage State Park, Lowell, Massachusetts[M]. Lowell: Government Printing Office.

ELLIN N, 2006. Integral urbanism[M]. New York: Routledge.

ELIZABETH K, 1998. Meyer. Seized by Sublime Sentiments: Between Terra Firma and Terra Incognita[C]//William S. Saunders. Richard Haag: Bloedel Reserve and Gas Works Park. New York: Princeton Architectural Press.

EVANS J, EVANS S Z, MORGAN J D, et al., 2019. Evaluating the quality of mid-sized city parks: a replication and extension of the Public Space Index [J]. Journal of Urban Design, 24(1): 119-36.

FAIRCLOUGH G, 2008. A New Landscape for Cultural Heritage Management: Characterisation as a Management Tool[C]//Lozny L.R. Landscapes Under Pressure. Boston: Springer: 55-74.

FERNANDO N, 2006. Open-ended space: urban streets in different cultural contexts[C]//FRANCK K, STEVENS Q. Loose Space: Possibility and Diversity in Urban Life. New York: Routledge: 54-72.

GEHL J, 2011. Life between buildings: using public space [M]. Washington, DC: Island Press.

GIEDION S, 1995. Building in France, building in iron, building in ferroconcrete [M]. Santa Monica, CA: Getty Center for the History of Art and the Humanities.

GIROT C, 1999. Four trace concepts in landscape architecture[J]. Recovering landscape: essays in contemporary landscape architecture: 59-68.

HIRSCH A, 2011. Scoring the participatory city: Lawrence (& Anna) Halprin's Take Part Process[J]. Journal of Architectural Education. 64, (2): 127-140.

HOOD W, 1997. Urban Diaries [M]. Washington, DC: Spacemaker Press.

JACOBS J, 1992. The death and life of great American cities: orig. publ. 1961[M]. New York: Vintage Books.

KRIEGER A, 2004. The Transformation of the Urban Waterfront[J]. Remaking the Urban Waterfront. Washington: ULI-the Urban Land Institute.

KIRKWOOD N G, 2003. Manufactured Sites: Rethinking the Post-industrial Landscape[M]. Abingdon: Taylor & Francis.

KOHN M, 2004. Brave new neighborhoods: the privatization of public space[M]. New York: Routledge.

KOOLHAAS R, MAU B, SIGLER J, et al., 1995. Small, medium, large, extra-large: Office for Metropolitan Architecture, Rem Koolhaas, and Bruce Mau [M]. New York, N.Y.: Monacelli Press.

LANGSTRAAT F, VAN MELIK R, 2013. Challenging the "End of Public Space": A Comparative Analysis of Publicness in British and Dutch Urban Spaces [J]. Journal of Urban Design, 18(3): 429-48.

LEFEBVRE H, translated by NICHOLSON S D, 1991. The production of space[M]. Oxford: Blackwell.

LU Y, LI Y, 2019. Defining local heritages in preserving modern Shanghai Architecture[J]. Built Heritage, 2019, 3(1): 3-20.

LYNCH K, BANERJEE T, SOUTHWORTH M, 1995. City sense and city design[M]. Cambridge: MIT Press.

MANTEY D, 2017. The "publicness" of suburban gathering places: The example of Podkowa Leśna (Warsaw urban region, Poland) [J]. Cities, 60, 1-12.

MARSHALL R, 2004. Waterfronts in post-industrial cities[M]. Taylor & Francis.

MARTÍNEZ P G, 2017. Built heritage conservation and contemporary urban development: the contribution of architectural practice to the challenges of modernisation[J]. Built Heritage, 1(1): 14-25.

MCHARG I L, 1992. Design with nature [M]. New York: J. Wiley.

MCLAREN D, AGYEMAN J, 2015. Sharing cities: a case for truly smart and sustainable cities[M]. MIT press.

MEADOWS D H, Club of Rome, 1972. The Limits to growth; a report for the Club of Rome's project on the predicament of mankind [M]. New York,: Universe Books.

MEHTA V, 2014. Evaluating Public Space [J]. Journal of Urban Design, 19(1): 53-88.

MEYER H, 1999. City and Port: Transformation of Port Cities-London, Barcelona, New York, Rotterdam[M]. Utrecht: International Books.

MITCHELL D, 1995. The End of Public Space? People's Park, Definitions of the Public, and Democracy [J]. Annals of the Association of American Geographers, 85(1): 108-33.

Naval History and Heritage Command, 2017. Descriptive Guide of the US Navy Yard, Washington, D. C. [EB/OL]. (2017-09-26)[2020-02-12].https://www.history.navy.mil/research/library/online-reading-room/title-list-alphabetically/h/history-descriptive-guide-us-navy-yard-washington-dc.html.

NELSON A, 2017. Small is necessary: shared living on a shared planet[M]. London: Pluto Press.

NÉMETH J, SCHMIDT S, 2007. Toward a Methodology for Measuring the Security of Publicly Accessible Spaces [J]. Journal of the American Planning Association, 73(3): 283-97.

NÉMETH J, SCHMIDT S, 2011. The privatization of public space: modeling and measuring publicness [J]. Environment and Planning B: Planning and Design. 38(1): 5–23.

RCLCO, 2018. Riverfront Recaptured: How public vision &investment catalyzed long-term value in the capitol riverfront[R].https://www.capitolriverfront.org/_files/docs/riverfrontrecaptured2018.pdf.

REED P, 2005. Groundswell: Constructing the Contemporary Landscape[M]. New York: the Museum of Modern Art.

ROTH M, 1997. Irresistible decay: ruins reclaimed [C]//MICHAEL R, CLAIRE L, CHARLES M. Irresistible Decay. Los Angeles: Getty Research Institute.

RUDOFSKY B, 1964. Architecture without Architects: an introduction to Non-pedigreed architecture [M]. The Museum of Modern Art: Doubleday, Garden City, N.Y.

SAALMAN H, 1968. Medieval Cities[M]. New York: George Braziller.

SHAW B, 2007. History at the water's edge[C]//Richard Marshall, ed. Waterfront in Postindustrial Cities. London: Spon Press.

SMITH L, 2006. Uses of Heritage[M]. London: Routledge.

SMITHSIMON G, 2008. Dispersing the crowd: bonus plazas and the creation of public space[J]. Urban Affairs Review, 43(3):325-351.

SOJA E W, 1996. Thirdspace: Journeys to Los Angeles and other real-and-imagined places [M]. Hoboken: Blackwell Publishers.

SPECTOR J, 2010. From dockland to esplanade: leveraging industrial heritage in waterfront redevelopment[D]. Philadelphia: University of Pennsylvania.

STORM A, 2014. Post-industrial landscape scars [M]. New York: Palgrave Macmillan.

STRATTON M, 2000. Industrial buildings: conservation and regeneration [M]. London; New York: E & FN Spon.

TAYLOR K, 2016. The Historic Urban Landscape paradigm and cities as cultural landscapes. Challenging orthodoxy in urban conservation, Landscape Research, 41(4):471-480.

THWAITES K, Simkins I, 2007. Experiential landscape: an approach to people, place and space[M]. New York: Routledge.

TICCIH, 2003. Charter: The Nizhny Tagil Charter for The Industrial Heritage [EB/OL]. (2003-07)[2020-02-01]. https://ticcih.org/about/charter/.

UNESCO, 2005.Vienna Memorandum on World Heritage and Contemporary Architecture: Managing the Historic Urban Landscape and Decision 29 COM 5 D[EB/OL]. (2005-10-10)[2020-04-26]. https://unesdoc.unesco.org/ark:/48223/pf0000140984.

UNESCO, 2011. Recommendation on the Historic Urban Landscape [EB/OL]. https://whc.unesco.org/en/hul.

UNESCO Office Bangkok and Regional Bureau for Education in Asia and the Pacific, 2007. Asia Conserved: Lessons learned from the UNESCO Asia-Pacific Heritage Awards for Culture Heritage Conservation, 2000-2004[M]. Bangkok: Clung Wicha Press.

United Nations Environment Program, 1972. Environmental Law Guidelines and Principles 1： Stockholm Declaration. Declaration on the Human Environment.[EB/OL]. (1972-06-16)[2020-02-16].https://wedocs.unep.org/bitstream/handle/20.500.11822/29567/ELGP1StockD.pdf?sequence=1&isAllowed=y.

USGBC, 2018. LEED v4 for Neighborhood Development-current version[EB/OL]. (2018-07-02)[2020-03-22]. https://www.usgbc.org/resources/leed-v4-neighborhood-development-current-version.

UZZELL D, 2009. Where is the discipline in heritage studies? Some methodological reflections[C]//Sørensen, M.L.S. Carman, J. Heritage Studies: methods and approaches. London: Routledge.

VAN MELIK R, VAN AALST I, VAN WEESEP J, 2007.Fear and fantasy in the public domain: the development of secured and themed urban sapce [J]. Journal of Urban

Design, 12: 1, 25-42.

VARNA G, CERRONE D, 2013. Making the publicness of public spaces visible: from space syntax to the star model of public space[C]//EAEA-11 Conference Proceedings (Track 1): Visualizing Sustainability: making the invisible visible. Italy, Milan:101-108.

VARNA G, TIESDELL S, 2010. Assessing the publicness of public space: the star model of publicness[J]. Journal of Urban Design, 15(4):575-598.

WAY T, 2015. The Landscape Architecture of Richard Haag: From Modern Space to Urban Ecological Design[M]. Seattle: University of Washington Press.

WHYTE W H, 1980. The Social Life of Small Urban Spaces[M]. Washington, D.C: Conservation Foundation.

YOUNG I M, 1986. The Ideal of Community and the Politics of Difference[J]. Social Theory and Practice, 12: 305.

YOUNG I M, 2002. Inclusion and Democracy [M]. Oxford University Press.

ZUKIN S, 2009. Naked City: The Death and Life of Authentic Urban Places [M]. Oxford University Press.

ZUKIN S, 2019. The origins and perils of development in the urban tech landscape [EB/OL]. (2019-05-08)[2020-02-17]. https://archpaper.com/2019/05/urban-tech-landscape/.

包亚明，2003. 现代性与空间的生产[M]. 上海：上海教育出版社.

边思敏，朱育帆，2019. 观看、在场与公共视觉伦理影响：论当代景观空间的剧场性[J].风景园林，26（2）：105-110.

伯纳德，2014. 建筑概念：红不只是一种颜色[M].北京：电子工业出版社.

曹琳，2019. 历史价值的理解与呈现——上海总商会保护修缮工程[J]. H+A华建筑，22（4）：101-107.

岑伟，王珂，莫天伟，2010. 滨水空间从城市空间的背面走向正面——以上海苏州河为例[J]. 城市建筑，65（2）：33-35.

瓦尔德海姆，2019.景观都市主义思考[C]//吉鲁特，英霍夫.当代景观思考.卓百会，郑振婷，郑晓笛，译.北京：中国建筑工业出版社：77-93.

常青，魏枢，沈黎，等，2014.“东外滩实验”——上海市杨浦区滨江地区保护与更新研究[J].城市规划，（04）：88-93.

陈锦棠，姚圣，田银生，2017.形态类型学理论以及本土化的探明[J].国际城市规划，32（2）：57-64.

陈立群，2017. 从空间视角看共享经济时代的城市[J]. 景观设计学，5（3）：40-51.

陈峥能，2018. 场所认同的多元性与时间性：对当代中国场所认同建构的批判[J]. 景观设计学，6（1）：8-27.

陈竹，叶珉，2009. 什么是真正的公共空间?——西方城市公共空间理论与空间公共性的判定[J].国际城市规划，24（03）：44-49+53.

陈宗明, 1998. 上海苏州河的环境综合整治[J]. 城市发展研究,（3）: 49-52+42.

承载，吴健熙，2016. 老上海百业指南——道路机构厂商住宅分布图（修订版）[M]. 上海：上海社会科学院出版社.

崔愷，常青，汪孝安，等，2020.“绿之丘”作品研讨[J].建筑学报，（1）：14-23.

代锋，2016. 从物的选择到情境的营造——论登琨艳的设计哲学[J].文艺争鸣，（11）：210-212.

代四同，2018.上海莫干山路工业区的历史演进研究[D].上海：上海社会科学院.

哈维，2014.叛逆的城市：从城市权力到城市革命[M].叶齐茂，倪晓晖，译.北京：商务印书馆.

登琨艳，1999. 在乎空间与光的韵味：登琨艳上海设计工作室[J].室内设计与装修，（6）：28-32.

登琨艳，2006. 空间的革命：一把从苏州河烧到黄浦江的烈火[M].上海：华东师范大学出版社.

丁凡，伍江，2018a. 全球化背景下后工业城市水岸复兴机制研究——以上海黄浦江西岸为例[J].现代城市研究，（1）：25-34.

丁凡, 伍江, 2018b. 上海城市更新演变及新时期的文化转向[J]. 住宅科技, 38（11）: 1-9.

丁峻峰，2016. 互联网时代的可持续城市介入：“创客”生态链都市形态透析[J]. 时代建筑，150（4）：51-59.

董旭，张健，2015. 旧工业建筑遗产再利用为创意产业园的空间形态研究[J]. 华中建筑，33（8）：119-123.

董怡嘉，2019. 苏州河畔第三代园区的改造：红坊166文创艺术社区[J]. H+A华建筑，22（4）：108-113.

马西，2010. 劳动的空间分工：社会结构与生产地理学[M].梁光严，译.北京：北京师范大学出版社.

范路，2007. 从钢铁巨构到“空间-时间”——吉迪恩建筑理论研究[J].世界建筑，（5）：125-131.

索绪尔，1999. 普通语言学教程[M].高名凯，译.北京：商务印书馆.

冯仕达，2008. 景观学的相互关系及文化[C]//科纳.论当代景观建筑学的复兴. 吴琨，韩晓晔，译.北京：中国建筑工业出版社.

高峰，2009. 上海苏州河沿岸创意产业发展肌理研究[D].上海：上海师范大学.

顾承兵，2003. 上海近代产业遗产的保护与再利用——以苏州河沿岸地区为例[D]. 上海：同济大学.

H+A华建筑，2019a. 多元协同下城市之脉的明日探索[J]. H+A华建筑，22（4）：85-95.

H+A华建筑，2019b. 唤醒百年记忆——访华侨城（上海）置地有限公司[J].H+A华建筑，22（4）：96-100.

华建集团上海建筑设计研究院有限公司，2017. 四行仓库修缮工程[J].建筑遗产，（4）：2.

韩妤齐，张松，2004. 东方的塞纳左岸——苏州河沿岸的艺术仓库[M].上海：上海古籍出版社.

贺旺，2004. 后工业景观浅析[D].北京：清华大学.

赫斯维克建筑事务所Heatherwick Studio，2019.千树——空中花园[J].王潇骏，译.华建筑，（1）：132-137.

何依，李锦生，2012. 城市空间的时间性研究[J].城市规划，36（11）：9-13+28.

列斐伏尔，2015. 空间与政治（第2版）[M].李春，译.上海：上海人民出版社.

洪启东，童千慈，2011. 文化创意产业城市之浮现：上海M50与田子坊个案[J]. 世界地理研究，（2）：67-77.

侯方伟，黎志涛. Loft现象的建筑学研究——以苏州河沿岸为例[J].新建筑，2006，（10）：23-26.
胡燕，2014. 后工业景观设计语言研究[D].北京：北京林业大学.
黄琪，2007.上海近代工业建筑保护和再利用[D]. 上海：同济大学.
黄妍妮，张健，2007. 苏州河两岸优秀历史建筑研究（2）——东段建筑的立面样式演变[J].华中建筑，（5）：160-163.
黄烨勍，孙一民，2004.理解城市设计的多纬度意义——《公共场所——城市空间：城市设计的维度》评介[J].新建筑，（5）：55-56.
黄毅，2008. 城市混合功能建设研究[D].上海：同济大学.
黄一如, 毛伟, 2006. 拆留之间——上海啤酒公司建筑修缮工程设计回顾[J]. 时代建筑，（2）：88-93.
嵇启春，2015.苏州河的儿女们[M].北京：中国文联出版社.
金鑫，2009. 苏州河滨水地带再开发的转型过程研究[D].上海：同济大学.
德波，2006. 景观社会[M].王昭风，译.南京：南京大学出版社.
林奇，2016. 此地何时：城市与变化的时代[M].赵祖华，译.北京：北京时代华文书局.
孔洁铭, 2016. 旧建筑改造设计中的共时性与历时性研究[D]. 徐州: 中国矿业大学.
寇婧，孙澄，2015. 基于工业遗产再生的城市综合体复合模式研究[J].新建筑，（5）：122-126.
冷梅，2016.风雨沉浮，百年公馆焕然变身[EB/OL].（2016-10-18）[2020-03-26].http：//app.why.com.cn/epaper/shzk/html/2016-10/18/content_305929.htm?div=0.
李溪，2017.18世纪英国废墟景观之美学探究[J].风景园林，（12）：36-43.
李振宇，孙淼，2017.长三角地区“城中厂”的社区化更新技术体系研究导论[J].建筑学报，（8）：82-88.
李振宇，朱怡晨，2017.迈向共享建筑学[J].建筑学报，（12）：60-65.
廖志强，2011. 面向转型发展的城市设计实践探索——以苏河湾地区城市设计为例[J]. 上海城市规划，（4）：35-43.
刘伯英，2012. 工业建筑遗产保护发展综述[J].建筑学报，（1）：12-17.

刘伯英，2017. 对工业遗产的困惑与再认识[J].建筑遗产，5（1）： 8-17.
刘抚英，邹涛，栗德祥，2007.后工业景观公园的典范——德国鲁尔区北杜伊斯堡景观公园考察研究[J].华中建筑，（11）： 77-84+86.
刘滨谊，2007. 城市滨水区发展的景观化思路与实践[J]. 建筑学报，（7）：11-14.
刘寄珂，2019.“还原”血与火的抗战精神：四行仓库西墙弹孔砖墙复原设计探索[J]. H+A华建筑，22（4）： 124-127.
刘开明，2007. 城市线性滨水区空间环境研究[D].上海：同济大学.
刘伟惠，2007. 上海旧工业建筑再利用研究[D].上海：上海交通大学.
刘旎，2010. 上海工业遗产建筑再利用基本模式研究[D]. 上海：上海交通大学.
刘叶桂，张健，2013. 建筑再利用与创意产业园内部空间改造研究——以上海工业建筑遗产的分隔方式为例[J].华中建筑，31（6）： 188-191.
柳亦春，2019. 重新理解“因借体宜”——黄浦江畔几个工业场址改造设计的自我辨析[J].建筑学报，（8）： 27-36.
刘云，1999. 上海苏州河滨水区环境更新与开发研究[J].时代建筑，（3）：23-29.
刘志尧，2000. 近代上海苏州河滨水区城市空间的演变-兼论苏州河滨水区城市空间综合整治[D].上海：同济大学.
龙瀛，2019.（新）城市科学：利用新数据、新方法和新技术研究“新”城市[J].景观设计学，7（2）： 8-21.
鲁安东，2018. 棉仓城市客厅：一个内部性的宣言[J]. 建筑学报，（7）：52-55.
陆其国，2011. 苏州河治理[M].上海：上海文艺出版集团.
陆邵明，1999. 是废墟，还是景观?——城市码头工业区开发与设计研究[J].华中建筑，（2）： 102-105.
陆邵明，2010.“物—场—事”：城市更新中码头遗产的保护再生框架研究[J].规划师，26（9）： 109-114.
陆邵明，2013. 场所叙事及其对于城市文化特色与认同性建构探索——以上海滨水历史地段更新为例[J].人文地理，28（3）： 51-57.
陆晔，赖楚谣，2021. 创造新公共社区：移动互联网时代新闻生产的情感维度[J].中国出版，507（10）： 3-8.
陆元敏，2006. 苏州河[M].上海：上海书画出版社.

卢永毅，2006. 历史保护与原真性的困惑[J].同济大学学报（社会科学版），(5)：24-29.

卢永毅，周鸣浩，2015. 建筑与现代性[M].北京：商务印书馆.

芦原义信，2006. 街道的美学[M].尹培桐，译.天津：百花文艺出版社.

罗彼德，简夏仪，2013. 中国工业遗产与城市保护的融合[J]. 国际城市规划，28（1）：56-62.

奥尔斯，韩锋，王溪，2012. 城市历史景观的概念及其与文化景观的联系[J].中国园林，28（5）：16-18.

墨菲，1987.上海——现代中国的钥匙[M].上海：上海人民出版社.

吕梁，2006. 创意产业介入下的产业类历史地段更新——以上海市“M50创意园”为例[D].上海：同济大学.

毛伟, 2006. 过程的意义——上海啤酒厂近现代工业建筑的保护与再利用[D]. 上海：同济大学.

莫万莉，2019. 重构地表——上海油罐艺术中心[J].时代建筑，(4)：62-69.

莫霞，2017. 苏州河一河两岸地区城市设计实践思考[C]//中国城市科学研究会，海南省规划委员会，海口市人民政府. 2017城市发展与规划论文集：1-8.

科克伍德，申为军，2007. 后工业景观——当代有关产业遗址、场地改造和景观再生的问题与策略[J].城市环境设计，(5)：10-15.

彭一刚，1986. 中国古典园林分析[M].北京：中国建筑工业出版社.

科特金，2010. 新地理：数字经济如何重塑美国地貌[M].北京：社会科学文献出版社.

秦曙，章明，张姿，2020. 从工业遗地走向艺术水岸 2019上海城市空间艺术季主展区5.5km滨水岸线的更新实践中公共空间公共性的塑造和触发[J].时代建筑，（1）：80-87.

任京燕，2002. 从工业废弃地到绿色公园——后工业景观设计思想与手法初探[D]. 北京：北京林业大学.

阮仪三，张松，2004. 产业遗产保护推动都市文化产业发展——上海文化产业区面临的困境与机遇[J].城市规划汇刊，(4)：53-57.

SASAKI，2017. 苏州河：上海工业运河的复兴[EB/OL].（2017-03-30）[2022-

03-19].https：//www.sasaki.com/zh/voices/suzhou-creek-reclaiming-shanghais-industrial-waterway/.

沙伦，丘兆达，刘蔚，译，2015. 裸城：原真性城市场所的生与死[M].上海：上海人民出版社.

上海产业转型发展研究院, 2021. 破茧——上海产业转型与城市更新访谈录[M]. 上海:上海书店出版社.

上海城市空间艺术季展览画册编委会，2016. 2015上海城市空间艺术季案例展[M].上海：同济大学出版社.

上海市长宁区规划和自然资源局，2020. 乐水——2019上海城市空间艺术季长宁区苏州河实践案例案例展画册[M].上海：上海市长宁区规划和自然资源局.

上海市地方志办公室，2001.《普陀区志》第十七卷工业，第三章新兴工业区，第一节北新泾工业区.（2001-12-19）[2020-04-26].http：//www.shtong.gov.cn/Newsite/node2/node4/node2249/putuo/node41228/node41241/node41243/userobject1ai26666.html.

上海市规划和国土资源管理局，2018. 迈向世界级滨水区：黄浦江、苏州河沿岸地区建设规划（公众版）[R].

上海市规划和自然资源局，2011. 苏河湾地区城市设计和控制性详细规划圆满完成[EB/OL].（2011-12-31）[2022-03-19].https：//ghzyj.sh.gov.cn/zb/20200110/0032-524054.html.

上海市静安区人民政府，2010. 快报：苏河湾1号街坊成功挂牌出让[EB/OL].（2010-02-11）[2022-03-19].https：//www.jingan.gov.cn/xxgk/002013/002013019/002013019006/20100211/78c7d9e3-15a3-4f1d-a519-c6cc3905c5d9.html.

上海市静安区人民政府，2017. 关于推进落实“一轴三带”发展战略的实施意见[EB/OL].（2017-11-14）[2022-03-19]. https：//www.jingan.gov.cn/xxgk/002012/002012005/002012005004/002012005004001/20171114/3baa330f-a6d4-4334-bb81-0d0a7ce786c7.html.

上海市静安区人民政府，2018. 石门二路街道举办第十五届邻居节[EB/OL].（2018-11-23）[2020-02-07].http：//www.jingan.gov.cn/xwzx/002006/20181123/1759e5eb-b06d-462f-a9e4-229b39cca34c.html.

上海市普陀区文化局，2009. 苏州河文化遗产图志（普陀段）[M].上海：上海辞书出版社.

上海市人民政府，2002. 苏州河滨河景观规划[EB/OL].（2002-08-07）[2019-12-02]. https://ghzyj.sh.gov.cn/ghsp/ghsp/shj/200208/t20020807_181513.html.

上海市人民政府，2006. 苏州河滨河地区控制性详细规划[EB/OL].（2006-10-16）[2019-12-02].ghzyj.sh.gov.cn/ghsp/ghsp/shj/200610/t20061016_181785.html.

上海市人民政府，2014. 市政府印发进一步提高土地节约集约利用水平的若干意见[EB/OL].（2014-03-05）[2022-03-14]. www.shanghai.gov.cn/nw2/nw2314/nw2319/nw10800/nw11407/nw31810/u26aw38382.html.

上海市人民政府，2015. 市政府关于印发《上海市城市更新实施办法》的通知[EB/OL].（2015-05-15）[2022-03-17]. https：//www.shanghai.gov.cn/nw32868/20200821/0001-32868_42750.html.

上海市人民政府，2015. 上海市人民政府关于同意将新康大楼等426处建筑列为上海市第五批优秀历史建筑的批复（沪府〔2015〕57号）[EB/OL].（2015-08-17）[2019-05-05].http：//ghzyj.sh.gov.cn/gsgg/qtgg/201509/t20150922_666291.html.

上海市人民政府，2016. 市政府关于同意上海市历史文化风貌区范围扩大名单的批复（沪府〔2016〕11号）[EB/OL].（2016-02-02）[2019-12-09].http：//www.shanghai.gov.cn/nw2/nw2314/nw2319/nw10800/nw39220/nw39369/u26aw46275.html.

上海市人民政府，2018a. 上海市城市总体规划（2017—2035）[EB/OL].（2018-01）[2022-03-16].https：//www.shanghai.gov.cn/newshanghai/xxgkfj/2035004.pdf.

上海市人民政府，2018b.“一江一河”迈向世界级滨水区《黄浦江、苏州河沿岸地区建设规划》征求意见稿出台[EB/OL].（2018-08-24）[2022-03-14]. https：//www.shanghai.gov.cn/nw17239/20200920/0001-17239_1335559.html.

上海市人民政府，2019a. 关于同意《黄浦江沿岸地区建设规划（2018—2035年）》《苏州河沿岸地区建设规划（2018—2035年）》的批复[EB/OL].（2019-01-31）[2022-03-16].https：//www.shanghai.gov.cn/nw44391/20200824/0001-

44391_58088.html.
上海市人民政府，2019b.《关于提升黄浦江、苏州河沿岸地区规划建设工作的指导意见》政策解读[EB/OL].（2019-01-31）[2022-03-16].https：//www.shanghai.gov.cn/nw42236/20200823/0001-42236_1361306.html.
上海市人民政府，2019c. 上海市人民政府办公厅关于成立上海市“一江一河”工作领导小组的通知[EB/OL].（2019-07-05）[2021-01-7]. http：//www.shanghai.gov.cn/nw12344/20200813/0001-12344_59517.html.
上海市人民政府，2019d. 上海年鉴2018——十七.城乡建设与管理——（三）重大公共设施建设[EB/OL].（2019-07-31）[2020-02-24].http：//www.shanghai.gov.cn/nw2/nw2314/nw24651/nw45010/nw45068/u21aw1395871.html.
上海市文物管理委员会，2009. 上海工业遗产实录[M]. 上海：上海交通大学出版社.
邵健健，2005. 超越传统历史层面的思考——关于上海苏州河沿岸产业类遗产“有机更新”的探讨[J]. 工业建筑，（4）：34-36+56.
邵健健，2007. 城市滨水历史地区保护研究——以上海苏州河沿岸为例[D].上海：同济大学.
孙蓉蓉，孔祥伟，俞孔坚，2007. 工业遗产[J].城市环境设计，（5）：90-98.
孙庭，2004. 苏州河地段当代建筑改造与更新[D]. 上海：同济大学.
孙晓春，刘晓明，2004. 构筑回归自然的精神家园——美国当代风景园林大师理查德·哈格[J]. 中国园林，（03）：11-15.
唐玉恩，邹勋，2018. 勿忘城殇——上海四行仓库的保护利用设计[J]. 建筑学报，596（5）：16-19.
唐子来，栾峰，2000. 1990年代的上海城市开发与城市结构重组[J]. 城市规划汇刊，（4）：32-37，46-80.
田安莉，2012.回到苏州河[M].上海：上海辞书出版社.
涂慧君，屈张，李宛蓉，2019. 多主体参与的建筑策划在城市更新中的应用[J]. 住区，（3）：61-67.
汪瑜佩，2009. 上海工业遗产的再利用[D]. 上海：复旦大学.
王辉，2018. 从贬值的时间到升值的空间[J]. 城市环境设计，116（6）：214-221.
王辉，2019.“景观社会”中的工业遗产“造景” 天津运河创想中心设计[J]. 时代建筑，（6）：106-113.
王慧敏，梁新华，王兴全，2018. 上海文化创意产业20年与新创时代[C]//上海文化创意产业发展报告（2017—2018）.北京：社会科学文献出版社.
王建国，戎俊强，2001.城市产业类历史建筑及地段的改造再利用[J]. 世界建筑，（6）：17-22.
王建国，吕志鹏，2001. 世界城市滨水区开发建设的历史进程及其经验[J].城市规划，（7）：41-46.
王建国, 蒋楠, 2006. 后工业时代中国产业类历史建筑遗产保护性再利用[J]. 建筑学报，（8）：8-11.
王骏阳，周怡静，2019. 油罐、地景与艺术空间——OPEN建筑事务所新作上海油罐艺术中心评述[J]. 建筑学报，（7）：71-73.
王珂, 莫天伟, 2011. 2010世博场馆对“后滩”地段工业遗产再利用的尝试[J]. 新建筑，（1）：40-45.
汪丽君，2019. 建筑类型学[M]. 北京：中国建筑工业出版社.
王林，莫超宇，2017. 城市更新和风貌保护的城市设计与城市治理实践[J].规划师，33（10）：135-141.
王林，薛鸣华，莫超宇，2017. 工业遗产保护的发展趋势与体系构建[J]. 上海城市规划，（6）：15-22.
王璐妍，莫霞，2019.“多维协同”模式下打造国际化滨河城市水岸：“一江一河”建构下的苏州河两岸地区更新框架思考[J]. H+A华建筑，22（4）：24-29.
王名，蔡志鸿，王春婷，2014. 社会共治：多元主体共同治理的实践探索与制度创新[J].中国行政管理，（12）：16-19.
王敏，2015. 城市滨水区后工业景观设计研究[D]. 北京：北京林业大学.
王伟强，李建，2011. 共时性和历时性——城市更新演化的语境[J]. 城市建筑，（8）：11-14.
王向荣，任京燕，2003. 从工业废弃地到绿色公园——景观设计与工业废弃地的更新[J]. 中国园林，（3）：11-18.
王一名，陈洁，2016. 国外城市空间公共性评价研究及其对中国的借鉴和启示[J]. 城市规划学刊，232（6）：72-82.

王铮，2019.“衍庆里”——百联时尚新样本[EB/OL].（2019-04-12）[2020-03-22]. https：//www.sohu.com/a/307536221_481760.

魏方，2017. 孔窍与互动——美国伯利恒钢铁厂高炉区改造设计研究[J].风景园林，（11）：118-125.

伍江，1993. 上海百年建筑史（1840s—1940s）[D]. 上海：同济大学.

吴良镛，2016. 寄语 吴良镛[J].建筑遗产，（1）：1.

无锡建议：注重经济高速发展时期的工业遗产保护[J]. 建筑创作，2006，（8）：195-196.

徐峰，韩好齐，黄贻平，2005. 苏州河南岸莫干山路地块历史产业建筑群概念性保护规划[J].上海应用技术学院学报（自然科学版），（4）：69-74.

徐磊青，言语，2016. 公共空间的公共性评估模型评述[J]. 新建筑，（1）：4-9.

许懋彦，镜壮太郎，青山周平，等，2016.“日本建筑・空间共享”主题沙龙[J]. 城市建筑，（4）：6-11.

徐毅松，2018. 迈向卓越全球城市的世界级滨水区建设探索[J]. 上海城市规划，（6）：1-6.

薛理勇，上海市地方志办公室，2019. 潮起潮落苏州河[M]. 上海：学林出版社.

薛鸣华，王林，2019. 上海中心城工业风貌街坊的保护更新——以M50工业转型与艺术创意发展为例[J]. 时代建筑，（3）：163-169

沃尔，2008. 设计城市表面[C]//詹姆士科纳.论当代景观建筑学的复兴.吴琨，韩晓晔，译. 北京：中国建筑工业出版社.

杨春侠，2011. 历时性保护中的更新——纽约高线公园再开发项目评析[J].规划师，（2）：115-120.

杨春侠，2006. 城市跨河形态与设计[M]. 南京：东南大学出版社.

怀特，2011. 16世纪以来的景观与历史[M]. 王思思，译. 北京：中国建筑工业出版社.

于海，2019. 上海纪事：社会空间的视角[M]. 上海：同济大学出版社.

俞孔坚，2002. 景观的含义[J].时代建筑，（1）：14-17.

俞孔坚，庞伟，2002.理解设计：中山岐江公园工业旧址再利用[J].建筑学报，（8）：47-52.

俞孔坚，方琬丽，2006. 中国工业遗产初探[J]. 建筑学报，（8）：12-15.

俞孔坚，2010. 城市景观作为生命系统——2010年上海世博后滩公园[J].建筑学报，(7)：30-35.

俞孔坚，奚雪松，2010. 发生学视角下的大运河遗产廊道构成[J]. 地理科学进展，29（8）：975-986.

余丽娜，2007. 后工业的景观更新及其在中国的实践[D]. 北京：北京林业大学.

于一凡，2013. 上海工业遗产保护与再利用发展现状及面临问题[J]. 城市建筑，（5）：35-37.

章超，2008. 城市工业废弃地的景观更新研究[D]. 南京：南京林业大学.

张帆，葛岩，2019. 治理视角下城市更新相关主体的角色转变探讨——以上海为例[J].上海城市规划，(5)：57-61.

张海翱，李迪，2020. 再生——水之魔力 2019年上海城市空间艺术季规划建筑板块对滨水空间有机更新的探索[J]. 时代建筑，(1)：68-75.

张红卫，蔡如，2003.大地艺术对现代风景园林设计的影响[J].中国园林，（3）：7-10.

张环宙，沈旭炜，吴茂英，2015. 滨水区工业遗产保护与城市记忆延续研究——以杭州运河拱宸桥西工业遗产为例[J]. 地理科学，35（2）：183-189.

张辉，钱锋，2000. 上海近代优秀产业建筑保护价值分析[J]. 建筑学报，（11）：43-47.

张健，刘伟惠，2007. 上海旧工业建筑保护与再利用简述[J]. 华中建筑，（07）：157-159.

章明，孙嘉龙，2017. 显性的日常——上海黄浦江水岸码头与都市滨水空间[J].时代建筑，(4)：44-47.

章明，于一凡，沈兵，等，2017. “城市滨水工业遗产廊道转型研究”主题沙龙[J]. 城市建筑，(22)：6-13.

章明，张洁，范鹏，2019. 叠合生长——同济原作设计实践对上海城市存量更新的探索[J].建筑学报，(7)：6-13.

张鹏，2008. 都市形态的历史根基——上海公共租界市政发展与都市变迁研究[M]. 上海：同济大学出版社.

张鹏，2009. 场景骤变中的建筑遗产——2010上海世博会浦西工业建筑的保护与再生[J]. 时代建筑，（4）：66-69.
张琪，2017. 美国洛厄尔工业遗产价值共享机制的实践探索[J]. 国际城市规划，32（5）：121-128.
张强，2013. 杨浦滨江工业遗产保护与公共空间整治研究[D]. 北京：清华大学.
张文卓，韩锋，2018. 城市历史景观（HUL）视角下的老工业区工业遗产评估与策略生成体系构建[J]. 中国名城，（3）：18-28.
张松，2006. 上海产业遗产的保护与适当再利用[J]. 建筑学报，（8）：16-20.
张松，2015. 上海黄浦江两岸再开发地区的工业遗产保护与再生[J]. 城市规划学刊，222（2）：108-115.
张庭伟，2001. 1990年代中国城市空间结构的变化及其动力机制[J]. 城市规划，（7）：7-14.
张庭伟，冯晖，彭治权，2002. 城市滨水区设计与开发[M]. 上海：同济大学出版社.
张庭伟，于洋，2010. 经济全球化时代下城市公共空间的开发与管理[J]. 城市规划学刊，（5）：1-14.
张庭伟，2020. 从城市更新理论看理论溯源及范式转移[J]. 城市规划刊，（01）：9-16.
张宇星，2016. 城中村——作为一种城市公共资本与共享资本[J]. 时代建筑，152（6）：15-21.
张仲礼，1990. 近代上海城市研究[M]. 上海：上海人民出版社.
郑伯红，汤建中，2002. 都市河流沿岸旅游文化景观带功能开发——以上海苏州河为例[J]. 旅游科学，（1）：32-35.
郑时龄，1995. 上海近代建筑风格[M]. 上海：上海教育出版社.
郑时龄，1998. 建设和谐、可持续发展的城市空间——论上海的城市空间规划[J]. 建筑学报，（10）：8-11.
郑时龄，2020. 走向总体艺术的城市空间艺术季[J]. 时代建筑，（01）：54-57.
郑晓笛，2011. 论棕地再开发与工业建筑遗产保护的关系[J]. 北京规划建设，（01）：82-85.
郑祖安，2006. 上海历史上的苏州河[M]. 上海：上海社会科学院出版社.

郑祖安，2016. 苏州河“莫干山路工业区”的形成及其历史地位[C]//黄仁伟.江南与上海区域中国的现代转型. 上海：上海社会科学院出版社：111-122.

知识共享韩国，2017. 首尔共享城市：依托共享解决社会与城市问题[J]. 景观设计学，5（3）：52-59.

支文军，潘佳力，2017. 城市·建筑·符号——汉堡易北爱乐音乐厅设计解析[J]. 时代建筑，（1）：117-129+116.

中共上海市委党史办，上海市现代上海研究中心，2007. 纺织工业大调整（口述上海）[M]. 上海：上海教育出版社.

中国城市规划学会，2018. 中国工业遗产保护名录（第一批）名单正式公布[EB/OL].（2018-01-29）[2020-01-08]. http://www.planning.org.cn/news/view?id=8109&cid=0.

中国城市规划学会，2019. 中国工业遗产保护名录（第二批）发布[EB/OL].（2019-04-12）[2020-01-08]. http：//www.planning.org.cn/news/view?id=9624.

褚劲风，2009. 创意产业集聚空间组织研究[M]. 上海：上海人民出版社.

诸大建，佘依爽，2017. 从所有到所用的共享未来——诸大建谈共享经济与共享城市[J]. 景观设计学，5（3）：32-39.

朱强，2007. 京杭大运河江南段工业遗产廊道构建[D]. 北京：北京大学.

朱晓青，翁建涛，邬轶群，等，2015.城市滨水工业遗产建筑群的景观空间解析与重构——以京杭运河杭州段为例[J].浙江大学学报（理学版），42（3）：371-377.

朱怡晨，李振宇，2017a.“共享”作为城市滨水区再生的驱动：以美国费城、布鲁克林、华盛顿海军码头更新为例[J].时代建筑，（4）：24-29.

朱怡晨，李振宇，2017b. 从滨水工业遗址到都市景观公园的更新改造利用——以西雅图煤气厂公园为例[C]//中国工业遗产调查、研究与保护（七）——2016年中国第七届工业遗产学术研讨会论文集.北京：清华大学出版社：552-558.

朱怡晨，李振宇，2018. 作为共享城市景观的滨水工业遗产改造策略——以苏州河为例[J].风景园林，25（09）：51-56.

朱怡晨，李振宇，2021. 布景·在场·共享：滨水工业遗产作为城市景观的演进[J]. 中国园林，37（8）：86-91.

朱育帆，2007. 文化传承与“三置论”——尊重传统面向未来的风景园林设计方法论[J]. 中国园林，（11）：33-40.

邹勋, 2019. 多元“活化”, 苏州河两岸如何从封闭内向走向开放共享: 上海苏州河沿线近代仓储建筑遗产保护再利用研究[J]. H+A华建筑，（2）：48-55.

左琰，2011. 上海世博会的经验与反思——滨江工业遗产保护与利用[J]. 北京规划建设，136（1）：34-38.

后　记

本书基于我的博士论文研究，选题来自博士研究期间所在同济大学李振宇教授团队的国家自然科学基金面上项目。几经修改，终于付梓。

共享的岸线，是本书提出的愿景。共享是公共资源真正意义上的深度利用，其实质不在所有者的权益，而在于空间是否最利于“公共使用”。

“公共”并不等于“共享”。在苏州河两岸逐步对公众贯通、开放的今天，如何共享，仍是值得探讨的话题。苏州河工业遗产的保护与利用，从共享的原则出发，成为人人所享用的城市景观。这或是未来城市遗产保护利用的一种可能。

2021年10月，正值上海赛艇公开赛，我与于海老师行走苏州河畔，现场感受到大家对滨水空间的热爱与期盼。诚如于老师曾言：“上海空间纪事，没有江河的故事总是缺憾。”

从2016年9月启动滨水工业遗产的研究计划，到2020年6月完成博士答辩，再到2022年9月此书的出版，众多学者、师长、同门与友人，为我提供了各种形式的帮助，在此向他们表示衷心的感谢。

感谢我的导师李振宇教授给予的指导与信任。李老师对教书、科研和设计充满着激情与热情。积极、严谨的治学态度，深深影响着门下每一位弟子。入师门以来，幸得李老师言传身教，耳濡目染，所获颇丰。

感谢韩锋教授对我博士后研究工作的帮助与支持。

感谢在博士论文评阅、答辩时，对本研究给予意见和厚望的各位师长。

感谢于海教授和江岱老师对本研究的肯定。本书修改过程中，得到于老师多次鼓励和建议，让我从轻易不敢涉足的社会学层面，对博士论文进一步思考，最终促成此书的出版。

感谢在研究过程中给予指导、帮助的前辈和朋友们。

感谢那些接受访谈的苏州河亲历者。

感谢同济大学出版社各位编辑老师认真严谨的工作。

感谢家人一直的陪伴！本书封面初定的当晚，严宇哲小朋友呱呱落地。希望他以后在这座城市健康、快乐成长。

朱怡晨

2022年于上海同济大学